"十三五"粮食丰产增效科技创新
重点专项成果汇编

粮食

丰产增效技术
创新与应用

农业农村部科技发展中心 组编

中国农业出版社
农村读物出版社
北 京

前　言

FOREWORD

"十三五"期间，国家重点研发计划启动了"粮食丰产增效科技创新"重点专项。专项聚焦水稻、小麦、玉米三大粮食作物，突出东北、黄淮海、长江中下游三大主产平原，注重丰产、增效与环境友好三大目标，强化核心区、示范区与辐射区三大功能区建设，衔接基础理论、共性关键技术、区域集成示范三大层次开展科技创新。重点解决良种良法配套、信息化精准栽培、土壤培肥耕作、灾变控制、抗低温干旱、均衡增产和节本减排等关键技术难题，为保障我国粮食安全、提升农业可持续发展能力、推进现代农业发展提供技术支撑。

为总结专项技术创新实践，加快成果转化应用，农业农村部科技发展中心（专项管理专业机构）组织专项项目和课题承担单位，遴选了160余项成果汇编成册，供科研推广人员、有关部门管理人员以及农户、专业合作社等参考。

在成果遴选和汇编过程中，得到了专项各项目承担单位的大力支持，在此表示衷心的感谢。我们在汇编的过程中虽反复校对，以保证书中的内容严谨客观，但本书内容涵盖范围广、专业性强，难免存在遗漏、错误之处，恳请读者指正。

编　者

2022年6月

目　录

CONTENTS

产品 / 设备篇

技术篇

综合篇

ZONGHE PIAN

粮食作物产量及效率层次差异模型构建与缩差增效机制

一、理论概述

通过在三大粮食主产区的126个点的联合试验和模型模拟的系统研究，创建了作物产量及效率层次差异模型系统。该模型系统基于卫星遥感大数据、无人机、地面大数据支持，突破了高时空分辨率、高精度、大范围、快速的监测，模拟定量了我国水稻、玉米、小麦不同层次产量与效率层次差异特征及丰产增效潜力，并解析了东北水稻和冬小麦光温潜在产量的限制程度和可提升的空间。

二、理论评价

1.创新性 研究发现，利用该技术进行耕层优化可使玉米和小麦水分利用效率提高10%～18%；通过播期调整、冠层优化和化学调控可缩减产量差10%～16%，显著提高了玉米、水稻应对高温热害的能力，揭示了玉米全量秸秆还田培地力、提肥效、增产量的生物学机制；提出了基于根际氮信号调控根构型和氮素高效利用的理论，建立了水稻、玉米和小麦三大主产区丰产增效技术途径34套，产量提高10%～23.8%，创立了我国不同生态区125个高产典型，创造了亩*产1 663.25kg全国玉米高产纪录，区域试验示范缩差增效取得显著成效。

2.实用性 未来粮食增产和环境安全将主要依靠单产和资源效率的协同提升，缩小不同作物种植系统的单产差距，是进一步提高单产的主攻方向。本项目定量了我国不同区域作物产量和效率潜力以及产量与效率层次差异的时空分布特征，确定了主要作物产量差异及效率层次差异形成的主控因子，在此基础上揭示了产量与效率层次差异形成的生理生态机制，构建了作物产量与效率协同提升的理论体系，对我国作物可持续增产和保障国家粮食安全具有重要作用。该研究为我国不同区域粮食作物产量潜力进一步提升提供了数据参考，提升了我国作物高产栽培与农业资源高效利用研究的理论创新水平，打造了专业的研究团队与研究平台，促进了学科交叉，引领了作物高产与资源高效科学发展的方向。项目组建了不同区域优势单位多学科互补的科研队伍，保障关键技术途径验证有落实，实施过程有跟踪，同时建立了符合国情和技术特点的示范推广模式，目前已经形成了明显的经济、社会效益，有重大的推广应用价值与产业化前景。

3.稳定性 项目连续四年在我国东北、黄淮海、长江中下游等粮食主产区进行试验验证，总结凝练了三大主粮作物（小麦、玉米、水稻）的产量与效率提升的共性机理，同时也研发了适应区域特异性的丰产增效理论与技术调控途径。通过多年多点的试验证实，缩差理论能有效指导作物的产量与效率实现10%～15%的提升，年际间重复性好。项目实施过程中主要风险是自然灾害与极端天气的影响。项目对此加强试验田间管理，在各关键农事季节蹲点，加强督促检查和技术指导。基于项目前期农业防灾减灾技术的研究积累，重点进行农田减灾技术研究，同时指导各实施单位大力搞好农田基本建设，提高大田作物抗灾减灾能力。

---

* 注：亩为非法定计量单位，1亩≈667m²。——编者注

三、成果形式

水稻、玉米、小麦丰产增效技术途径示意如下。

水稻机插秧超高产技术途径

核心问题	技术原理	技术途径	技术效果
• 适应机械化生产 • 肥料利用率低	• 减少肥料损失 • 提升持续供氮能力 • 增强植株氮素吸收	• 选用缓释肥料 • 采用机械侧深施肥	• 示范亩产700kg左右 • 氮肥利用率提高10%～15% • 劳动生产率提高20%～30%

春玉米条带耕作密植增效技术途径

核心问题	技术原理	技术途径	技术效果
• 群体质量差 • 耕层障碍 • 资源效率低	• 改全幅还田为条带旋耕还田 • 改等行距种植为宽窄行配置栽培	• 群体结构优化 • 耕层结构功能协调 • 冠层根层同步调控	• 亩产803.46kg • 农户增产23.85% • 光能利用率提高12.5% • 氮肥利用效率提高10.5%

小麦微喷优质高效技术途径

核心问题	技术原理	技术途径	技术效果
• 有限水肥 • 常规管理模式下产量效率难以进一步提升	• 实现根-水-肥同位和供需同步 • 促进花后水氮吸收和物质生产	• 微喷灌 • 水肥一体化	• 粒重增加8.5% • 产量提高14.1% • 水分利用效率提高17.7% • 氮效率提高14.2%

四、成果来源

项目名称和项目编号: 粮食作物产量与效率层次差异及其丰产增效机理（2016YFD0300100）
完成单位: 中国农业科学院作物科学研究所
联系人及联系方式: 周文彬，13264097381，zhouwenbin@caas.cn
联系地址: 北京市海淀区中关村南大街12号

作物产量和效率协同提高的生理及分子机制

一、理论概述

通过研究作物对不同光、温、水、肥的响应和适应规律，明确了作物对光、温、水、肥利用效率形成的重要生理途径，解析了作物响应光照、水分、温度和氮素利用的光合生理、叶片结构、根系发育以及库源代谢的生理生态机制；通过研究作物光合作用机理解析，克隆了调控水稻光合作用、氮素利用效率和产量形成的重要基因，结合不同栽培措施，解析了其在光合生理、同化物积累与分配、碳氮代谢等过程中的生理和分子机制，提出了水稻协同产量、氮素利用效率以及早熟的生理途径。

二、理论评价

1.创新性 利用该理论发现，试验条件下转基因植株产量较野生型提高了45.1%～67.6%，小区产量提高41.3%～68.3%，收获指数的增幅可达10.3%～55.7%，作物产量潜力获得大幅提升，为未来作物高产高效协同提供了方案，实现了作物产量和效率的协同提升。

2.实用性 在粮食安全需求压力下，高产始终是农业生产不懈追求的目标。从20世纪50年代中期开始，通过作物遗传改良（矮化育种和杂交育种）和栽培管理技术的提高，实现了作物产量潜力的大幅度提升。然而，近年来，一方面，作物单产处于停滞不前甚至下降的态势；另一方面，我国资源利用效率低下，作物高产的同时需要大量的氮肥投入，引发了一系列生态环境问题，成为制约我国农业可持续发展的重要因素。该成果不但实现了作物产量的大幅提升，同时实现了氮素利用效率的提升，还为作物高产和早熟的矛盾提供了解决方案。因此，该研究成果对于国家粮食安全和可持续发展具有重要的意义。

3.稳定性 通过本项目的实施首次解析了作物产量潜力提升的光合生理途径以及氮素利用效率提升的氮素吸收和转运途径，提出了实现产量和效率协同提升、产量和早熟协同提升的生理与分子机制，实现了产量和效率协同的大幅提升，在我国南方和北方不同试验点上获得一致性结论，且在不同物种（水稻、小麦、模式植物）中都具有大幅度增产的效果。

三、成果形式

过表达水稻试验（左图）及田间（右图）产量优势展示如下。

四、成果来源

项目名称和项目编号：粮食作物产量与效率层次差异及其丰产增效机理项目（2016YFD0300100）
完成单位：中国农业科学院作物科学研究所
联系人及联系方式：周文彬，13264097381，zhouwenbin@caas.cn
联系地址：北京市海淀区中关村南大街12号

气候－土壤－作物协同优化理论与技术

一、理论概述

长江中游水稻种植面积和总产量分别占全国的39.2%与38.3%，对确保我国粮食安全举足轻重，也肩负着我国新时期农业向高效、绿色持续生产方式转变的重任。然而该区长期以来普遍存在种植模式与周年资源匹配度不高、水稻经验性粗放管理对高效群体结构形成支撑弱、高投入及不合理土壤管理对实现低排放持续丰产目标达成度低等多重问题。传统理论及偏重于单项技术的科技创新模式无法有效协同解决该交织并存问题，导致技术综合效益低、适用性差、应用时效短，制约了该区稻作系统周年高产高效持续发展。为此，在国家粮丰工程连续资助下开展了系统研究工作，在理论与技术创新、模式及其应用上取得该成果。本项目研发的理论成果与技术方法适合在长江流域稻区进行推广应用。

二、理论评价

1.创新性　创立了长江中游稻作周年光温资源配置与利用综合定量化指标体系，创建了水稻群体定量调控参数与模式，确立了气候－作物协同增产增效模式。针对该区资源配置与群体结构不合理导致的周年产量与资源效率低而不稳的问题，确立了以有效积温分配比值为主进行周年作物类型及品种合理配置与播期调整，以光温生产潜力当量为资源利用定量指标，根据不同生态区具体的气候资源条件进行种植模式优化的理论体系。

创新了长江中游稻作"增汇、降耗、减排、循环"持续管理理念，创建了"以碳调氮、增汇培肥、水肥减投、系统减排"持续管理模式及关键调控指标,提出了协同实现土壤培肥、温室气体减排、肥水高效利用的技术途径。以地上地下互作系统综合调控管理为原则,提出了土壤过程关键调控指标及系统综合评价指标,揭示了土壤碳氮耦合循环与土壤微生物的关联机制,探明了土壤有机碳库组分优化及储量提升是协同解决温室气体排放及养分高效利用的关键环节。应用该理论,集成了秸秆还田、免少耕、节水灌溉、氮肥减量深施、磷肥减量周年1次施用、钾肥秸秆替代等关键技术。

构建了适合不同区域的气候-土壤-作物协同优化技术模式5套,为区域稻田高效持续生产提供了技术支撑。针对长江中游多元稻作不同区域生产问题,进行了资源优化的品种布局与播/收期调整、地力培肥与肥水调控、群体结构与功能优化等技术集成,形成了模式重建-固碳减肥-健康群体调控为一体的技术体系,包括稻麦全程机械化模式、油-稻双直播免耕模式、早籼晚粳双季稻模式、玉-稻水旱轮作、双季稻低碳丰产高效技术模式。

2. 实用性 近几年来,在湖北省粮食丰产科技工程项目核心区、示范区、辐射区的武穴、枣阳、监利等14个粮食丰产工程实施县(市)进行示范推广。麦-粳稻全程机械化技术、油-稻双直播免耕技术、玉-稻水旱轮作技术、早籼晚粳双季稻模式等4种技术模式累计示范面积2 170万亩,累计增产增效14.2亿元,节支增效25.6亿元,新增利润39.8亿元。其中鄂中北"壮足大"(壮苗、足穗、大穗饱粒)麦后中稻超高产栽培模式在湖北随州市示范片于2009年进行现场测产,获得干谷亩产量为907.8kg的高产。2018年9月30日由湖北省农业农村厅组织专家进行稻麦全程机械化水稻高产现场观摩并对华中农业大学承担的"长江中游北部稻田周年光温资源优化配置及丰产高效种植模式构建"枣阳大面积示范基地进行中稻现场测产验收,种植的粳稻(甬优4949)机收现场测产,取得折合干谷亩产量909.4kg的高产纪录。在核心示范区,通过应用秸秆还田、免少耕、节水灌溉、氮肥减量深施、磷肥减量周年1次施用、钾肥秸秆替代等关键技术,土壤有机碳含量提高5%~15%,土壤供氮能力提高18%~24%,节氮10%~30%,节磷15%~20%,节钾20%~30%,节水30%以上,降低温室效应15%~25%,实现了水稻高产低碳协同。

本项目提出的方法理论及技术模式可为长江中游农业发展的生态转型、保障区域粮食安全提供有力的理论与技术支撑。本项目研发的关键技术均是低成本高经济效益的技术,有效地推动了作物生产向数量质量效益并重、可持续的方向发展,促进了农民增收。本项目提出稻田持续管理理论及方法技术,丰富了粮食作物高产高效耕作栽培理论与技术体系,可推动作物耕作栽培学科体系建设。

3. 稳定性 本项目提出的技术理论适合长江流域稻区使用。研发的关键技术灵活度高,易于为农户掌握,技术易于实施到位,技术效果重现性高。但对于水稻以外的作物生产体系、长江中游以外地区及障碍性低产田需慎重考虑。

三、成果形式

气候-土壤-作物协同优化体系示意(左图)及"长江中游稻作气候-土壤-作物协同优化体系及应用"项目获奖证书如下。

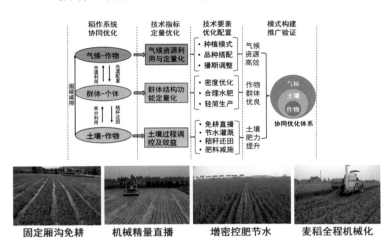

固定厢沟免耕　　机械精量直播　　增密控肥节水　　麦稻全程机械化

四、成果来源

项目名称和项目编号： 长江中下游北部单双季稻混作区周年光温高效利用与水肥精确调控节本丰产增效关键技术研究与模式构建（2017YFD0301400）

完成单位： 华中农业大学

联系人及联系方式： 李成芳，13720110886，lichengfang@mail.hzau.edu.cn

联系地址： 湖北省武汉市洪山区狮子山街1号华中农业大学第三综合楼A212

栽培调控对稻米品质形成的作用机制

一、理论概述

新时代水稻产业发展发生巨大变化，从对产量的极致追求转变为丰产高效优质协同提高，在保证产量的前提下提升稻米品质已经成为水稻生产可持续发展的主要课题。在研究形成了对水稻丰产高效协同品种生产特征的基本认识基础上，明确了当前水稻品种高效丰产优质协同提升的栽培策略，对稻米食味品质影响机制和改善途径获得了新的认识。深入拓展了稻米品质形成机制的研究，对温氮互作对稻米品质形成影响的效应机制及优质品种的品质形成机制研究形成了较好的创新和研究积累，并深入探讨优质食味水稻品种品质形成的生态环境效应及其生理机制，提出了丰产高效优质协同提升的氮肥减施策略。

二、理论评价

1.创新性 对水稻优质丰产高效生产技术体系的建立具有直接的指导意义，相关研究在丰产高效品种的生产特征、稻米食味品质的影响机制、丰产优质的调优栽培途径等方面具有较为显著的创新，在理论上丰富并发展了我国优质高产水稻栽培学理论。

2.实用性 高效丰产品种具有"早发、中稳、后优"的物质生产特征,从而形成了高产的物质基础和较高的氮素利用效率,并为优质稻米形成提供充实的物质基础。与当前常规氮肥管理模式相比,各生育期均衡减氮处理可减轻或避免单一时期集中减氮带来的不良效应,最终产量不显著下降甚至有所提高。均衡减氮处理能够明显改善群体结构,提高抗逆能力,并能较大提升水稻结实期物质生产、转运及利用的能力,表现出较好的资源利用与产量协同提高的能力。同时,均衡减氮处理有利于稻米品质的提升,应是当前优质高效丰产协同提升的重要途径。适宜的密度和轻干湿交替灌溉模式更有利于均衡减氮优势效应的发挥。研究明确了氮素穗肥对稻米储藏蛋白与蒸煮食味品质作用效应的生理基础。增施氮肥虽然会引起稻米谷蛋白和醇溶蛋白含量增加,但对稻米谷蛋白/醇溶蛋白的比率影响较小。醇溶蛋白含量增加并不是灌浆结实期水稻籽粒储藏蛋白含量增加和稻米食味下降的主要原因。稻米蒸煮品质下降、食味口感降低的原因,除受直链淀粉含量影响外,还受支链淀粉中长B链比例的增加和淀粉颗粒的平均粒径增加的影响,这也是灌浆期稻米糊化温度增加、食味下降的重要原因。磷肥施用量过高或叶面磷肥喷施会导致稻米中的锌和铁含量及其有效性的显著降低,但对稻米蒸煮食味品质的影响不明显,优质米生产应注重磷肥基施的原则。相关研究结果对优质稻米丰产高效生产技术体系的建立具有重要的支撑作用。

3.稳定性 研究结果在多年试验中得到重复验证,并在苏中、苏南和浙江优质稻米生产中得到初步的示范应用,获得较好的表现。相关减肥高效优质生产的理论推广和技术示范辐射应用,也将有效提高资源利用率,改善稻作生态环境,提高水稻生产的资源和生产效率,为我国水稻生产实现产量、品质与效益的协同提高提供了一定的理论和实践基础。

三、成果形式

该技术相关论文在《Plant Science》发表。

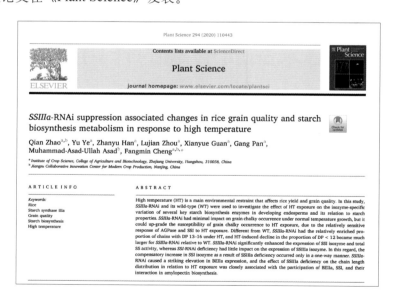

四、成果来源

项目名称和项目编号: 水稻优质高效品种筛选及其配套栽培技术(2016YFD0300500)

课题名称和课题编号: 水稻品种优质丰产高效协同形成规律与生态生理机制及其调控途径

（2016YFD0300502）

完成单位： 扬州大学、浙江大学

联系人及联系方式： 张祖建，13338867606，zzj@yzu.edu.cn

联系地址： 江苏省扬州市文汇东路12号扬州大学农学院

四川盆地水稻对弱光胁迫的生理适应机理

一、理论概述

四川盆地是我国最典型的弱光寡照稻区，具有"弱光、寡照、高湿"的环境特点。弱光寡照对于水稻生产而言，是危害很大但又不易觉察的"隐性自然灾害"，具有多样性、复杂性和反复性，导致水稻产量品质大幅下降，并加重了病虫害、倒伏等次生灾害发生。本研究在前人明确弱光胁迫影响水稻产量与品质形成关键性状的基础上，研究聚焦产量与品质形成的关键科学问题（结实与淀粉合成），通过对授粉受精、胚乳发育与淀粉合成的生理变化过程和表型形成等的解析，明确了弱光胁迫对四川盆地水稻产量和品质的影响机制，揭示了不同水稻品种对弱光胁迫的生理适应机制。

二、理论评价

1.创新性

（1）明确了水稻受精结实对弱光胁迫的响应机制。前期研究表明，受精结实受阻是弱光胁迫导致西南稻区水稻产量降低的关键原因之一。弱光胁迫下，水稻授粉受精过程受限，花药开裂受阻，大量花粉残留在花药室内，加之花粉活性和柱头外露率均呈降低趋势，导致柱头花粉粒数和花粉萌发数均显著降低，最终增加了水稻空粒数，显著降低了受精率；同时，弱光胁迫显著降低了籽粒最大灌浆速率和平均灌浆速率，延长了活跃灌浆期和有效灌浆期，籽粒灌浆性能变差，进而显著增加了瘪粒数，最终导致结实率降低；加之籽粒发育滞后、充实不足，千粒重下降，导致水稻大幅减产。

（2）探明了弱光胁迫对稻米品质的影响机制。弱光胁迫下，水稻叶片光合受阻，光合同化物供给不足，导致淀粉合成关键酶活性普遍降低，胚乳（特别是穗下部）形态建成迟缓、发育滞后，淀粉体发育不良，进而显著增加了稻米淀粉支链淀粉含量、小颗粒淀粉和大颗粒淀粉所占比例，以及长支链淀粉比例，但降低了直链淀粉含量、中间颗粒淀粉所占比例和短支链淀粉比例，从而提高了淀粉分支度，降低了结晶度和颗粒均匀性，使淀粉粒大小不一、近球形，排列疏松，间隙增大，最终导致稻米透光率降低，垩白增加，米质变差。

（3）揭示了不同水稻品种对弱光胁迫的生理响应机制。弱光胁迫下，水稻叶片光合受阻，光合产物直接供给不足，进而影响产量与品质的形成。而不同品种对弱光环境的适应性不同。耐弱光水稻品种在保持较高的叶片厚度、净光合速率、实际光化学效率、光化学反应能的基础上，可通过促进茎鞘储藏非结构性碳水化合物（NSC）的转运再利用来弥补光合产物供给不足。弱光胁迫下，耐弱光水稻品种茎鞘NSC转运量，特别是灌浆盛期至成熟阶段NSC转运量明显高于普通品种，进而减少了弱光胁迫对籽粒灌浆速率和灌浆时间的影响，颖果和淀粉体发育良好，稻米品质降幅小。不同水稻品种对弱光胁迫的响应机制见下图。

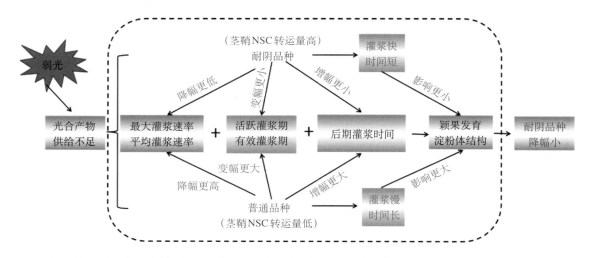

2.**实用性**　本研究结果对于弱光稻区耐阴水稻品种的培育与鉴选，以及丰产优质栽培技术的构建具有重要理论指导意义和现实应用价值。

3.**稳定性**　项目组长期开展水稻弱光逆境栽培生理相关研究，在水稻耐阴品种筛选、耐阴栽培技术、耐阴生理生化研究等方面进行了长期积累。本研究基于多年多点大田控光试验研究和验证，进一步解析了弱光胁迫对水稻的影响机制，以及水稻对弱光胁迫的响应机制，研究结果准确，研究结论可靠。

三、成果形式

本研究成果主要以论文发表的形式进行呈现。相关成果先后发表在《Agricultural and Forest Meteorology》《Field Crops Research》《Carbohydrate Polymers》等中国科学院一区TOP期刊以及《Agronomy Journal》等农艺学主流期刊，发表论文6篇，最高影响因子9.381。

四、成果来源

项目名称和项目编号： 水稻生产系统对气候变化的响应机制及其适应性栽培途径（2017YFD0300100）

完成单位： 南京农业大学、四川农业大学

联系人及联系方式： 邓飞，18782967582，ddf273634096@163.com

联系地址： 四川省成都市温江区惠民路211号

机械化种植水稻品种筛选方法

一、理论概述

本方法基于机械化种植水稻的生育特点，确立了以生育期、群体构建指数、日干物质积累量以及日产量等为核心指标的机械化品种筛选方法。具体指标参数见下表。

北方单季稻机械化种植水稻品种筛选指标

指标	东北机直播	东北机插	西北机直播	西北机插
生育期	较当地人工移栽品种短 8 ~ 12d	较当地人工移栽品种短 8 ~ 10d	较当地人工移栽品种短 11 ~ 13d	较当地人工移栽品种短 6 ~ 8d
群体构建指数（%）	33 ~ 38	28 ~ 33	30 ~ 35	25 ~ 30
日干物质积累量（kg/hm^2）	≥115	≥115	≥115	≥115
日产量（kg/hm^2）	≥60	≥60	≥60	≥60

南方单季稻机械化种植水稻品种筛选指标

指标	籼稻直播	籼稻机插	粳稻直播	粳稻机插
生育期（d）	130 ~ 150	135 ~ 155	135 ~ 155	140 ~ 160
群体构建指数（%）	23 ~ 28	20 ~ 25	30 ~ 35	25 ~ 30
日干物质积累量（kg/hm^2）	≥120	≥120	≥120	≥120
日产量（kg/hm^2）	≥60	≥60	≥60	≥60

华南双季稻机械化种植水稻品种筛选指标

指标	早稻直播	早稻机插	晚稻直播	晚稻机插
生育期（d）	110 ~ 120	115 ~ 125	110 ~ 120	115 ~ 125
群体构建指数（%）	27 ~ 32	20 ~ 25	25 ~ 30	25 ~ 30
日干物质积累量（kg/hm^2）	≥110	≥110	≥115	≥115
日产量（kg/hm^2）	≥55	≥55	≥60	≥60

长江中下游双季稻机械化种植水稻品种筛选指标

指标	早稻直播	早稻机插	晚稻直播	晚稻机插
生育期（d）	98～108	105～115	105～115	115～125
群体构建指数（%）	20～25	20～25	27～32	25～30
日干物质积累量（kg/hm²）	≥140	≥140	≥120	≥120
日产量（kg/hm²）	≥70	≥70	≥65	≥65

二、理论评价

1.创新性　机械化种植水稻不仅具有省工、省时、节约成本等优势，还能保持水稻高产稳产。提高水稻生产全程机械化水平，是保障国家粮食安全、增强农业综合生产能力、增加农业收入和推进农业现代化的重要举措之一。目前，生产上水稻品种普遍以人工移栽稻为目标选育的，难以满足机械化栽培要求。因此从水稻品种源头着手，制定机械化种植水稻品种筛选方法，以满足品种选育和生产需求，势在必行。

2.实用性　该方法的建立及相应行业标准的制定，将为机械化种植水稻品种筛选提供指标参数和标准。运用该方法可筛选出适合各地机械化种植的水稻品种，为水稻机械化种植提供品种保障。

3.稳定性　针对机械化种植水稻的生育特点，研制出适合不同类型不同季别的机械化种植水稻品种筛选方法，涵盖了机插秧和机直播两种方式及其全生育期（如种子的选择，播种期、播种密度的确定，肥水管理以及生育性状的记载等）的田间试验和验证，对机械化种植水稻品种筛选全过程及重点环节作了规定，筛选方法科学、可操作性强。

三、成果形式

立项行业标准1项（现处于报批稿阶段），授权国际专利1项［发明专利（荷兰），N2026983.］，获软件著作权2项（水稻机械化种植数据采集分析平台，2021SRE000678；水稻机械化种植智能管理软件，2021SRE000633）。

四、成果来源

项目名称和项目编号：水稻优质高效品种筛选及其配套栽培技术（2016YFD0300500）

课题名称和课题编号：长江中下游双季稻优质丰产高效品种筛选及配套的机械化轻简化栽培技术（2016YFD03000507）

完成单位：中国水稻研究所

联系人及联系方式：徐春梅，18957104761，xuchunmei@caas.cn；章秀福，13388608200，zhangxiufu@caas.cn

联系地址：浙江省杭州市富阳水稻所路28号

长江中下游地区机械化栽培水稻品种筛选

一、理论概述

通过比较机插条件下不同类型水稻品种产量、抗倒性及其对氮肥的响应差异，总结了机械化生产中籼杂交稻高产抗倒的群体特征，即适期抽穗、花前非结构性物质积累量高、花后转运速率快、抽穗后CGR高、表观转运率低、粒叶比大、株型紧凑的大穗型品种有利于长江中下游地区机械化生产单季中籼杂交稻实现高产。

二、理论评价

1.创新性　在该理论的基础上建立了长江中下游地区机械化栽培的优质高效中籼杂交稻品种的筛选指标并量化了各个指标的标准；筛选出适应于不同生态点的适宜机械化生产的中籼杂交稻品种5个，符合机械化轻简栽培并达到优质丰产的基本要求，通过了专家评议及现场验收。

2.实用性　长江中下游地区是我国最重要的中籼稻优质产区，中籼稻种植面积约占全区水稻种植面积的1/3左右。当前生产上水稻品种普遍难以满足机械化轻简栽培后生育期缩短的情况下达到优质丰产的基本要求。本标准的构建进一步提高了规模化和机械化稻麦生产的劳动生产效率，推动实现绿色优质丰产增效。

3.稳定性　在长江中下游中籼杂交稻稻作区与农技推广部门、企业或农业新型主体合作，依据本标准进行品种筛选并运用中籼稻优质高效机械化栽培技术进行管理，进行高标准示范方建设，2016—2020年累计在江苏、浙江、湖北、安徽以及河南建立核心示范区2 890亩、新技术辐射区达1 962万亩，提高了长江中下游中籼杂交稻稻作区生产效率和资源利用效率。

三、成果形式

该技术相关专家评价如下。

四、成果来源

项目名称和项目编号：水稻优质高效品种筛选及其配套栽培技术（2016YFD0300500）
完成单位：南京农业大学
联系人及联系方式：李刚华，13805151418，lgh@njau.edu.cn
联系地址：江苏省南京市卫岗1号

西南杂交籼稻优质宜机插品种
"四高"筛选指标与方法

一、理论概述

针对当前杂交稻品种繁多且品种选育评价不适应机械化生产等问题，结合西南稻区复杂的稻田环境和特殊的生态环境，开展了优质丰产杂交籼稻品种机插适应性机理与筛选应用研究，建立了以高成苗率（≥80%）、高日产量 [≥65kg/（hm^2·d）]、高食味值（≥75）、高相对茎壁厚（≥14%）（简称"四高"）为核心的西南杂交籼稻优质宜机插品种共性筛选指标体系。

二、理论评价

1.创新性 该筛选指标体系综合考虑了育秧质量和成本、抗倒伏特性、稻米品质和产量，以及全生育期和茬口衔接等因素，去繁就简、去粗取精，首次提出将高日产量和高相对茎壁厚作为品种筛选指标，极大的简化了适宜机插生产水稻品种筛选的指标体系，为宜机插品种的优势布局和推广应用奠定了基础，同时也为水稻育种目标和方向提供了新的思路。

2.实用性 "四高"筛选指标与方法简单易操作，且结果稳定可靠。通过筛选明确了西南稻区各区域适宜机插的优质品种布局，鉴选出最具代表性的4个宜机插品种（宜香优2115、晶两优534、晶两优华占、天优华占），并在四川、云南、贵州等地建立水稻机械化种植示范基地7个，在四川、云南、贵州、重庆年示范推广100万亩以上。宜机插品种及其配套技术的示范推广极大地推动了西南稻区水稻机械化生产的发展。

3. 稳定性 筛选出的优质丰产品种宜香优2115从2016年至今位居杂交水稻推广面积全国前十，西南地区第一；获2018年度四川省科技进步一等奖；入选2020年"全国十大优质籼型超级稻品种"。2020年贵州兴义万峰林基地筛选品种验证示范全田实收测产最高亩产超1 000kg，创造了贵州省机插水稻的高产纪录。云南应用筛选的优质丰产品种及配套"药肥双减"技术，百亩高产示范样板平均亩产914.1kg，减肥42.9%，减药50%以上，增产27.1%，创造了云南省机插稻全程机械化栽培技术的高产纪录。示范成果被贵州省电视台、《云南日报》等媒体相继报道。

三、成果形式

建立的"四高"筛选指标体系理论研究系统深入，研究成果已发表论文5篇，其中一区TOP期刊1篇，《中国农业科学》等卓越期刊4篇；根据筛选出的主体品种及集成的配套技术发布地方标准1项（机插籼稻丰产高效栽培技术规程）。

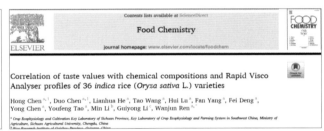

四、成果来源

项目名称和项目编号：水稻优质高效品种筛选及其配套栽培技术（2016YFD0300500）

完成单位：四川农业大学

联系人及联系方式：任万军，18280460361，rwjun@126.com；陶有凤，18780182998，894478816@qq.com

联系地址：四川省成都市温江区惠民路211号

杂交水稻氮高效育种方法创建及品种选育与节肥栽培规律

一、理论概述

本成果研明杂交水稻氮高效利用品种的生理特性，创建了水稻氮效率快速准确的田间鉴选新方法，育成一批氮高效新品种通过审定。揭示了基于品种特性、区域土壤生态条件和田块稻株长相的节肥栽培规律，为集成区域化节肥栽培技术模式奠定了坚实基础。明确区域特色水稻节肥栽培关键技术指标，构建区域特色肥料高效利用栽培技术模式。建立了一批以"一种三因"为核心的区域化节肥丰产技术模式，因地制宜地发挥了自然资源优势。

二、理论评价

1.创新性

（1）探明氮高效品种的叶片氮代谢活性酶RN、谷氨酰胺合成酶GS、碳代谢酶RuBP、碳与氮同化物协同转运率、光合速率、齐穗至成熟期的剑叶叶绿素含量（SPAD值）和LAI衰减指数、稻谷收获指数的关系。明确了氮高效率品种的鉴选参数，创新以齐穗至成熟期叶绿素（SPAD值）衰减指数（x），预测氮稻谷生产效率（y）的田间快速高效检测新方法（$y=0.641\ 3x + 26.917$，$R^2=0.855$），并形成田间检测剑叶SPAD值的高效操作程序。利用该方法育成氮高效杂交水稻新品种内6优103、内6优1787等20个，通过国家或四川省审定。

（2）单株分蘖力少于8.79个、穗粒数195～237粒的杂交品种适宜高密低肥的节肥栽培和采用前氮后移施肥方式；利用试验点的经度、纬度、海拔，以及土壤全氮、有机质、全钾、pH、有效磷、有效钾、有效氮含量，能准确预测当地水稻产量。地力产量超过9 140kg/hm²时则无需施肥，粒肥施用量与剑叶SPAD值呈极显著负相关，当SPAD值高于43.5时则无需施肥。

（3）项目技术先进、效益好、市场竞争力强，总体达国际先进水平。

2.实用性

（1）自主创新的氮素利用率田间鉴定方法，具有测定速度快、准确率高、成本低的优势。本项目自主创新的用齐穗至成熟期剑叶的SPAD值衰减指数作为预测稻谷生产效率的间接方法，与传统方法相比，在保持较高的准确率的条件下，测定方便、快速、成本低，能适应水稻育种的需求。

（2）创建的"一种三因"肥料高效利用技术体系，具有针对性强、可操作性好、适应性广的特点。在选用氮高效利用杂交水稻品种（一种）的基础上，建立了基于西南各生态区生产单位重量稻谷的养分需求量和目标产量确定施肥总量（因区），基于品种库源特征确定适宜的栽培施氮方式（因种）和基于稻田水稻关键时期实际生长情况确定肥料高效管理措施（因田）的"一种三因"肥料高效利用技术体系。充分考虑了技术对品种特性、区域生态、稻田土壤及植株长势的针对性和规律性，具有较好的可操作性与生产适应性。

3.稳定性
与传统高产技术相比，该技术节省肥料投入7.6%～12.9%，有效穗增加11.3%～21.2%，单产提高6.4%～10.1%，肥料稻谷生产率提高12.3%～17.0%，大面积实现了9 000～10 500kg/hm²的目标产量。重复性好，没有任何技术风险。

三、成果形式

集成了与各稻区生态特色和种植制度相适应的"杂交中稻氮肥高效利用与高产栽培技术规程""水稻全程机械化栽培技术"等节肥高效栽培技术9套，出版《杂交水稻氮高效品种的鉴评方法及节肥栽培》专著1部，发表相关论文100余篇，研发节肥高产专用物化产品1个。

四、成果来源

项目名称和项目编号：四川水稻多元复合种植丰产增效技术集成与示范（2018YFD0301200）

完成单位：四川省农业科学院水稻高粱研究所

联系人及联系方式：徐富贤，18090167012，xu6501@163.com

联系地址：四川省德阳市玉泉路508号

抗瘟水稻设计的新策略

一、理论概述

种植抗病品种是控制植物基因对基因病害的最有效、经济、环保的手段。然而，主效抗病基因介导的抗病性仅对含有对应无毒效应蛋白的病菌小种有效，从而导致抗病性丧失。因此，生产上迫切需要获得广谱抗病基因，以期获得抗病的持久性。

由稻梨孢菌引起的稻瘟病属于典型的基因对基因病害，是威胁我国粮食安全的重要病害。迄今在水稻中已鉴定出了100多个抗瘟基因，包括 *Pia* 和 *Pib*。*Pia* 编码2个CC-NBS-LRR（CC-NLR）免疫受体RGA4和RGA5，RGA5通过其金属离子结合结构域（heavy metal-associated，HMA）直接识别稻梨孢菌的无毒效应蛋白AVR1-CO39和AVR-Pia，激活RGA4介导的水稻免疫反应。*Pib* 编码单个CC-NLR免疫受体蛋白Pib，通过未知的机制识别AVR-Pib，并激活水稻免疫反应。已有研究表明：AVR1-CO39、AVR-Pia和AVR-Pib同属稻梨孢菌中一类序列无同源性、结构保守的效应蛋白，即Magnaporthe oryzae AVRs和ToxB-like（MAX）-effector。我们基于前期抗瘟受体RGA5与MAX效应蛋白互作的结构机制，提出了通过改造RGA5-HMA结构域设计抗瘟新受体的设想，并通过转基因水稻进行了验证。有关该类受体设计的部分研究结果已发表在《美国科学院院报》上（Liu et al., 2021，PNAS，118），说明研究具有很强的创新性。

二、理论评价

1.创新性 本成果参考前期已解析的 AvrPib 晶体结构、AVR1-CO39 与 RGA5-HMA 以及 AVR-PikD 与 Pik-HMA 复合物结构以及水稻 NLR HM 结构域与效应蛋白的互作机制，通过改造 RGA5-HMA 结构域，成功地设计出了 2 个能识别非对应无毒效应蛋白 AVR-Pib 和 AVR-Pik 的新型免疫受体 RGA5-HMA2 和 RGA5-HMA5，表达该受体的转基因水稻获得了对含有 AVR-Pib 和 AVR-Pik 稻梨孢菌的抗性，为进一步设计广谱抗瘟免疫受体奠定了理论和技术基础。

2.实用性 本成果可直接作为新种质在抗瘟多系水稻育种中加以利用。稻梨孢菌中还存在多个保守的 MAX 效应蛋白。利用本研究的思路，还可创建出能识别该效应蛋白的新受体。因此本成果对于广谱抗瘟水稻的培育具有潜在应用价值。

3.稳定性 表达本研究创建的免疫新受体 RGA5-HMA2 或/和 RGA5-HMA5 的转基因水稻均对相应的稻梨孢菌表现抗性，说明本研究的结果可重复，且重现频率高。同时，RGA5-HMA2 和 RGA5-HMA5 源于水稻的 RGA5，与 RGA5 仅有少数几个氨基酸的差异，推测其生物安全的风险性也是比较低的。

三、成果形式

本研究的部分结果以论文的形式先后在《美国科学院院报》发表，相关论文如下。

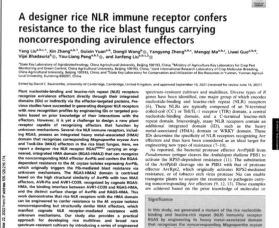

四、成果来源

项目名称和项目编号： 东北粳稻区主要病虫害的绿色防控技术（2016YFD0300703）
完成单位： 中国农业大学
联系人及联系方式： 彭友良，13910009781，pengyl@cau.edu.cn
联系地址： 北京市海淀区圆明园西路2号

基于最优子集选择的水稻穗无人机图像分割方法

一、理论概述

以东北粳稻齐穗期冠层数码影像为对象，提出了一种最优子集选择算法与BP神经网络相结合的技术方法。

二、理论评价

1.创新性　该方法分析了东北粳稻冠层数码影像颜色空间各个通道或指数对水稻穗的识别能力，解决了水稻穗特征选取与水稻穗数量估测的问题，探索了东北粳稻冠层RGB和HSV颜色空间各个通道或指数对水稻穗的识别能力，应用最优子集选择算法提取了适合东北粳稻穗图像分割的特征，为水稻穗分割模型提供输入特征。

2.实用性　本理论利用水稻穗、叶、背景的三分类图像样本库，应用最优子集选择（Best Subset Selection）算法分析了RGB和HSV颜色空间各个通道或指数对水稻穗的识别能力，提取出适合东北粳稻穗图像分割的7种特征参数，以此特征构建了基于BP神经网络的水稻穗分割模型，并进一步对水稻穗图像作连通域分析，获取稻穗个数。该理论方法明确了数码影像颜色空间各个通道或指数对水稻穗的识别能力，给出了有效的水稻穗识别特征选取方法，可为基于无人机低空遥感的水稻穗高通量提取提供理论支撑。

3.稳定性　该理论方法利用2017年和2018年沈阳农业大学超级稻成果转化基地水稻试验田无人机高清数码影像与地面小区样方内水稻穗数等实测数据，提取了东北粳稻穗图像分割的7种特征参数，构建了基于BP神经网络的水稻穗分割模型及水稻穗数计数模型，并与地面实测数据进行比较。结果表明：利用选取的7种特征构建水稻穗、叶、背景BP神经网络分类模型，3m飞行高度拍摄图像对象分类精度分别为1.000、0.982、0.998，6m飞行高度拍摄图像对象分类精度分别为0.997、0.994、0.996，9m飞行高度拍摄图像对象分类精度分别为0.946、0.986、1.000；构建的水稻穗分割模型可有效实现东北粳稻穗的提取，3m、6m、9m三个飞行高度拍摄图像水稻穗数提取的平均均方根误差和平均绝对百分误差分别为7.91、9.33%，8.12、15.94%，13.67、17.69%。

三、成果形式

该技术获得的相关专利如下。

四、成果来源

项目名称和项目编号：辽宁春玉米粳稻密植抗逆丰产增效关键技术研究与示范（2017YFD0300700）

完成单位：沈阳农业大学

联系人及联系方式：曹英丽，13889270306，caoyingli@syau.edu.cn

联系地址：辽宁省沈阳市沈河区东陵路120号

小麦根系及其相关性状表型与基因型结合的抗旱耐热评价体系

一、理论概述

小麦根系是吸收土壤水分和养分的重要器官，因此根系是小麦抗逆实现高产高效的重要器官。但是，由于根系深埋于地下，尤其小麦为须根系，研究难度非常大。本项目针对未来气候情景，聚焦小麦根系和抗逆性研究小麦响应和适应未来气候情景的调控机理、根系性状密切相关的植株地上部指示性状、表型与基因型相结合的小麦抗旱耐热品种评价技术体系的建立等内容。

二、理论评价

1.创新性 在上述基础上，提出未来应选择地上部和地下部发育协调的环境钝感型小麦品种，耕作栽培技术措施应注重促进早期根系发育，提高后期根系活力，增强地上部的光合能力，为创建适应未来气候变化的系统结构和功能稳定的小麦栽培耕作技术途径提供理论和技术依据。

2.实用性 本项目首先明确了冠层温度是根系构型的最直接指示性状，开发了调控根系及其相关性状基因的功能分子标记，建立表型与基因型相结合的小麦抗旱耐热品种评价技术体系，为小麦根系性状选择提供了简便可靠的表型和分子检测依据与技术；其次，解析了根系与植株地上部分性状发育之间的关系，为创新小麦适应气候变化的抗旱耐热高产高效栽培技术途径提供了依据，应用前景广阔。

3.稳定性 小麦根系及其相关性状之间关系明确，本项目利用调控这些性状的基因开发的功能分子标记不受环境条件影响，能够直接选择性状，稳定可靠，对于适应气候变化的小麦品种选择和栽培耕作技术途径创建具有积极的理论和应用价值。项目组以过去60多年育成的小麦品种（系）为材料，揭示小麦抗旱耐热分子机制，明晰了抗逆性和产量优异基因的历史演变趋势。利用分子标记，分析不同年代材料根系性状相关遗传位点的频率变化，发现随着育种年代推移，根深相关优异等位基因频率呈缓慢增加趋势。对根深及株高性状基因进行聚合效应分析发现，深根与矮秆相关优异位点的结合能够提高产量。对小麦自然群体及衍生系群体进行选择性清除分析发现，30.7%的根系和产量性状位点受到育种选择，而广适性相关遗传位点受选择概率较小；过去60年间，产量相关优异等位基因的频率随育种年代推进逐渐升高，而抗逆性优异等位基因的频率逐渐下降。这些利用分子标记检测的品种基因型与表型性状变化趋势一致，表明小麦根系及其相关性状的功能分子标记具有高度的稳定性。

三、成果形式

本研究成果主要以论文发表的形式呈现，论文如下。

[1] Chaonan L, Long L, Matthew P R, et al. Recognizing the hidden half in wheat: root system attributes associated withdrought tolerance. Journal of Experimental Botany, 2021, 72: 5117–5133.

[2] Long L, Zhi P, Xin G M, et al. Genome-wide association study reveals genomic regions controlling root and shoot traits at late growth stages in wheat.Annals of Botany, 2019, 124: 993–1006.

[3] Meng J Z, Chao N L, Jing Y W, et al. The wheat SHORT ROOT LENGTH 1gene TaSRL1controls root length in an auxin-dependent pathway. Journal of Experimental Botany, 2021, 72: 6977-6989.

四、成果来源

项目名称和项目编号：小麦生产系统对气候变化的响应机制及其适应性栽培途径（2017YFD0300200）

完成单位： 中国农业科学院作物科学研究所

联系人及联系方式： 景蕊莲，13521179699，jingruilian@caas.cn

联系地址： 北京市海淀区中关村南大街12号

冬小麦长势受干热风影响的遥感监测方法

一、理论概述

实时地监测农业气象灾害对作物的影响是确保粮食安全生产的基础。干热风通常发生在冬小麦抽穗后的生长阶段，此时冬小麦的遥感植被指数正处于下降阶段，干热风导致的植被指数降低通常会叠加在植被指数固有的下降趋势中，难以分离出来。本项目首次将社会经济学中的双重差分（Difference-in-Differences，DID）方法引入到遥感灾害监测中，提出了一个通用的双重差分方法框架，利用可广泛获取的遥感植被指数，实现实时地监测冬小麦对干热风灾害的响应。

二、理论评价

1.创新性　该方法最大的优点是可以控制观测变量固有的变化趋势，从而有效地分离出由灾害事件（如干热风）独立引起的观测变量的变化（如NDPI的下降量）。

2.实用性　提出了一种利用卫星数据监测农业气象灾害对作物影响的通用DID方法框架，并将其用于评估干热风对我国北方冬小麦长势的影响。DID方法框架非常灵活，经过适当调整，可扩展应用到其他自然灾害和作物类型。该方法不仅可以实时地监测干热风灾害对冬小麦的影响程度，还可用于改进作物产量预测，为农业生产提供近实时的评估，以调整耕作方式并减轻农业灾害的影响。

3.稳定性　为了验证DID方法框架的有效性，利用MODIS数据生成植被指数，评估并量化了干热风对我国北方冬小麦的影响。对发生在3个不同年份（2007年、2013年和2014年）不同严重程度干热风事件进行的监测结果表明，DID方法框架可以有效检测出受干热风灾害影响的冬小麦像元，并能定量评估损失程度。估计的损失程度与根据气象数据计算出的干热风强度表现出显著的相关关系（$R^2=0.903$，$P<0.001$），表明该方法的在较大区域及不同程度干热风事件监测中具有较强的稳定性。

三、成果形式

本研究成果主要以论文发表、授权发明专利的形式呈现。论文及专利如下。

[1] Wang S，Rao Y，Chen J，et al. Adopting "Difference-in-Differences" Method to Monitor Crop Response to Agrometeorological Hazards with Satellitedata：A Case Study ofdry-Hot Wind.Remote Sensing，2021，13: 482.

[2] 陈晋，王帅，刘励聪，等. 基于遥感NDPI时间序列监测冬小麦干热风灾害的方法：

202011023331.9[P]. 2020-09-25.

四、成果来源

项目名称和项目编号： 小麦生产系统对气候变化的响应机制及其适应性栽培途径（2017YFD0300200）

完成单位： 北京师范大学

联系人及联系方式： 陈晋，13522889711，chenjin@bnu.edu.cn

联系地址： 北京市海淀区新街口外大街19号

基于多元分析模型评估低温胁迫对小麦的冻害程度

一、理论概述

本项目通过设置不同低温水平，对不同品种类型冬小麦进行胁迫处理，检测生理指标（渗透调节物质、抗氧化物酶、植株含水量、叶绿素含量、叶绿素荧光参数），并基于多元分析方法（主成分分析、隶属函数分析、多元逐步回归分析）结合，根据不同生理指标的变化程度，构建出冻害综合评估模型，并基于不同处理下的冻害综合评估值，利用聚类分析将不同处理划分为不同冻害程度以及相对应的产量损失率。

二、理论评价

1.创新性　本模型基于低温处理后第二天生理指标的变化构建而来，可以及时预测小麦受冻程度，从而为采取相对应的缓解措施提供理论支持。

2.实用性　冻害综合评估模型适用于估测春季低温冻害对拔节期小麦的伤害程度，在冻害后测取模型中的生理指标，通过生理指标的变化程度计算出冻害综合评估值，从而得出冻害程度及产量损失预测值。因此，及早准确分析冻害程度及产量损失情况，有利于及早采取预防及补救措施，以挽回因冻害造成的产量损失，为小麦抗寒安全生产提供理论依据及技术指导。

3.稳定性　本项目的冻害综合评估模型是基于两种品种类型两年的试验数据构建而成，两年所有处理的冻害综合评估预测值与产量损失之间拟合性达到$R^2=0.8982$，因此，此模型的精确度较高。

两年所有处理的FICI值与产量损失率之间的拟合度分析如下：

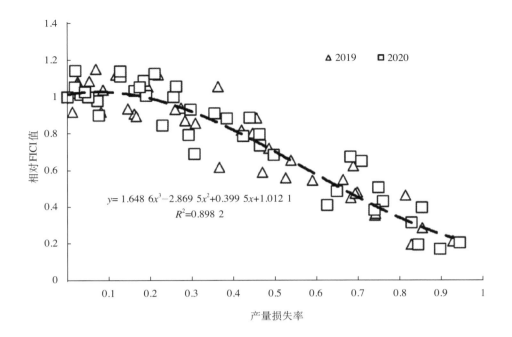

三、成果形式

发表的论文如下。

[1] 王洋洋，贺利，任德超，等.基于主成分－聚类分析的不同水分冬小麦晚霜冻害评价研究.作物学报，2022，48（2）：448-462.

[2] 王洋洋，刘万代，贺利，等.基于多元统计分析的小麦低温冻害评价及水分效应差异研究.中国农业科学，2022，55（7）：1301-1318.

四、成果来源

项目名称和项目编号： 小麦生产系统对气候变化的响应机制及其适应性栽培途径（2017YFD0300200）

完成单位： 河南农业大学

联系人及联系方式： 刘万代，13938535167，hnndlwd@126.com

联系地址： 河南省郑州市文化路95号

应对气候变化的麦田 N_2O 减排措施及机制

一、理论概述

目前关于农田温室气体减排措施的研究多是基于现有气候背景下的研究，而基于未来气候背景尤其是多气候因子的研究还很少见。本项目利用模拟未来大气 N_2O 浓度升高和升温试验平台，评估有减排措施（缓释肥、硝化抑制剂和高氮利用品种）的麦田减排效果，并揭示其减排机理。

二、理论评价

1.创新性 该研究结果为未来气候变化背景下小麦生产适应和缓解气候变化提供理论支撑，具有一定前瞻性和先进性。

2.实用性 本研究表明，未来气候情景下麦田施用缓释肥可减排44%～52%的氮，其作用机制为缓释氮肥延缓了氮肥释放，降低其在土壤中的含量，使亚硝酸还原酶基因（*nirK*）、氨单加氧酶基因（*AOA*、*AOB*）丰度降低，导致亚硝酸还原酶活性降低，从而抑制NH_4^+-N向NO_3^--N转化。硝化抑制剂在黄淮麦区可减排30%～49%，在江淮麦区可减排18%～24%，硝化抑制剂可通过降低氨单加氧酶基因丰度，提高N_2O还原酶基因（*nosZ*）和亚硝酸还原酶基因（*nirS*）丰度，促进N_2O向N_2转化，减少了N_2O排放。不同小麦品种N_2O排放量存在显著差异，氮高效品种地上部分氮吸收总量高，N_2O排放量低；相同施肥条件下，氮高效品种吸收更多氮素到植物体内，土壤中氮素留存少，从而减少N_2O的生成和排放。因此，建议在黄淮麦区应用缓释肥，在黄淮麦区和江淮麦区同时应用硝化抑制剂和氮高效小麦品种，以减少麦田N_2O排放。

3.稳定性 利用T-FACE和人工控制气候室模拟未来气候情景，在黄淮麦区和江淮麦区开展了1～3年相关试验。不同减排措施减排效果的稳定性不同。硝化抑制剂减排效果稳定，在黄淮和江淮两个试验点均能够重复，可靠性强；小麦品种的减排效果区域间差别较大，需要进一步筛选氮高效品种。部分研究成果2021年在《Plant and Soil》杂志发表。

三、成果形式

缓释氮肥、硝化抑制剂的麦田减排机制：

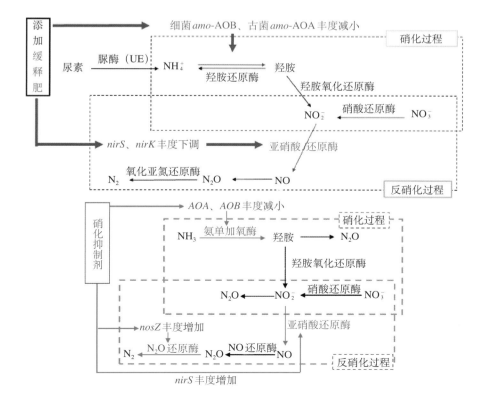

发表的论文：

Yuan L，Ke G，Zong H G，et al. An antagonistic effect of elevated CO_2 and warming on soil N_2O emissions related to nitrifier anddenitrifier communities in a Chinese wheat field.Plant and Soil, 2021.

四、成果来源

项目名称和项目编号： 小麦生产系统对气候变化的响应机制及其适应性栽培途径 （2017YFD0300200）

完成单位： 南京农业大学、山西农业大学

联系人及联系方式： 刘晓雨，13451810912，xiaoyuliu@njau.edu.cn；郝兴宇，13643545841，haoxingyu1976@126.com

联系地址： 江苏省南京市玄武区卫岗1号；山西省晋中市太谷区

机械粒收玉米品种的评价标准和筛选方法

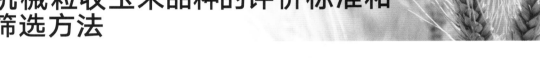

一、理论概述

该方法规定了机械粒收玉米品种的评价标准，包括种植密度、株高、籽粒含水量等指标，针对不同品种应用不同筛选方法。

二、理论评价

1.创新性

玉米籽粒直收技术是我国玉米未来的发展方向，而机械粒收技术的关键在品种，但市场上90%以上的品种不适宜机械粒收，科学评价和筛选粒收品种成为粒收关键技术首先要突破的问题。粒收品种评价标准阐明了其异于普通品种的关键性状指标、指标值及特征，筛选方法稳定可靠、简单易操作，可以准确鉴定适宜机械粒收的玉米品种。

参试品种在2～3年、多点和高密度条件下，与籽粒相关的性状同时满足产量比当地主推穗收品种高3%、收获倒伏倒折率≤5%、籽粒含水率≤25%、籽粒破碎率≤5%、籽粒破损率≤2%、杂质率≤1.1%及中抗当地主要病虫害（茎腐病、玉米螟、穗腐病等），才能被鉴定为适宜机械粒收品种。

粒收品种评价标准首次提出籽粒破损率，指粒收机粒收作业中无法测量的筛下破碎籽粒，即不可见产量损失。在明确其变化规律及其与含水率等机收性状关系的基础上，确定了它作为粒收性状和指标值，弥补了玉米粒收作业中不可见产量损失率的空白。

2.实用性　该技术适用于科研和生产中机械粒收玉米品种的试验和筛选。现有条件下全面考量了与机械粒收相关的重要性状，如影响粒收质量的破碎率、杂质率、倒伏倒折率之和，克服了常规方法的局限，使机械粒收品种的筛选更为科学、准确。

建立的粒收品种评价标准、筛选方法及由此筛选的粒收品种，对玉米育种学科产生重要影响，将引领玉米从穗收品种到粒收品种的更新换代。

（1）对粒收品种前沿性、规律性研究和清晰描述，将对粒收品种的发展起引领和指引作用。

（2）粒收品种评价标准、筛选方法及由此筛选的粒收品种，为玉米生产和科研中粒收品种的选择、选育和审定提供了方向，树立了粒收品种的模板。

（3）籽粒破损率的提出对粒收技术中的减损提出了更高要求。

3.稳定性 4年30组粒收品种鉴选试验、720个品种（品次）通过该标准和方法鉴选，入选的粒收品种参加了18组密度试验、14组评价体系构建试验、12组3因素试验，再次核验了粒收品种的评价标准和筛选方法。鉴选的粒收品种迪卡159、C1563、J6518、仁合319、TK601、金科玉3308等，"十三五"期间带动项目区使用粒收品种70万亩，其中粒收品种全程机械化籽粒直收15万亩，实现了低水分（≤25%）、低破碎率（≤5%）、低倒伏倒折率（≤5%）、低产量损失率（≤5%）的高质量籽粒机收，实现了节本、丰产、增效。粒收品种的评价标准、筛选方法和鉴选品种经历了从试验走向大田生产、通过了理论与实践的检验，很好地证明了其具备良好的稳定性和可行性。

三、成果形式

1.宜机械粒收玉米品种评价规范（DB15/T 1974—2020，发布实施）

2.一种鉴定玉米品种是否适宜机械粒收的方法（发明专利，专利申请号：202010625557.X）

四、成果来源

项目名称和项目编号： 东北西部春玉米抗逆培肥丰产增效关键技术研究与模式构建（2017YFD0300800）

完成单位： 内蒙古自治区农牧业科学院

联系人及联系方式： 赵瑞霞，15247116219，zhaoruixia2009@163.com

联系地址： 内蒙古自治区呼和浩特市玉泉区昭君路22号

玉米大面积丰产高效绿色技术体系创建与应用

一、理论概述

本成果通过调控玉米群体质量、改善土壤性能来进一步提高产量，围绕玉米丰产、资源高效与环境友好协同发展，开展玉米"SPA（土壤－作物－气候）"系统综合管理理论与关键技术创新。

二、理论评价

1.创新性 揭示了玉米高产群体养分"阶段式吸收差异"规律，粒重形成与养分供应的内在生理关系，明确了密植高产群体"冠层－根层"农艺与生理特性，探明了高产群体叶源衰老时空变化特征。

阐明了黑土农田耕层变浅薄、容重变紧实、犁底层变硬的耕层结构"三变劣化"的基本特征，提出了黑土区土壤肥力评价体系与标准。

创立了高产玉米群体设计栽培技术、寒区全量秸秆带状深还对角错位耕技术，创新了节氮增效与固碳减排技术，有效遏制了高产不高效、农田重用轻养、环境代价高的趋势。

创建了以"构建高密群体、创建肥沃耕层、调控肥水运筹"为核心、结合当地常用技术的适用于半干旱区、半湿润区和湿润区的综合栽培管理模式。

2.实用性　吉林省地处世界"玉米黄金生产带"，是我国重要的商品粮生产基地之一，对保障我国粮食安全的作用无可替代。近年来，玉米产量依靠品种改良和栽培技术创新持续提高。然而，靠密植增产势必会加剧个体拥挤竞争，引起个体间养分吸收转运能力的不同，造成植株衰老特性及内在调控机制的差异，导致产量潜力降低。另外，土壤结构性障碍驱动的功能变差问题日益凸显，土壤有机质"量减质退"、水肥蓄保供能力急剧降低，也导致玉米高产不稳产、丰产不高效、发展不绿色。本成果中"玉米秸秆全量深翻还田技术""玉米机械化分次减量施肥技术""玉米膜下滴灌水肥一体化增产技术"多次被遴选为吉林省主推技术，在全省玉米主产区大面积应用，实现了区域玉米持续增产、绿色增效发展。

3.稳定性　随着粮食丰产科技工程等一批科技项目的实施，玉米持续丰产技术创新取得显著成效。如2014年在桦甸市金沙乡，创造了我国雨养条件下春玉米的最高产量纪录（亩产量1 216.6kg，密度86 000株/hm²），并在吉林省东中西三大生态类型区，连续多年多点稳定实现了吨粮目标，证明了该成果的可靠程度高、重现频率大。该成果在多年工作经验的基础上，展开关键生产技术攻关，并对单项技术进行集成，基本不存在技术风险。

三、成果形式

经中国农学会组织专家鉴定："东北春玉米土壤增碳控酸培肥、群体定行缩株增密、品种优化布局技术"达国际领先水平。该成果获得2019年吉林省科学技术进步一等奖。

四、成果来源

项目名称和项目编号：吉林半干旱半湿润区雨养玉米、灌溉粳稻集约规模化丰产增效技术集成与示范项目（2018YFD0300200）

完成单位：吉林省农业科学院

联系人及联系方式：蔡红光，15584441606，caihongguang1981@163.com

联系地址：吉林省长春市生态大街1363号

江淮东部稻－麦区北部周年光热资源优化配置模式

一、理论概述

该模式针对江淮东部稻－麦区北部现有稻麦种植模式与光热资源要素匹配程度低的问题，通过分析该区域1960—2019年水稻与小麦生长季有效积温和辐射量的变化特征，重点开展试验研究播期对稻-麦生育期、产量及品质的影响，阐明了稻-麦周年光热资源季节间优化配置机理，并基于光热资源生产率和产量等目标，形成了江淮东部稻-麦区北部周年光热资源优化配置模式。

二、理论评价

1. 创新性 该模式对区域自然资源合理利用、区域粮食稳定高产具有重要现实意义。

2. 实用性 江淮东部稻-麦区北部周年光热资源优化配置模式是在分析区域60年气象资料的基础上，结合近期多年试验结果形成，主要技术措施如水稻、小麦品种选择、播期等均易被水稻、小麦种植从业者掌握，可在江淮东部稻-麦区北部地区大面积示范推广，前景良好，将为该区域稻-麦高产优质高效种植提供可复制的样板。

3. 稳定性 该模式通过三年六季的研究并经过大区对比试验验证，可靠程度高、重现频率高、风险性小。

三、成果形式

江淮东部稻-麦区北部周年光热资源优化配置模式主要农艺流程：

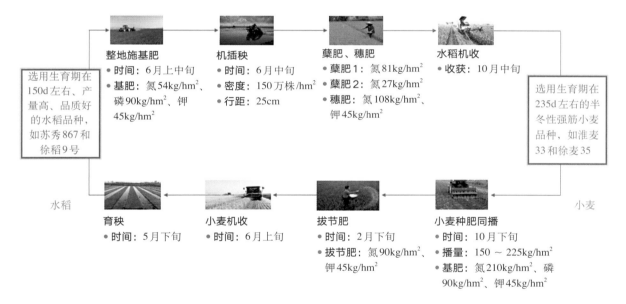

在江苏农垦农业科学研究院黄海农科所示范基地示范应用"江淮东部稻-麦区北部周年光热资源优化配置模式"，取得了十分显著的效果。经专家测产，光热资源利用效率提高15.3%，周年粮食产量提高13.3%。

四、成果来源

项目名称和项目编号：稻-麦周年光热资源优化配置与优质高效品种鉴选（2017YFD0301201）

完成单位：江苏省农业科学院

联系人及联系方式：张岳芳，15951942613，yfzhang@jaas.ac.cn

联系地址：江苏省南京市玄武区钟灵街50号

小麦－玉米两熟种植模式下光热水肥资源高效利用模式

一、理论概述

当前生产中，小麦－玉米高产群体内光照不足和水肥利用效率低是限制小麦－玉米两熟种植模式进一步丰产增效的主要技术瓶颈。针对小麦－玉米两熟种植模式下光热水肥资源高效利用的迫切需求，通过休闲期光热资源合理利用、宽行定向反光群体调控和水肥一体化精准智能监控等技术的创新，构建了小麦－玉米两熟种植模式资源高效利用新模式。

二、理论评价

1.创新性 通过小麦播期适当提前和玉米抗逆延衰晚收提高了休闲期光热资源的利用效率；利用宽行定向反光技术有效增强了小麦和玉米高产群体内部的光照度；构建了以云计算为核心的水肥一体化智能监控系统，实现了田间水肥指标的精准监测和智能调控。

2.实用性 光热资源的不足是限制一年两熟种植模式发展的主要因素，提高光热资源利用效率是实现粮食丰产增效的关键。近年来，由于阴雨寡照天气导致的光照不足直接影响到小麦和玉米的丰产增效，高光效群体的构建是实现小麦和玉米高产高效的基础。本种植模式，可广泛应用于小麦和玉米高产高效群体的调控和丰产增效模式构建，在小麦和玉米高产高效栽培领域具有重要的应用价值。

3.稳定性 宽窄行种植是有效提高小麦和玉米高产群体通风透光特性的常规栽培技术手段，长期以来在提高小麦和玉米单产方面发挥了重要作用。本模式中，通过宽行起垄铺设反光膜的措施，在进一步扩大行距的条件下，有效将宽行内漏掉的太阳光通过镜面反射的方式投射到小麦和玉米的功能叶位区域，进而实现了宽行不漏光和高密不弱光的高光效群体调控目标。同时，反光膜的铺设有效减少了水分的挥发散失，与滴灌水肥一体化智能精准监控技术相结合，极大地提高了水肥利用效率。该技术模式经过3年的示范应用表明，光热资源利用率提高15%以上，水肥利用效率提高10%以上，攻关田小麦和玉米两熟亩产在1 550kg以上。

三、成果形式

小麦－玉米两熟种植模式下光热水肥资源高效利用模式如下。

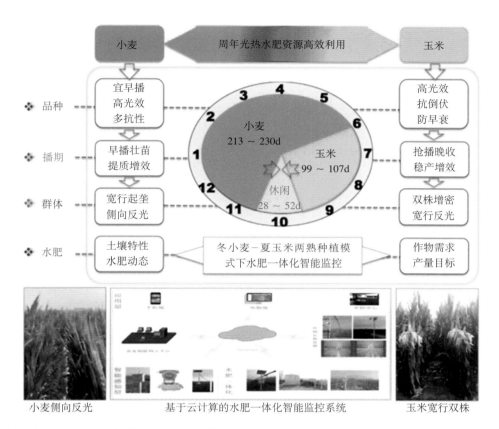

小麦侧向反光　　　基于云计算的水肥一体化智能监控系统　　　玉米宽行双株

基于宽行定向反光技术的小麦－玉米种植模式如下。

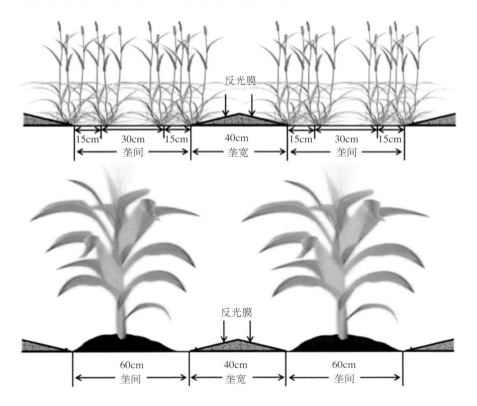

该技术申请专利3项：一种提高小麦光能利用率的宽行侧向反光方法（申请公布号：CN110786211A）；一种提高玉米棒三叶区域光照强度的种植结构（申请号：202120139821.9）；农田精准灌溉控制模型的构建与应用（申请公布号：CN111742825A）。

四、成果来源

项目名称和项目编号： 黄淮海南部小麦－玉米周年光热资源高效利用与水肥一体化均衡丰产增效关键技术研究与模式构建（2017YFD0301100）

完成单位： 河南农业大学

联系人及联系方式： 李永春，13592526515，yongchunli71@foxmail.com

联系地址： 河南省郑州市郑东新区平安大道218号

产品/设备篇

CHANPIN / SHEBEI PIAN

播量无级可调式系列水稻精量直播机

一、设备概述

针对江西双季稻区水稻品种种类繁多，物理机械特性差异大，现有排种器难以满足江西双季稻不同粒型稻种精量排种需求的问题，基于容积深度可调的技术思路，研发了一种播量无级可调型孔式排种器。

二、技术参数

配套动力：手扶式水稻精量直播机4.0马力*以上；高速乘坐式水稻精量直播机13马力以上。

播种行数：10行（高速乘坐式）、6行（手扶式）。

行距：固定行距20cm、25cm，可选。

穴距：10 ~ 20cm，可调。

播种量：每穴3 ~ 8粒，可调。

作业效率：1 ~ 2亩/h（手扶式）、4 ~ 8亩/h，具体视田块情况而定。

三、设备评价

1.创新性　解决了长粒型水稻品种精量排种的技术难题，实现了不同粒型品种每穴播量3 ~ 8粒可调；并基于南方丘陵小田块的特点，以手扶式和高速乘坐式插秧机动力底盘为配套动力，配套研制了系列水稻精量直播机。

2.实用性　该技术装备于2019年9月实现技术成果转化，专有技术许可协议金额500万元；2020年5月，受让企业完成新产品导入，实现小批量生产；2021年10月，通过农业机械试验鉴定。2018—2021年，已在江西新建、都昌、袁州等10余个县（市/区）开展试验示范与推广应用，累计示范5 000余亩。示范结果表明，机具性能稳定可靠，对不同粒型品种适应性好，播量调节范围大，不壅泥，不缠草；相较于人工撒播，亩均可增效100元以上，应用前景良好，对南方丘陵小田块水稻种植机械化水平的提升具有重要意义。

四、设备展示

可调试系列水稻精量直播机如下。

---

* 注：马力为非法定计量单位，1马力≈735.499W。

五、成果来源

项目名称和项目编号：长江中下游东部双季稻区生产能力提升与肥药精准施用丰产增效关键技术研究与模式构建（2017YFD0301600）

完成单位：江西农业大学

联系人及联系方式：陈雄飞，17307006979，121686212@qq.com

联系地址：江西省南昌市青山湖区志敏大道1101号

麦田自走式多功能镇压机

一、设备概述

针对北方小麦生产中常因秸秆还田和旋耕整地导致土壤过于暄松、播种质量差、种土不能密接，严重影响出苗质量和抗逆性的突出问题，并为生产中耕作保墒和控旺稳长提供有效措施，研发了新型麦田自走式多功能镇压机，该机械与小麦节水栽培技术相配套，可为抗逆优质丰产保驾护航。

二、技术参数

麦田自走式多功能镇压机性能

性能指标	技术参数
型号	LYZ-2.2
最大作业速度	≥6km/h
工作幅宽	1 700 ～ 2 200mm
生产率	15 ～ 20亩/h
压实度	0.8 ～ 1.0kg/cm²
平整度	>70%

（1）播后镇压。播后待表土现干时，用自走式多功能镇压机均匀镇压一遍。播后镇压能有效破碎坷垃，沉实耕层，控制跑墒，有效提墒。增强种子与土壤的接触度，提高出苗率，起到既抗旱又耐寒的作用。

（2）控旺镇压。对于冬前或早春旺长麦田，采用自走式镇压机进行冬季或春季镇压，控旺增产提质增效明显。

（3）返青镇压。早春麦苗返青期根据土壤墒情和板结情况，适当镇压，可配合锄划，破除板结，弥合裂缝，提墒保墒，抗旱促苗。

三、设备评价

1.创新性 麦田自走式多功能镇压机的特点和优势：独创的自走式多轮均匀触地技术，保证镇压力度均匀；采用多组充气花纹轮胎组合，轮胎受压变形与复原相互交替反复，镇压轮黏土少，脱土容易，镇压质量好；镇压宽度可调幅；后带合墒松土链，镇压与暄土保墒结合；制动行走灵敏，作业效率高，每小时镇压面积达15～20亩。可用于播后镇压和苗期镇压，有利于提高小麦出苗整齐性，提升小麦保墒抗旱、抗冻能力，促进幼苗生长；对旺苗田则有控制旺长的作用。

2.实用性 该成果已获国家专利，并实现产业化开发和推广应用，合作企业建立了新型镇压机生产车间，近4年平均年销售机械700～800台，在河北、山东、山西、陕西、河南多省小麦生产中应用。河北省将"麦田自走式多功能镇压机及其应用技术"列为全省节水农业主推技术，全国农业技术推广中心及上述5省的农技和农机部门，多次组织观摩培训会展示和推广麦田自走式多功能镇压机及配套技术。多地应用实践证明，播后镇压与不镇压相比，播后3d 3～7cm土壤相对含水量增加5～7个百分点，出苗率提高8～12个百分点，有利于培育壮苗和安全越冬；返青期镇压，提墒增墒，能起到促进返青生长和推迟春季浇水时间的作用，可减少灌水10～20m³。麦田自走式多功能镇压机的应用，为近几年北方冬小麦抗逆节水和稳产增产做出了重要贡献。

四、设备展示

麦田自走式多功能镇压机（左图）及相关报道（右图）如下。

五、成果来源

项目名称和项目编号： 小麦优质高产品种筛选及其配套栽培技术项目（2016YFD0300400）
完成单位： 中国农业大学
联系人及联系方式： 王志敏，13671185206，cauwzm@qq.com
联系地址： 北京市海淀区圆明园西路2号

小麦精确播种收获技术与智能设备

一、设备概述

针对小麦生产智慧化作业需求，将现代农学、信息技术、农业工程与北斗导航等应用于小麦播种收获环节，重点研究麦田信息感知、播量精确控制、播种处方生成、产量智能传感、作业路径规划等关键技术，研发了该设备。

二、技术参数

小麦精确变量播种机参数

性能指标	检验结果
种子破碎率	<0.1%
播种均匀性变异系数	<10.6%
播种深度合格率	>90%
种肥间距合格率	>96%
直线度精度	<1.8cm
衔接行间距精度	<2.3cm

称重标定容积式谷物产量传感器（联合收获机用）参数

性能指标	检验结果
测产精度	>3.96%
容积仓容积	0.019 6m³
工作电压	12V
称重量程	0 ~ 60kg

三、设备评价

1.创新性 突破了小麦播种收获难以精确计量、农机农艺难以融合等制约农业发展的难题，实现了小麦播种的精确化与变量化，以及小麦收获的定量化与智能化。该成果的主要创新性表现：

（1）发明了一种减阻减摩、低功耗的窝眼轮排种装置和一种高精度、易互换的新型通轴式外槽轮排种器，创建了一种播量自标定和自校正方法，研制了一套基于处方图的排量精确稳定、播量一致均匀的动态播量检测系统。

（2）提出了下集排气力式精密播种机构设计方法，开发了一套主动式仿形镇压与挤压成沟机构，解决了稻田黏重土壤条件下镇压开沟易堵易塌的难题；创新了处方生成与融合方法，基于拖拉机北斗导航与路径自动规划，集成开发了一套小麦无人精确变量播种系统。

（3）创新了容积式谷物称重机构的结构设计，创建了谷物收获的在线称重模型，形成了双仓式称重机构的倒仓判定准则，发明了一种称重标定容积式谷物产量传感器，解决了谷物产量实时测量不准确的行业难题。

2.实用性　该成果已实现产业化和规模化应用，小麦精确播种施肥机已实现销售收入2 370.6万元，利润584万元；推广面积2万余亩，对比于常规播种施肥机，实现了减种5%～8%，减肥10%～15%，节约用工成本50%。该成果整体处于国内先进水平。通过该成果的研发，建立了以"信息感知、定量决策、智能控制、精确投入、特色服务"为特征的现代化农业生产管理方式，可实现小麦生产作业从粗犷到精确、从有人到无人方式的转变。目前该成果于2019—2020年连续两年被列为农业农村部十大引领性技术，并在江苏、河北等地开展示范应用。

四、设备展示

小麦精确变量播种机（左图）及其作业时的智能操作界面（右图）如下。

 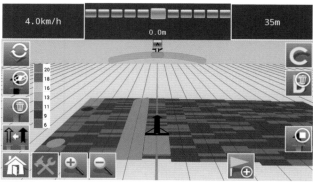

五、成果来源

项目名称和项目编号：粮食作物生长监测诊断与精确栽培技术（2016YFD0300600）
完成单位：南京农业大学、农业农村部南京农业机械化研究所
联系人及联系方式：倪军，13357825657，nijun@njau.edu.cn；余山山，15366092916，yushanshan@caas.cn
联系地址：江苏省南京市玄武区卫岗1号；江苏省南京市玄武区柳营100号

双轴旋耕贴地控深宽带播种复式作业机

一、设备概述

双轴旋耕贴地控深宽带播种复式作业机采用双轴分层切削技术，通过高程复式作业集成，实现施基肥、双轴深旋耕土草混匀、镇压、贴地播种、施种肥、开沟、化学除草等工序的一次性完成，可用于小麦播种及水稻旱直播作业。该产品已通过江苏省农业机械鉴定站检测。

二、技术参数

设备主要技术参数

指标	参数
配套动力	88.3kW
旋耕深度	22cm
作业幅宽	250cm
播种深度	1～2cm
种沟宽	5cm
播种行数	10行
播种行距	25cm
播种开沟宽度	5cm
排种器类型	电驱动外槽轮
排种口离地高度	7～10cm（可调）
施肥行数	10行
覆土方式	旋耕覆土
镇压方式	双滚镇压
开沟数量	2行
开沟宽度	20cm
开沟深度	20cm
作业效率	6～8亩/h

三、设备评价

1. 创新性　使耕作深度达到22cm以上，保证土草混匀，有效解决秸秆全量还田难题；开发双辊镇压开种槽贴地控深播种机构，实现种子在种槽内呈5cm宽带、1～2cm深度准确分布，有利于提高作物出苗率。

2. 实用性　该成果已实现产业化和规模化应用，已建立了专门的装备生产线，已实现销售收入1 180万元，利润212万元；推广作业面积20余万亩次，节本增效6 000余万元，经济、生态和社会效益显著，应用前景良好。该产品已作为配套技术入选2021年农业农村部十大重大引领性技术"稻麦绿色丰产'无人化'栽培技术"。

四、设备展示

双轴旋耕贴地控深宽带播种复式作业机（左图）及田间作业（右图）如下。

五、成果来源

项目名称和项目编号：江苏稻－麦精准化优质丰产增效技术集成与示范（2018YFD0300800）
完成单位：扬州大学
联系人及联系方式：张瑞宏，13952728225，zhang-rh@163.com
联系地址：江苏省扬州市大学南路88号

高含水率籽粒直收型系列玉米收获机

一、设备概述

针对玉米生产"转方式、提质增效"需求，以机械化为主线，产学研协作，创新了"复合式喂入＋六棱式拉茎辊＋摘穗板间隙自适应调节高效低损摘穗、单纵轴流高效低破碎脱粒分离、脱出物回送＋双层异向振动高效清选"等技术，部分技术达到国际领先水平；面向我国东北、华北春玉米区、黄淮海夏玉米区和南方玉米区不同生产条件和经营规模，研制成功系列籽粒直收型玉米联合收获机。

二、技术参数

设备主要技术参数

型号	4YL-6K/8型（GK100/120）	4YL-4/5型	4YZP-3型履带式
适宜区域	东北、华北春玉米区规模化经营主体	黄淮海夏玉米区	南方玉米区

（续）

型号	4YL-6K/8型（GK100/120）	4YL-4/5型	4YZP-3型履带式
收获行数	6～8	4～5行	3行
喂入量（kg/s）	≥10	≥6	≥3
籽粒破碎率（%）	≤5	≤5	≤5
总损失率（%）	≤4	≤4	≤4
含杂率（%）	≤2.5	≤2.5	≤2.5

三、设备评价

1.创新性　该机械满足了28%籽粒含水率条件下籽粒破碎率5%以内的生产需求，为玉米机收从果穗收获向籽粒直收发展提供了先进适用的农机新装备，多款收获机获得农业机械推广鉴定证书并进入补贴目录。

依托宜机收品种筛选、栽培模式优化、农机农艺深度融合，形成密植高产机械化籽粒直收全程机械化配套技术与装备体系，并在各主产区开展玉米籽粒机收技术的示范与推广。

2.实用性　该成果已实现产业化和规模化应用，建立了年生产能力1 000台的新型收获机生产线，开始批量生产；累计销售新装备500余台，推广面积50余万亩，促进了玉米机械化籽粒直收作业水平的提升，试验示范区玉米全程机械化水平提升15.76%，亩种植效益增加60～150元。经济、生态和社会效益显著，应用前景良好。

以低破碎脱粒技术为核心的"玉米籽粒低破碎机械化收获技术"2018—2020年连续3年被遴选为农业农村部十大引领性技术之一，研制的系列高含水籽粒直收机入选2017年中国农业农村十大新装备。

在全国多地开展集成示范，打造样板，发挥引领作用，促进成果转化，推动农业提质增效。相关技术与机具的应用有力地推动了我国玉米生产方式变革，提升了产业竞争力。

四、设备展示

GK100型玉米籽粒收获机（左图）及4YL-4型籽粒收获机（右图）如下。

五、成果来源

项目名称和项目编号：玉米密植高产宜机收品种筛选及其配套栽培技术（2016YFD0300300）

完成单位：中国农业大学

联系人及联系方式：徐杨，13621288676，xuyang@cau.edu.cn

联系地址：北京市海淀区清华东路17号

玉米不对行机械化收获设备

一、设备概述

针对辽宁地区玉米种植模式多样性而带来的机械化收获适应性低、损失率高的问题，研发了适宜高密度、低损失、多种行距的玉米收获关键技术，并研制出配套的收获配套割台设备。该设备通过采用往复式锯齿形剪切结构，工作时将喂入玉米秸秆完全切断，提高了玉米收获机的不对行作业效果，解决了秸秆喂入不充分、切断不彻底的问题；通过采用宽幅双联同步链结构，提高了喂入秸秆夹持稳定性，保证被剪切的玉米秸秆不倒伏，以直立状态顺利进入摘穗环节，解决了秸秆喂入过程中稳定性差的问题。

二、技术参数

采用现场试验方法，在试验区内选取具有代表性的3点进行测定，每个测点取1个作业幅宽，稳定测定区长度50m。接样时间精确到0.1s，测定区长度精确到0.1m，前进速度精确到0.1m/s，籽粒样品质量精确到0.2kg，损失样品质量精确到1g，果穗剥净率以个计数。

该设备运行时的各项指标均达到标准要求，设备参数见下表。

不对行收获机作业质量测定结果

检测项目	标准值	测定值	对照值
籽粒损失率（%）	≤2	1.43	1.89
果穗损失率（%）	≤3	2.13	2.76
籽粒破损率（%）	≤1	0.83	0.81
苞叶剥净率（%）	≥85	91	92
留茬高度（mm）	≤100	50	86
生产率（hm²/h）	—	0.33	0.38
行距（mm）	—	500～600	580
喂入量（kg/s）	—	1.06	1.27

三、设备评价

1.创新性　以秸秆喂入状态为研究突破口，创新采用秸秆剪切分离，研发"玉米秸秆根部剪切装置"，使秸秆与根茬完全分离，提升装备不同行距作业的适应要求；通过采用宽幅双链同步链装置，提高秸秆夹持稳定性，保证被剪切的玉米秸秆不倒伏，顺利以直立状态进入摘穗装置，玉米果穗损失率降低0.63%，籽粒损失率降低0.46%。研发的玉米不对行机械化收获设备解决了辽宁省不同种植区域玉米收获机械适应性差的技术难题，实现了玉米收获与种植行距及播种方面的更好适应，提高了玉米收获机适应能力和跨区域作业能力。

2.实用性　在辽宁省铁岭县蔡牛镇张庄农机专业合作社示范应用该装备，提高农民亩收益8元左右，有效扶持了该合作社农业机械化的应用水平。该设备已经实现规模生产和实际应用，经济、社会效益显著，应用前景良好。

四、装备展示

玉米不对行机械化收获设备样机如下图。

五、成果来源

项目名称和项目编号：辽宁春玉米粳稻密植抗逆丰产增效关键技术研究与示范项目（2017YFD0300700）

完成单位：辽宁省农业机械化研究所、辽宁省农业科学院

联系人及联系方式：张旭，13889118622，lnami@126.com；贾钰莹，18640306998，358686632.@qq.com

联系地址：辽宁省沈阳市沈河区东陵路90号辽宁省农业机械化研究所；辽宁省沈阳市沈河区东陵路84号辽宁省农业科学院

2BYFQ-4型玉米苗带清茬免耕施肥播种机

一、设备概述

针对小麦机收后秸秆留茬高、秸秆还田量大且抛撒不均匀，玉米播种机播种作业时因秸秆拥堵造成播种质量差和缺苗断垄等问题，研制了玉米苗带清茬免耕施肥播种机。

二、技术参数

项目		设计值
型号		2BYFQ-4
结构型式		三点悬挂式
配套动力		≥60kW
外形尺寸（长×宽×高）		2 500mm×2 200mm×1 300mm
作业速度		4～6km/h
作业生产率		10～23亩/h
行距		650mm
株距		200～300mm，可调
作业行数		4行
工作幅宽		2 600mm
排种器	型式	指夹式
	数量	4个
	驱动方式	地轮链条驱动
排肥器	型式	外槽轮
	数量	4个
	驱动方式	地轮链条驱动
种箱容积		10×4L
肥料箱容积		160L
排肥量调节方式		排肥开口长度
传动机构型式		链传动
排种开沟器	型式	靴式
	数量	4个
	高度调节范围	50mm
排肥开沟器	型式	靴式
	数量	4个
	高度调节范围	100mm

（续）

项目		设计值
地轮	型式	橡胶轮
	直径	370mm
	高度调节范围	浮动，100mm
清茬工作部件型式		齿形圆盘刀
苗带清茬宽度		270mm
覆土器型式		覆土板
镇压器型式		橡胶轮

三、设备评价

1.创新性 该机在小麦机收后麦茬高和秸秆还田覆盖量比较大的田间进行玉米播种作业时，能够沿着玉米播种行清理出一个无麦茬无秸秆的清洁播种苗带，在该苗带上进行免耕施肥及播种作业，解决了小麦机收秸秆还田后的麦茬地难以播种的问题，提高了玉米播种作业质量。该机播种作业时不对播种苗带土壤进行翻耕，以达到保护性耕作的目的，实现了麦茬地秸秆还田与保护性耕作双重效益。

2.实用性 该成果已完成试验验证，该机作业性能经检测，播种深度合格率达到91.5%，粒距合格指数达到96.4%。该机在示范基地种植麦茬夏玉米500亩，与未应用该技术地块相比，出苗率和苗期整齐度分别平均提高6.5%和8.26%，玉米收获平均增产8.30%。该成果可以实现产业化生产和规模化应用，应用前景良好。

四、设备展示

2BYFQ-4型玉米苗带清茬免耕施肥播种机展示及田间作业如下。

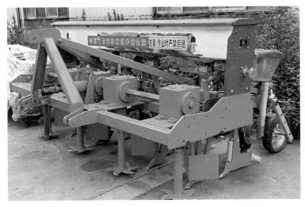 

五、成果来源

项目名称和项目编号： 旱作区土壤培肥与丰产增效耕作技术（2016YFD0300800）

完成单位： 山东省农业机械科学研究院

联系人及联系方式：荐世春，13176027681，jscsh2002@163.com

联系地址：山东省济南市历城区桑园路19号

秸秆还田高效联合整地作业设备

一、设备概述

该设备主要由机架、旋耕机构、分土机构、振动机构构成。

二、技术参数

春季进行整地播种作业，设计2个处理：Ⅰ为秸秆还田高效联合整地；Ⅱ为当地常规整地作业。秸秆还田高效联合整地作业装备样机的作业质量测定结果见下表，在耕深和油耗方面均优于当地常规整地作业，亩平均油耗降低36.7%。春播前分别对上一年度的秋季（Ⅰ-1）和春季（Ⅰ-2）秸秆还田作业后的土壤紧实度情况进行了监测，无论春季还是秋季作业，土壤紧实度均优于当地常规整地作业。

秸秆还田高效联合整地作业质量测定结果

项目	处理Ⅰ	处理Ⅱ
耕深	167mm	148mm
耕深一致性	84.7%	85.2%
秸秆粉碎长度	<50mm	—
亩油耗	0.747L	1.181L

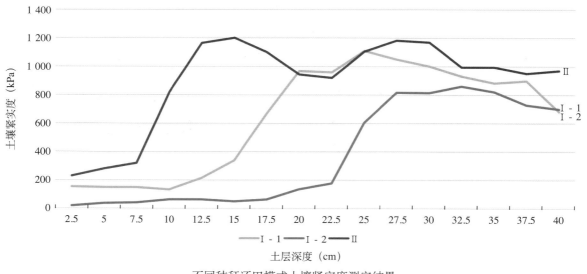

不同秸秆还田模式土壤紧实度测定结果

三、设备评价

1.创新性　该设备采用混埋还田方式，并与灭茬、旋耕、镇压作业环节同步完成，在高效作业的同时，能够降低土壤容重，提高土壤田间持水量，加速秸秆腐解，改善土壤质量；采用齿型镇压结构，取消原有起垄环节，碎土理想，表层土壤不易形成硬层，领先于同类机具设计技术水平。该设备在整机结构和还田模式方面具有重大创新，有效提高了机械化作业效率，节约装备制造成本和降低动力消耗，并以此成果制定地方标准"玉米秸秆混埋还田机械化作业技术规程"，获授权专利"一种旋耕整地机"（专利号ZL201820801225.0）1项。

2.实用性　通过在辽宁省铁岭县蔡牛镇张庄农机专业合作社示范应用，在耕深、土壤紧实度、植株出苗率和产量、动力消耗等方面都优于当地常规整地作业设备；通过减少起垄环节节省动力消耗36.70%、节省动力费用每亩1.2元，促进植株生长，实现玉米增产23.13%；应用该设备可促进秸秆肥料化实施，改善耕地质量，保护生态环境。该设备成熟度高，已经实现规模生产和实际应用，经济、社会和生态效益显著，应用前景良好。

四、设备展示

秸秆还田高效联合整地作业设备应用样机如下。

五、成果来源

项目名称和项目编号： 辽宁春玉米粳稻密植抗逆丰产增效关键技术研究与示范项目（2017YFD0300700）

完成单位： 辽宁省农业机械化研究所、辽宁省农业科学院

联系人及联系方式： 张旭，13889118622，lnami@126.com；贾钰莹，18640306998，358686632.@qq.com

联系地址： 辽宁省沈阳市沈河区东陵路90号辽宁省农业机械化研究所；辽宁省沈阳市沈河区东陵路84号辽宁省农业科学院

肥靶向穴深施播种机

一、设备概述

现有的玉米播种施肥一体机在使用时，底肥施入深度一般为10～15cm，底肥施用方式为条施。本课题组通过试验研究表明，在较高种植密度下，玉米在开花后，同垄根系间对资源竞争较为剧烈的土层位于0～40cm，现在的播种机由于施肥铲较宽、阻力较大，无法将肥料施入15～30cm的土壤，更不能将肥料精准穴施于两株指定深度。针对以上问题，研制了肥靶向穴深施播种机。

二、技术参数

在使用时，将装置通过连接头与四轮驱动拖拉机的悬挂端相连接，为装置提供动力，同时将装置上用电设备的总电源接口与拖拉机上的电源相连接，为装置提供电力，然后将种子置入种子仓中，将不同种类的肥料分别置入口肥仓、底肥仓和深施肥仓中，以使装置可正常工作。

当拖拉机带动装置进行播种工作时，可通过拖拉机上的操作按钮发送指令给单片机，调节液压伸缩杆输出端伸出的长度，液压伸缩杆输出端下降的同时，液压伸缩杆底端的深松勾铲向下运动，工作人员根据土地的松硬程度，通过操作按钮调节深松勾铲插入的深度，以使本次施肥工作达到最佳效果，深松勾铲的宽度与传统肥料铲的宽度相比更窄，因此，铲开地面宽幅较窄，但深度可达30cm，保证了肥料深施的同时不破坏土壤结构。

在拖拉机带动装置在播种区域前进时，通过轮速传感器跟随车轮的转动，轮速传感器将转动数据发送给单片机，单片机根据车轮的周长和转动圈数计算出装置前进的距离，根据种子仓中的玉米种子播种株距其播种技术为本领域人员已掌握的现有技术，在此不再加以阐述，工作人员可通过四轮驱动拖拉机上的操作按钮，发送指令给单片机控制第一电磁滑块在第一电磁滑轨中滑动，使深施肥管施肥间距根据株距进行自由调节，如株距为28cm时，可将深施肥管调节至距离播种头14cm处，即可保证深施肥位于两播种穴之间，同时深施肥出肥口与种子仓底端的下种口之间的错位距离为10cm，与播种头错位可避免开沟深施肥对播种造成的不良影响，确保种子周围土壤理化条件一致，提高播种和出苗质量，在每次种子仓底端的下种口进行下种工作前，单片机控制电磁阀打开，同时使第二电磁滑块在第二电磁滑轨中滑动，使深施肥出肥口可插入预定穴施深度，使深施肥仓中的肥料通过深施肥管和穴施肥喷头流出，精准穴施在两粒播种穴之间。

三、设备评价

1. 创新性　该播种机通过将过宽的施肥铲改良为窄幅深松勾铲，减少了开沟时的土壤阻力，加深了施肥深度，提高了播种质量，同时，深松勾铲的高度可调节，适用于不同的土壤环境，并且通过与播种带平行错位10cm的深施肥出肥口将肥料利用穴施技术精确施入2个播种穴之间，及时满足了玉米根系竞争对养分的需求，提高了肥料利用效率，从而提升了玉米群体增产潜力。

2. 实用性　2019年，依托沈阳市"耐密型玉米新品种辽单588转化推广""双百工程"项目，在新民市、法库县、辽中县和康平县等地示范了肥靶向穴深施播种技术等玉米绿色增产增效技术，推广面积累计230万亩，项目实施地块较周边农户地块平均亩增产58.4kg，新增玉米总产13 427.5万kg，按1.4元/kg单价计算，新增纯收入18 798.5万元。

与邻近农户地块相比，项目推广区域农药和化肥投入量明显减少，应用玉米绿色增产增效集成技术后，示范区生产成本每亩平均节约17.9元，具有较高的生态和社会效益。

四、成果来源

项目名称和项目编号：辽宁春玉米粳稻密植抗逆丰产增效关键技术研究与示范项目（2017YFD0300700）

完成单位：辽宁省农业科学院

联系人及联系方式：肖万欣，13609812122，xiaowanxin2011@126.com

联系地址：辽宁省沈阳市沈河区东陵路84号

水肥精准混施装置

一、装置概述

水肥精准混施装置可同步实施肥料添加、溶解和施用，施肥浓度均匀性高，且精准可调。

二、技术参数

设备主要技术参数

指标	参数
外形尺寸	1.2m × 0.7m × 1m
混肥腔体积	80L
肥料斗容量	50kg
进水口直径	0.025m
出肥口直径	0.04m
排污阀直径	0.015m
工作电压	48V
进水流量	25L/min
固体肥添加质量流量	氯化钾0 ～ 2.2kg/min；水溶肥0 ～ 2.0kg/min；尿素0 ～ 1.8kg/min
施肥流量	25L/min
施肥浓度	0 ～ 2%

三、装置评价

1.创新性　发明了一种螺杆精量加肥机构，建立了加肥流量精量调节模型，为施肥浓度的精量调节奠定了基础；研发了基于模糊PID算法闭环控制策略的控制系统，可根据需求及监测信息实时调节进口流量、加肥速度等参数，提升装置出口肥液浓度均匀性；接入太阳能补电模块，大大延长了水肥精准混施装置的田间续航时间；探究了肥液从混施装置出口进入管道后的分布规律，建立了均匀混合长度的计算模型；所研发的水肥精准混施装置经中国机械工业联合会鉴定，达到国际先进水平。

2.实用性 水肥精准混施装置实现了水肥一体化，减少了肥料挥发、流失及土壤对养分的固定，实现了集中施肥和平衡施肥，在同等条件下，可节约肥料30%～50%。目前，我国每年化肥的施用量约为5 600万 t，若将水肥精准混施装置在全国推广20%，每年可节省336万～560万 t肥料。传统施肥模式下，江苏地区水稻一季所需的肥料总量约为每亩150kg，采用水肥精准混施装置可节约肥料每亩45kg，约合160元，降低了约20%的种植成本。混施装置避免了固态肥料施在较干的表土层，引起挥发损失、溶解慢，最终导致肥效发挥慢的问题，尤其避免了铵态氮肥和尿素态氮肥施在地表挥发损失的问题，既节约氮肥又有利于环境保护。由于水肥精准混施装置通过智能调控精准地满足作物需水需肥要求，不仅能减少因人为操作产生的误差及损失，更能大大减少因过量施肥而造成的水体污染问题。此外，在设施大棚中施用水肥精准混施装置可使其环境湿度降低8.5%～15.0%，从而在一定程度上抑制病虫害的发生。所研制的水肥精准混施装置结构简单、操作方便，既可与渠灌系统结合，也可运用于低压管道灌溉，具有十分广阔的推广应用前景和显著的经济、社会效益。

四、装置展示

水肥精准混施装置及其配套装备如下。

 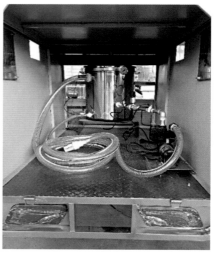

五、成果来源

项目名称和项目编号：江苏稻－麦精准化优质丰产增效技术集成与示范（2018YFD0300800）
完成单位：江苏大学
联系人及联系方式：李红，13952891655，hli@ujs.edu.cn
联系地址：江苏省镇江市京口区学府路301号江苏大学

油菜旋耕开沟施肥播种一体机

一、设备概述

针对江苏地区（我国长江流域油菜主产区）稻油轮作条件下稻茬地作业秸秆量大、土壤含水量高、黏性大，油菜种植播种精度差、效率低、作业可靠性不强等问题，研制出一台适合该地区稻油轮作油菜旋耕开沟施肥播种一体机。

二、技术参数

一体机主要由旋耕开沟装置、护沟装置、精量排种施肥监控系统、单体开沟镇压装置等组成，该播种机一次作业，可完成旋耕、开沟、施肥、播种等作业工序，具有作业成本低、种肥精确可控、出苗率高、排水沟质量可靠等特点。主要技术参数如下：

主要技术参数

项目	参数
配套动力	60马力以上
工作幅宽	2 300mm
播种施肥行数	8
播种行距	300mm
播种深度	10 ~ 50mm
播量	3 ~ 8kg/hm^2
施肥量	30 ~ 450kg/hm^2
沟面宽度	20 ~ 24mm
沟底宽度	12 ~ 14mm
沟深	15 ~ 20mm
生产效率	6 ~ 10亩/h

三、设备评价

1.创新性　一方面减少机具下地次数，提高作业效率、节能减排，另一方面可保证播种质量，播种后油菜种子行株距分布均匀、播深一致，播种量精确控制，亩播种量在100 ~ 200g无级可调，提高了播后出苗率和均匀性，降低了后期田间管理工作强度，提高了土地、水、肥、光等资源利用率，降低了种植成本，提高了油菜种植经济效益，促进了我国油菜种植产业的发展。

2.实用性　样机从2017—2019年间在江苏省南京市高淳区和安徽省滁州市等地进行了试验示范推广，累计作业面积达600多亩。课题组于2019年5月17日邀请江苏省农业科学院、江苏省农业机械技术推广站等单位专家在高淳区禾田坊谷物种植家庭农场进行测产，油菜平均亩产量为187.5kg，大面积示范效果获得了专家一致好评。本项目成果已列入南京农业科技产学研合作示范基地建设项目。

江苏作为油菜主要产区以及农业农村部规划的优势"双低"重要产区，油菜种植面积在500万亩左右，适宜机播面积50%，该项目实施研发的机具的作业效率为6～8亩/h，按每500亩需要一台机具计算，全省对油菜播种机的需求量为5 000台，市场需求巨大。

四、设备展示

油菜旋耕开沟施肥播种一体机如下。

五、成果来源

项目名称和项目编号： 稻作区土壤培肥与丰产增效耕作技术项目（2016YFD0300900）

完成单位： 南京农业大学

联系人及联系方式： 何瑞银，13809009560，ryhe@njau.edu.cn

联系地址： 江苏省南京市浦口区南京农业大学工学院

水稻无人机施肥系统

一、设备概述

针对追肥、穗肥施用期机器下田难、人工作业强度大等问题，研发了基于无人机平台的施肥系统，该系统采用离心式排肥系统，与穗肥高效施用技术相配合，成为节本、增效、增产的新型农机产品，已获国家发明专利授权（ZL201811196021.X）。

二、技术参数

水稻无人机施肥系统技术参数

项目	参数
外形尺寸（长 × 宽 × 高）	394mm × 377.3mm × 494.3mm
适用作物类型	水稻、小麦等
适用肥料类型	颗粒化肥
施肥方式	离心式撒施
电机功率	380W
作业幅宽	3 ～ 12m
作业速度	2.0 ～ 7.0m/s
排肥器转速	900 ～ 1 200r/min
作业效率	4 ～ 6hm^2/h

三、设备评价

1.**创新性**　适用于尿素、钾肥等颗粒状肥料施用，排肥均匀性变异系数低于10.0%，提高了施肥均匀性；施肥效率是人工施穗肥的12.5倍，施肥成本节约18.45元/hm^2，增产5.41%，在农业生产上引领了施肥无人机的研发与推广，已在生产基地大面积推广与应用。

2.**实用性**　该成果已实现规模化应用，推广面积50余万亩，化肥减量10%～ 15%，化肥利用率提高5个百分点以上，增产5%以上，节本增效超过1 200元/hm^2，累计推广效益3 000万元以上。该成果解决了丘陵区追肥、穗肥施用机械缺乏的问题，经济、生态和社会效益显著，应用前景良好。

四、设备展示

无人机展示及田间作业如下。

五、成果来源

项目名称和项目编号： 四川水稻多元复合种植丰产增效技术集成与示范（2018YFD0301204）

完成单位： 四川农业大学

联系人及联系方式： 任万军，18280460361，rwjun@126.com；雷小龙，15927368723，leixl1989@163.com

联系地址： 四川省成都市温江区惠民路211号四川农业大学农学院

基于无人机的水稻变量施肥装置

一、装置概述

基于无人机的水稻变量施肥装置，部件包括无人机机体、储料罐、撒料盘等。

二、技术参数

（1）无人机机体。无人机机体内设置有任务控制计算机。

（2）储料罐。设置在无人机机体的底部，储料罐的底部设置有出料口，出料口处设置有单向阀，单向阀与任务控制计算机连接。

（3）撒料盘。设置在储料罐的底部，撒料盘的入料口通过单向阀与储料罐连接，撒料盘为底部开口的圆盘，撒料盘的底部从上至下分别设置有第一漏料盘和第二漏料盘，第一漏料盘与撒料盘的内侧壁转动连接，第二漏料盘的底部与撒料盘的内侧壁固定连接，第一漏料盘和第二漏料盘上均设置有若干漏料孔，漏料孔分别在第一漏料盘和第二漏料盘上形成扇形的漏料区，同时第一漏料盘和第二漏料盘的漏料区分别呈间隔设置。

（4）摄像头。设置在无人机机体的侧面，摄像头与任务控制计算机连接。

（5）控制终端。任务控制计算机和摄像头分别与控制终端无线连接。

（6）电机。第一电机的输出轴上设置有转轴，转轴的底部与第一漏料盘固定连接，当转轴转动时，第一漏料盘能在撒料盘内转动，第一电机与任务控制计算机连接；第二电机，控制储料罐的搅拌棍。

三、装置评价

1.创新性 基于无人机的水稻变量施肥装置，能在储料罐内进行肥料的配制，并且储料罐内设置能使肥料充分搅拌的搅拌装置；在需要调节肥料的用量时，任务控制计算机控制第一电机开始转动，当第一电机开始转动时，第一漏料盘随之开始转动，利用第一漏料盘和第二漏料盘上形成扇形的漏料区及其间隔设置，可以调节肥料的量。研制的无人机水稻变量施肥装置，获得实用新型专利授权。

2.实用性 该装置已实现田间应用测试，化肥减量10%～15%，化肥利用率提高5个百分点。该装置获得实用新型专利授权。

四、装置展示

水稻变量施肥装置结构图如下。

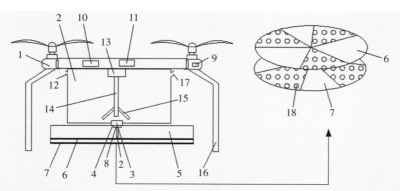

1.飞行器本体 2.储料罐 3.出料口 4.单向阀 5.撒料盘 6.第一漏料盘 7.第二楼料盘 8.第一电机
9.摄像头 10.任务控制计算机 11.自动驾驶仪 12.入水口 13.第二电机 14.搅拌棍 15.搅拌杆
16.支撑腿 17.肥料入口 18.漏料孔

五、成果来源

项目名称和项目编号： 辽宁春玉米粳稻密植抗逆丰产增效关键技术研究与示范（2017YFD0300700）
完成单位： 沈阳农业大学
联系人及联系方式： 曹英丽，13889270306，caoyingli@syau.edu.cn
联系地址： 辽宁省沈阳市沈河区东陵路120号

移动式二氧化碳气调储粮技术设备

一、设备概述

移动式二氧化碳气调储粮采用移动式气化撬，依靠散热翅片吸收空气中的热能，将罐车中低温高压液态二氧化碳气化成符合一定温度、压力条件的气体，通过附着在仓墙上的气体管道直接送入粮堆，快速杀死储粮害虫。

二、技术参数

移动式二氧化碳气化撬主要技术参数

规格	阀门压力（MPa）	额定电压（V）	额定功率（kW）	重量（kg）	状态	流量（Nm³/h）	工作压力（MPa）	设计压力（MPa）	工作温度（℃）	设计温度（℃）
745cm×220cm ×292cm	4.0	380	45	3 700	调压前	500	1.6～2.3	3.0	−70～35	−196～0
					调压后	500	0.2～0.3	1.0	0～15	−20～60

三、设备评价

1.创新性 液态二氧化碳价格便宜，绿色安全，气化速度快，5 000t仓容6～8h完成首次充气作业；夏季气调几乎不使用电能，使用成本低；可跨区域移动运输，能最大限度发挥设备作用。取代了化学药剂防治，并避免了其所带来的环境污染，降低了储粮保管损耗，延缓了储粮品质劣变，粮食储存损失率降低4%～6%。装备获得安徽省科技成果登记证。

2.实用性 采用二氧化碳气调杀虫，有效杜绝使用农药在粮食上残留污染，减轻因长期使用单一农药储粮害虫所产生的抗药性，最大限度保持粮食原有品质；在粮食出库前，采用自然通风方法调质通风，不仅弥补粮食在储藏期间的水分损失，更改善了储粮加工工艺的品质。符合人民群众对绿色、健康食品的美好追求。本设备对全国第四、第五储粮区域均有指导意义，可全年推广。

该成果已实现产业化和规模化应用，示范应用该设备的仓小麦比对照仓小麦两年储藏损失率下降56.9%；稻谷比对照仓稻谷两年储藏损失率下降33.3%。同时，采用移动式二氧化碳气化撬气调杀虫取代原有磷化铝农药杀虫，粮食品质更绿色、健康。

本技术设备已经获得实用新型专利。目前该技术设备在安徽省内单体仓容最大的现代粮食物流中心库应用，经济、生态和社会效益显著，应用前景良好。

四、设备展示

移动式二氧化碳气调储粮技术与设备见下图。

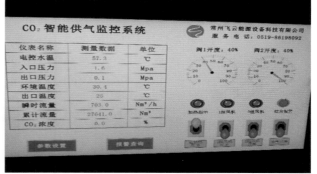

五、成果来源

项目名称和项目编号：粮食作物生产灾害防控与产后安全绿色储藏技术集成（2018YFD0300905）

完成单位：安徽农业大学、安徽省粮食批发交易市场有限公司

联系人及联系方式：蒋跃林，13855137018，jiangyuelin239@163.com

联系地址：安徽省合肥市长江西路130号

防病促生改土微生物肥料

一、产品概述

研发了"微生物辅助的农业有机废弃物快速腐熟工艺""微生物肥料中功能微生物低成本添加技术",创制了在不同作物上应用的系列防病促生改土微生物肥料产品,获得农业农村部微生物肥料登记证4个。

二、技术参数

采用立式发酵塔作为发酵设备,菌剂接种量0.1%、物料含水量为50%~75%、C/N为(15~35):1,好氧腐熟时间为5d、腐熟物料中总氮含量较常规腐熟物料提高18.4%。

立式密闭发酵塔出料时,功能微生物菌液中加入1%的糖蜜,按0.1%的接种量接入腐熟后期物料中,间歇性翻堆6d。

三、产品评价

1.**创新性**　建立微生物肥料田间应用技术,可实现化学肥料30%的替代,具有培肥改土、调节土壤微生态平衡和增产增效作用。

2.**实用性**　该成果在沧州旺发生物技术研究所有限公司、河北瑞安康生物科技有限公司等企业进行了转化,该成果已实现产业化和规模化应用,建立了年生产能力10万t的新型肥料生产线,企业共计生产微生物肥料20余万t,为企业新增利润0.43亿元,研发的新型肥料在河北省石家庄市、衡水市、廊坊市等地应用149.06万亩,新增利润1.43亿元,经济、生态和社会效益显著,应用前景良好。

四、产品展示

防病促生改土微生物肥料产品包装如下。

五、成果来源

项目名称和项目编号：黄淮海北部小麦－玉米周年控水节肥一体化均衡丰产增效关键技术研究与模式构建（2017YFD0300900）

完成单位：河北省科学院生物研究所、河北农业大学

联系人及联系方式：甄文超，13730285603，wenchao@hebau.edu.cn；黄亚丽，15132136176，Huangyali2291@163.com

联系地址：河北省保定市莲池区乐凯南大街2596号

适应秸秆还田的小麦多功能微生物菌剂

一、产品概述

通过研究枯草芽孢杆菌和具有解磷解钾作用的胶冻样芽孢杆菌的高效发酵工艺，研制出以枯草芽孢杆菌B1514和胶冻样芽孢杆菌Z-14为功能菌的多功能微生物菌剂。获得了农业农村部登记证（微生物肥准字2656号）。

二、技术参数

该多功能微生物菌肥以矿质营养元素为增效剂，以资源广泛且廉价的玉米秸秆粉为基质，以枯草芽孢杆菌B1514和胶冻样芽孢杆菌Z-14为功能菌，有效活菌数≥$1.0×10^8$cfu/g，枯草芽孢杆菌和胶冻样芽孢杆菌数量比为4：1。

三、产品评价

1.创新性　针对中国北方秸秆还田地块耕作质量差，磷钾肥利用效率低，土传病害日益加重，且生产中急需趋利避害的生态产品问题。筛选到1株对小麦纹枯病菌、全蚀病菌和根腐病菌等多种土传病原均具有较强拮抗作用，能分解秸秆，并可利用分解秸秆产生的营养物质快速增殖的枯草芽孢杆菌B1514。

2.实用性　该成果已实现产业化和规模化应用，建立了年生产能力2 000t的多功能微生物菌剂生产线，已实现销售收入1.02亿元，利润602万元；在河北省邯郸市、衡水市、廊坊市等地开展了多功能微生物菌剂的试验与应用。与传统秸秆腐解剂相比，小麦成熟期土传病害防效达52.5%，玉米秸秆腐解率提高32.6%，增产率为7.94%，肥料偏生产力提高8.1%。该产品推广应用面积300余万亩，累计推广效益1.2亿元以上，经济、生态和社会效益显著，应用前景良好。该产品荣获2018年河北省农业技术推广一等奖；同时，该产品及其应用技术成为2020年河北省科技进步一等奖的重要主推技术之一。

四、产品展示

多功能微生物菌剂产品如下。

五、成果来源

项目名称和项目编号：黄淮海北部小麦－玉米周年控水节肥一体化均衡丰产增效关键技术研究与模式构建（2017YFD0300900）

完成单位：河北农业大学

联系人及联系方式：甄文超，13730285603，wenchao@hebau.edu.cn

联系地址：河北省保定市莲池区乐凯南大街2596号

生物炭基肥造粒方法及移动式生物炭造粒机

一、方法与设备概述

生物炭基肥造粒方法包括物料准备、配方物料、造粒制备、晾晒与装袋等步骤。

移动式生物炭造粒机构件包括底架、电机、联轴器、减速箱、挤压仓、压辊轴承、出料斗、进料斗、进料斗调节手柄、挤压模具。

二、技术参数

（1）生物炭基肥的造粒方法。

物料准备：含碳量≥75%的粉末状玉米秸秆生物炭、膨润土、农业用硫酸钾。农业用硫酸钾成分满足标准为K_2O含量≥50%，氯（Cl）含量≤1.5%。

配方物料：将粉末状生物炭、膨润土、农业用硫酸钾按照（40～50）:（1～3）:（1～1.5）的重量分比例混合均匀，即获得造粒物料。

造粒制备：将按比例混合好的配方物料放入造粒机料斗；启动机器，通过调节料斗进料调节手柄控制进料量，即可获得颗粒型生物炭基肥。

晾晒与装袋：获得的颗粒型生物炭基肥及时晾晒至含水量20%～30%；干燥后的颗粒型生物炭基肥过4～6目筛后包装。

（2）移动式生物炭造粒机。造粒机电机转子与联轴器相接；联轴器输出端与减速箱相连；减速箱输出端设有挤压仓，且减速器的输出端轴伸入到挤压仓内；挤压仓顶部设有进料斗，且在进料斗底部侧面设有进料斗调节手柄；电机、减速箱、联轴器均固定在底架上。挤压仓侧面底部设有出料口，出料口处设有出料斗；挤压仓内部出料口处设有拦杆；在挤压仓内减速箱的输出轴上最底层固定有底盘、底盘上层固定有挤压模具；挤压仓内的径向方向上安装有压辊轴承，压辊轴承两端固定压辊；挤压模具上面均匀的设有挤压孔，挤压孔为漏斗形，且挤压孔以蜂巢状排布，挤压模具的顶面为六边形，挤压模具的压缩比为1：6；挤压模具的中部设有轴孔。

三、方法与设备评价

1. 创新性 应用生物炭基肥造粒方法及移动式生物炭造粒机，可解决现有的粉剂生物炭运输、储藏及施用困难等问题，通过造粒，可使粉剂生物炭形成颗粒状态，方便机械化施用。

2. 实用性 上述产品是针对内蒙古玉米区阶段性干旱频发而土壤对水分涵蓄能力低的实际问题，为生物炭改土蓄墒技术应用而研制。以该产品为依托，集成的生物炭改土蓄墒技术，在东北西部玉米主产区示范应用，明显提高了春玉米蓄水保墒和耐受伏旱能力，实现增产5%，提高水分利用效率8.1%，亩纯增收148.8元。

四、设备与产品展示

移动式生物炭造粒机（左图）及生产的颗粒型生物炭基肥（右图）如下。

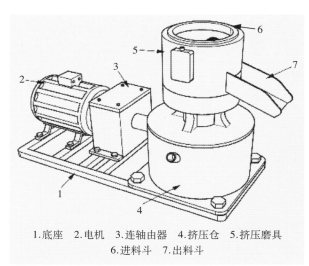

1. 底座 2. 电机 3. 连轴由器 4. 挤压仓 5. 挤压磨具
6. 进料斗 7. 出料斗

五、成果来源

项目名称和项目编号： 东北西部春玉米抗逆培肥丰产增效关键技术研究与模式构建
（2017YFD0300800）

完成单位： 内蒙古农业大学

联系人及联系方式： 孙继颖，13947130409，nmsunjiying@163.com

联系地址： 内蒙古自治区呼和浩特市学苑东街275号

含肥效保持剂的减排增效缓释复合肥

一、产品概述

围绕小麦、水稻、玉米等主要粮食作物高效施肥需求，优选出2个新型缓释复合肥产品。

二、技术参数

缓释复合肥颗粒强度比普通肥料提高40%以上，缓释肥的养分、水分、粒度等指标均符合国家标准要求。施用缓释肥可降低氨挥发损失28%以上，减少氮素淋溶损失19%以上，提高耕层土壤速效氮含量6%以上，提高作物氮素农学效率22%以上。施用缓释肥可以实现粮食增产6%以上。

三、产品评价

1.**创新性**　该缓释肥产品优选层状结构稳定、吸附位点丰富的天然矿物为载体进行钠化改性和有机聚合物复配，提高了载体离子的"絮凝团聚"和"网捕吸附"性能，施入土壤后可促进微区土壤颗粒形成团聚结构，减少养分溶出路径和释放。所采用改性载体材料每吨成本仅30～50元，所研制的肥料颗粒强度高，抗压性能好，满足了现代农业机械化施肥需求。

2.**实用性**　该成果已实现产业化和规模化应用，通过与中盐安徽红四方肥业股份有限公司合作，在玉米、水稻、小麦、油菜、棉花等主要农作物上应用，2017—2018年间，累计推广销售缓释肥15.1万t，在江淮地区主要粮食产区累计推广270万亩。实现玉米增产5%～15%，小麦增产6%～14%，水稻增产10%以上，每公顷节本增收800元以上。此外在节约用工、减少化肥用量和农业面源污染方面也具有显著的环境效益。

四、产品展示

新型缓释复合肥产品如下。

五、成果来源

项目名称和项目编号：江淮中部粮食多元化两熟区周年光热资源高效利用与优化施肥节本丰产增效关键技术研究与模式构建（2017YFD0301300）

完成单位：中国科学院合肥物质科学研究院

联系人及联系方式：倪晓宇，13866125962，nixiaoyu@itb.ac.cn

联系地址：安徽省合肥市蜀山区蜀山湖路350号综合实验楼南楼202室

农用矿物改性活化与养分复配

一、产品概述

针对黑龙江省矿质肥料活性低、矿质肥料平衡施用技术缺乏等问题，采用高温煅烧、高压氧蒸和微粉加工活化技术，提高农用矿物氨吸附能力，评估活化矿物重金属肥料利用安全性，确定活化矿物材料和工艺。研发了农用矿物改性活化与养分复配技术，研制了系列矿质肥产品，并获得肥料登记。

二、技术参数

工艺参数：高温煅烧（500～600℃）、微米加工（200～300目）、圆盘造粒、添加菌剂，菌剂添加比例0.3%～0.5%。

矿质肥单品与常规施肥配施，可一次性施用（基肥或追肥），也可分次施用（基肥＋追肥），建议施用量75～300kg/hm²。替代化肥比例须经试验给出。通常可减少5%～10%的化肥用量。

矿质肥复配产品施用量视当地常规施肥量、土壤养分供应强度和作物目标产量而定。通常基肥300～750kg/hm²，追肥75～300kg/hm²。

三、产品评价

1.创新性 依托改性矿质系列肥料组装养分形态调控技术产品，助推有机－无机－矿物－生物平衡施肥技术落地推广，提高肥料利用率。

2.**实用性**　该成果推动了"科、企、用"矿质肥料事业发展联合体平台建设，通过科企合作，产品实现了产业化生产和规模化应用，并建立了年产1万t的矿质肥料生产线和黑龙江省肥料工程技术研究中心中试基地，同时成果优先在联合体内转让，成果承接企业拥有年产10万t矿质–无机、矿质–生物、矿质–有机、矿质–无机–生物等系列矿质肥料的生产平台。产品开发转让以来，企业新增利润164.72万元，产品及复配技术在东北粮食主产区推广应用51 845.6hm²，作物节本增效5 552.55万元。该系列产品主要是采用无机、有机、矿质与生物养分配制而成，对水稻、玉米生长发育、产量有明显的正效应，具有养分全、促生根、抗倒伏，减少秃尖和降低空瘪率等功效，水稻增产8.19%以上，玉米增产8.5%以上。为东北粮食主产区经济、高效、环保、绿色的施肥技术体系提供产品支撑，填补区域空白，环境友好，推广应用前景广阔。

四、产品展示

矿质肥料产品如下。

 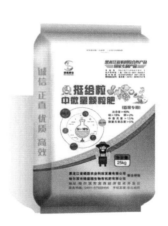

五、成果来源

项目名称和项目编号：东北北部春玉米、粳稻水热优化配置丰产增效关键技术研究与模式构建（2017YFD0300500）

完成单位：黑龙江省农业科学院

联系人及联系方式：李文华，13503622052，nkylwh@163.com

联系地址：黑龙江省哈尔滨市南岗区学府路368号

高含量玉米专用有机无机复混肥

一、产品概述

针对传统玉米掺混肥中缺少有机质，颗粒比重差异大，运输和施用过程中易造成分层以及目前普通有机无机复混肥产品（$N + P_2O_5 + K_2O \geqslant 35\%$，有机质 $\geqslant 10\%$）养分和有机质含量低、肥效差等问题，通过优质腐殖酸提高有机质含量，新型粘结剂替代传统的白黏土研发 $N + P_2O_5 + K_2O \geqslant 40\%$，有机质 $\geqslant 15\%$ 的高含量有机无机复混肥。

二、技术参数

高含量玉米专用有机无机复混肥产品技术参数

项目	参数
物料粉碎细度	$120 \sim 200$ 目
造粒烘干温度	$180 \sim 220$℃
成品颗粒规格	$2 \sim 4$mm

三、产品评价

1. **创新性**　该产品改进造粒工艺，将成品有机无机复混肥表面通过包膜机喷雾状防板结油，最后挂枯草芽孢杆菌菌粉，提高微生物活性。该产品充分利用有机肥长效性、化肥速效性和微生物肥增效性，实现了土壤培肥、减肥增效和提高土壤生物肥力多重目标，获得黑龙江省有机无机复混肥登记证。

2. **实用性**　该成果已实现产业化和规模化应用，与建立校企研发中心的4家合作企业建立年生产能力10万t的新型肥料生产线，高含量有机无机复混肥产品已实现销售收入2.98亿元，利润2 400多万元；推广面积400余万亩，化肥减量10%～20%，化肥利用率提高8个百分点以上，亩节本增效100元以上，累计推广效益4亿元以上，经济、生态和社会效益显著，应用前景良好。

四、产品展示

转毂造粒生产线（左图）及有机无机复混肥产品（右图）如下。

五、成果来源

项目名称和项目编号：旱作区土壤培肥与丰产增效耕作技术（2016YFD0300800）
完成单位：东北农业大学
联系人及联系方式：姜佰文，18903667667，jbwneau@163.com
联系地址：黑龙江省哈尔滨市香坊区长江路600号东北农业大学资源与环境学院

0.025%呋虫胺颗粒剂（药肥混剂）

一、产品概述

本产品主要成分呋虫胺为烟碱乙酰胆碱受体的兴奋剂，影响昆虫中枢神经系统的突触，可通过脊柱神经传递内吸性杀虫剂，具有触杀和胃毒作用，可以快速被植物根系吸收并向顶传导，且对禾苗安全。主要用于水稻移栽（抛秧）田防治一年生杂草和部分多年生杂草以及水稻二化螟、稻飞虱等害虫，同时促进水稻生长发育，增产效果显著。

二、技术参数

施用时期：水稻分蘖初期（抛栽后15d左右），水稻二化螟枯鞘期。早稻5月中旬，晚稻8月下旬。

用药量：每亩24～48kg。每亩高产田48kg，中产田每亩36kg，低产田每亩24kg。

用法：撒施。

注意事项：施药时保留浅水，深度3～5cm为宜，药后保水3～5d。建议与其他作用机制不同的杀虫剂轮换施用。

贮运：本品应贮存在干燥、阴凉、通风、防雨处，远离火源或热源。置于儿童、无关人员及动物接触不到的地方，并加锁保存。勿与食品、饮料、粮食、饲料等其他商品同贮同运。

安全提示：本品对眼睛有刺激性，使用时避免接触眼睛，穿戴长衣、长裤、帽子、口罩、手套等。施药期间禁止吃东西、吸烟和饮水。施药后应及时用肥皂和清水洗干净手、脸（周围）。开花植物花期禁用，使用时应密切关注对附近蜂群的影响。禁止在河塘等水体中清洗施药器具。用过的容器应妥善处理，不可作他用，也不得随意丢弃。孕妇和哺乳期妇女避免接触此药。

三、产品评价

1.创新性　劳动成本较高是目前水稻产业的一个主要问题。利用化肥和杀虫剂可以相互融合的特点，对水稻主要应用的化肥和杀虫剂理化特性进行分析，研发出0.025%呋虫胺颗粒剂，减少了施肥和施药多次耗费劳动力的问题。

2.实用性　通过近两年的大田小区药效试验得出：该产品对水稻二化螟有较好的防治效果，防效均在90%以上，增产率在10%以上。一次用药持效期可长达45d以上，每季比常规杀虫剂少施1～2次药。杀虫、施肥农事操作合二为一，大大地减轻了用户的劳动强度，省工节本，丰产增效。

四、产品展示

0.025%呋虫胺颗粒剂产品外包装如下。

五、成果来源

项目名称和项目编号：长江中下游南部双季稻周年水肥高效协同与灾害绿色防控丰产节本增效关键技术与模式构建（2017YFD0301500）

完成单位：湖南神隆高科技股份有限公司

联系人及联系方式：周艳，18974940802，157828741@qq.com

联系地址：湖南省长沙市天心区友谊路413号运城大厦16楼

绿色农药新品种丁香菌酯

一、产品概述

采用绿色创新技术"中间体衍生化方法"发明了结构独特、安全环保的天然源杀菌剂丁香菌酯，属世界首创。

二、技术参数

为了实现规模化生产，满足市场供应，进行了丁香菌酯工艺研究。以乙酰乙酸乙酯为起始原料，经过三步合成反应得到丁香菌酯。反应步骤如下：

丁香菌酯

产品含量>96%、总收率达75%（以乙酰乙酸乙酯计）。丁香菌酯生产步骤短、工艺稳定、操作方便、条件温和，不仅原料易得，而且不使用任何有害原料或中间体，"三废"（废气、废水、废渣）少，成本低。

三、产品评价

1.创新性

（1）从天然产物香豆素出发，采用独创的绿色创新技术"中间体衍生化方法"，历时11年成功发明了低毒，低残留，无"三致"（致突变、致畸、致癌），对哺乳动物、环境及非靶标生物安全，结构新颖（含两个天然产物片段、仅含碳、氢、氧三种元素）的丁香菌酯，获国际通用名称coumoxystrobin。

（2）通过大量的试验研究发现，丁香菌酯应用范围广、性能好、增产增收效果显著、投入产出比高，可有效防治农业生产中的"毁灭性"或重要难防治病害，如苹果树腐烂病、水稻纹枯病、稻瘟病、玉米大斑病、小麦纹枯病、小麦赤霉病、蔬菜霜霉病、油菜菌核病、柑橘疮痂病等，对作物安全并具有促进作物生长的功效，这是其他药剂所不具备的。

（3）通过组合增效机理研究，发明了多个增效组合物制剂，安全环保。其中40%丁香菌酯·戊唑醇悬浮剂、65%丁香菌酯·代森联水分散粒剂获正式登记。丁香菌酯与戊唑醇、咯菌腈、啶酰菌胺、嘧菌环胺、代森联、喹啉铜等杀菌剂，以及新烟碱类杀虫剂等数十种药剂混配均具有显著的增效作用，扩大防治谱的同时，也延缓抗药性的产生。40%丁香菌酯·戊唑醇悬浮剂登记用于防治小麦纹枯病、玉米大斑病、苹果树褐斑病等；65%丁香菌酯·代森联水分散粒剂登记用于防治柑橘疮痂病。产业化制剂产品均为水基悬浮剂，成本低、安全环保、使用方便，符合国际农药剂型发展方向。一药多用，推动了"农药使用零增长"战略的实施。

2.实用性
丁香菌酯已于2010年在吉林省八达农药有限公司实现产业化，登记产品5个，96%丁香菌酯原药（PD20161260）、20%丁香菌酯悬浮剂（PD20161261）、40%丁香菌酯·戊唑醇悬浮剂（PD20184039）、0.15%丁香菌酯悬浮剂（PD20172631）、65%丁香菌酯·代森联水分散粒剂（PD20172631）。已在全国范围内推广销售，丁香菌酯在新疆、山西、北京、陕西、甘肃、辽宁、黑龙江、江苏、浙江、湖南、湖北、河南、河北等地连续多年试验示范和应用，已在全国建立示范点6 000多个。

近三年丁香菌酯系列产品累计应用逾千万亩，增产增收或挽回损失超百亿元，经济、社会、环境和生态效益显著。2018年，中国农学会组织专家对该成果进行评价，达国际领先水平。

四、产品展示

曾被农业部全国农技推广中心列为2012—2014年度重点推广产品，并获2012年植保产品贡献奖，2015年中国植保市场杀菌剂畅销品牌产品，2015年中国农药工业协会农药创新贡献奖一等奖，2017年第六届绿色农药博览会金奖，2017年入选中国农业农村十大新产品，2018年中国石油和化学工业联合会科学技术奖技术发明类一等奖，2019年农业农村部神农中华农业科技奖一等奖。

 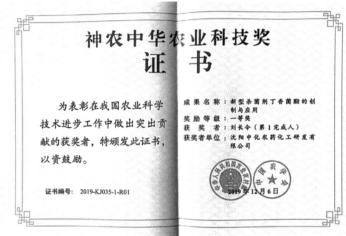

五、成果来源

项目名称和项目编号：粮食主产区主要病虫草害发生及其绿色防控关键技术（2016YFD0300700）
完成单位：沈阳中化农药化工研发有限公司、吉林省八达农药有限公司
联系人及联系方式：关爱莹，18842532752，guanaiying@sinochem.com
联系地址：辽宁省沈阳市铁西区沈辽东路8号

绿色农药新品种30%氟醚菌酰胺·吡唑醚菌酯

一、产品概述

以具有自主知识产权的新农药——氟醚菌酰胺为核心，开发了一系类低毒、低残留、对环境生物友好的复配制剂，30%氟醚菌酰胺·吡唑醚菌酯微囊悬浮-悬浮剂，并获得了农业农村部登记证。

二、技术参数

产品制作流程：

（1）将吡唑醚菌酯原药、溶剂、油性助剂、油性囊皮混合搅拌，制备为油相，控制物料温度为40～45℃，搅拌速度为30Hz。

（2）将水性助剂、水性囊皮、去离子水混合搅拌，制备为水相，加入到油相中，均质至平均粒径为0.5 ～ 1μm，均质速度为1 400r/min。

（3）将均质后物料保温固化，物料温度控制在40 ～ 45℃，搅拌速度为30Hz，保温时间为1 ～ 1.5h，取样在显微状态下观察物料成囊形状及囊皮厚度，控制成囊形状为球状或类球状，囊皮厚度与囊球直径比例为1 ：（10 ～ 20）。

（4）物料温度降至30℃以下，加入增稠剂、防冻剂、防腐剂、pH调节剂等混合均匀，搅拌速度为30Hz，控制物料平均粒径为1μm左右，制得吡唑醚菌酯微囊悬浮剂。

（5）将氟醚菌酰胺、助剂、溶剂、去离子水混合均质后进行砂磨，物料温度不高于25℃，砂磨平均粒径1μm左右，制得氟醚菌酰胺悬浮剂。

（6）将吡唑醚菌酯微囊悬浮剂与氟醚菌酰胺悬浮剂搅拌混合制得30%氟醚菌酰胺·吡唑醚菌酯微囊悬浮－悬浮剂，控制制剂平均粒径为1μm左右，pH为6 ～ 7.5。

三、产品评价

1.创新性　30%氟醚菌酰胺·吡唑醚菌酯微囊悬浮－悬浮剂由新型杀菌剂氟醚菌酰胺与吡唑醚菌酯进行复配，尚属首次，二者复配不仅能够发挥各单剂的功效，而且能够因为复配而提高药效，并扩大杀菌谱。该制剂为水基化制剂，加工过程中基本无"三废"产生，降低了农药制剂对环境的压力，实现了农药制剂的环保化，具有广阔的应用前景和可观的经济效益。

通过研究表面活性剂对药粒表面的润湿能力，使其在药粒表面形成界面保护膜，增加颗粒表面的电荷分布，提高电荷密度，阻止分散粒子的重新凝集，从而提高了粒子之间的电层厚度，较同类含量的固液分散体系的产品，其粒度分布范围明显减小，粒径跨距减小50%以上，显著提高了制剂的稳定性。

该制剂采用固体悬浮技术和微囊悬浮技术，将两大不稳定固液体系通过表面活性剂作用及新型工艺结合在一起，使其协同互补，得到均一稳定的固液分散体系。探索了多层包囊技术，优化了微胶囊制剂缓释性的评价方法，结合实际防效论证，使结果更加符合应用实际。

该产品的研制过程中，基于两种原药的属性，针对性的开发了新型成囊工艺，实现了剪切成囊的制备方法，降低了壁材的反应温度与反应时间，提升了加工操作的安全性，减少了整体工艺的复杂度，缩短整体加工时间2 ～ 3h。开发了以水代替常规高聚物壁材单体参与反应的工艺，使整体成囊工艺更加绿色、经济、环保，也进一步提升了壁材与体系的相容性。以微通道反应器结合卧式砂磨机为开发设备，探索了微囊悬浮剂的连续化生产工艺，进一步提升精细化操作水平及生产效率。

2.实用性　30%氟醚菌酰胺·吡唑醚菌酯微囊悬浮－悬浮剂已实现产业化并在逐步规模化应用，取得登记证的当年，销量就达10t，预计三年内年销售量达50t，应用面积达50万亩，农业增产增收达1.5亿元。

四、产品展示

30%氟醚菌酰胺·吡唑醚菌酯不同包装产品如下。

五、成果来源

项目名称和项目编号： 粮食主产区主要病虫草害发生及其绿色防控关键技术（2016YFD0300700）
完成单位： 山东省联合农药工业有限公司
联系人及联系方式： 刘杰，13884993930，liujie@sdznlh.com
联系地址： 山东省济南市历城区桑园路28号

新型除草剂双唑草酮

一、产品概述

针对小麦田杂草抗药性严重，目前常用除草剂已经难以有效防治的问题，发明了对小麦安全，对阔叶杂草高效的HPPD抑制剂类除草剂双唑草酮，获得国内外多国发明专利授权38项。

二、技术参数

新型除草剂双唑草酮有效成分

项目	内容
中文通用名称	双唑草酮
英文（ISO）通用名称	Bipyrazone
中文化学名称	1,3-二甲基-4-（2-（甲砜基）-4-（三氟甲基）苯甲酰基）-1H-吡唑-5-基1,3-二甲基-1H-吡唑-4-甲酸酯
化学文摘登录号（CAS）	1622908-18-2

项目	内容
结构式	
分子式	C$_{20}$H$_{19}$F$_3$N$_4$O$_5$S
相对分子量	484.45

双唑草酮原药理化性质

项目	检测结果
外观（颜色、物态、气味等）	淡米黄色粉末状固体；无刺激性异味
熔点	159.6 ~ 168.0℃
沸点	238℃
爆炸性	不属于爆炸性物质
闪点	（开杯）261℃
燃点	268℃

双唑草酮原药控制项目指标

项目	指　标
双唑草酮质量分数	≥96.0%
水分	≤1.0%
pH范围	3.0 ~ 6.0
丙酮不溶物质量分数	≤0.5%

三、产品评价

1.创新性　双唑草酮高效、低毒、低残留，对小麦选择性强。根据我国小麦田杂草发生特点、种类，研发了2种双唑草酮新制剂，10%双唑草酮可分散油悬浮剂、22%氟吡·双唑酮可分散油悬浮剂。可有效防除对除草剂产生抗性的播娘蒿、荠菜、野油菜、繁缕、牛繁缕、田紫草、宝盖草等阔叶杂草。2018年8月双唑草酮原药（PD20184018）、10%双唑草酮可分散油悬浮剂（小麦，PD20184016）和22%氟吡·双唑酮可分散油悬浮剂（小麦，PD20184017）获准我国农药正式登记。

2.实用性　研发单位通过自主创新—自主生产—自主经营的产业化创新模式，加快了新产品的应用。2018年产品获得国家农药产品登记、许可后，加快了产品的推广力度，截至2021年底，产品推广面积3 000余万亩，市场规模不断扩大，为小麦田杂草抗性治理做出了突出贡献。经济、社会效益显著。

四、产品展示

10%双唑草酮可分散油悬浮剂、22%氟吡·双唑酮可分散油悬浮剂如下。

五、成果来源

项目名称和项目编号：粮食主产区主要病虫草害发生及其绿色防控关键技术（2016YFD0300700）
完成单位：青岛清原化合物有限公司
联系人及联系方式：连磊，13853219179，lianlei@kingagroot.com
联系地址：山东省青岛市黄岛区青龙河路53号

▌安全、高效杀虫剂四氯虫酰胺

一、产品概述

鳞翅目昆虫是危害农作物生长、影响蔬菜水果品质最为严重的一大类害虫，可造成20%以上的损失。使用杀虫剂是保证粮食丰产、提高蔬菜、水果品质的重要手段之一。针对某些杀虫剂对非靶标生物高毒、单位面积使用量偏大的缺陷，用量低、对生态环境影响小的杀虫剂已成为创制开发的重点。本项目团队采取"渐进式创新"策略，以吡唑酰胺类杀虫剂的分子结构为基础，创造性地将3,5–二氯吡啶基团引入到吡唑环结构中，发明了吡唑酰胺类杀虫剂四氯虫酰胺，并发现通过吡唑啉羧酸直接制备关键中间体吡唑酰氯，在无缚酸剂存在下进行缩合反应制备吡唑酰胺类化合物的合成新方法。

二、技术参数

四氯虫酰胺以对三氯吡啶为起始原料，经过6步单元反应合成四氯虫酰胺，产品含量＞95%，总收率34%（以三氯吡啶计）。反应过程如下。

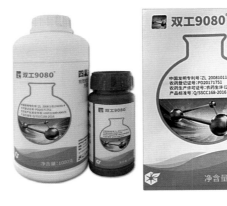

三、产品评价

1. 创新性　发明了环保、生物利用度高的四氯虫酰胺水悬浮剂。发明了可减少高毒杀虫剂使用量、扩大杀虫谱的新混剂。已申请四氯虫酰胺的化合物、合成方法、制剂、混剂等发明专利33件，获得授权21件。

2. 实用性　该成果已实现产业化和规模化应用，建立了年生产能力100t的原药生产线，及年生产能力1 000t的10%悬浮剂生产线。2017年获得正式登记。2017—2020年累计销售额达2.69亿人民币，累计应用面积7 500多万亩次，农业增收效果显著。2014年"高效、安全杀虫剂四氯虫酰胺的创制开发项目组"获得中化集团授予的"特殊贡献奖"。9080（四氯虫酰胺商品名）2015年被评为"中国植保市场最具市场爆发力品牌产品"，2014—2017连续四年被中国农药工业协会评为"中国植保市场杀虫剂畅销品牌产品"。2016年"高效、安全杀虫剂四氯虫酰胺的创制"项目获第九届中国农药工业协会农药创新贡献奖一等奖。2017年"安全、高效杀虫剂四氯虫酰胺的创制开发"项目获"航天科工杯"第三届中央企业青年创新奖银奖。2017年9080获中国农民喜爱的农药品牌金口碑奖。2019年四氯虫酰胺入选农业农村部"草地贪夜蛾应急防治用药推荐名单"。

四、产品展示

四氯虫酰胺产品如下。

五、成果来源

项目名称和项目编号：粮食主产区主要病虫草害发生及其绿色防控关键技术（2016YFD0300700）

完成单位：沈阳中化农药化工研发有限公司

联系人及联系方式：杨辉斌，13840161659，yanghuibin@sinochem.com

联系地址：辽宁省沈阳市铁西区沈辽东路1号

技术篇

JISHU PIAN

耕地土壤肥力与生产力调查评价技术

一、技术概述

耕地土壤肥力与生产力调查评价技术的核心是点面扩展技术。点面扩展是连接调查和评价的中间环节，在有限点数据下，如何实现高精度转换是决定耕地土壤肥力与生产力评价结果科学性和准确性的关键。传统的以点带面很难保证精度，且实施成本很高。耕地土壤肥力与生产力调查评价技术针对不同指标，采用多重分形理论、神经网络、地质统计学、经典统计学等相结合的方法，以遥感、调查等为验证数据，以均方根误差（RMSE）、一致性指数等为衡量参数，提出了适合耕地土壤肥力与生产力不同指标调查评价的高精度点面扩展技术近10种。

二、技术要点

（1）采样点布设技术要点。基于ArcGIS软件进行布点设计，基于历史材料，充分考虑调查评价指标的空间变异性及空间相关性，以区域行政区划图为底图，根据近年来土壤肥力与生产力采样调查数据和空间分析结果，结合耕地（基本农田）分布情况，合理确定网格大小（县域尺度下可采用1km×1km网格），所有样点间距离应小于指标最小变程，并保证每个未知点位周边至少有 3 ～ 5 个样点。根据样点所处的乡镇、耕地分布、土壤亚类、耕地质量等级以及各自的面积比例，结合遥感影像，合理抽样。具体测试样点数据根据不同指标变化趋势、障碍因素和空间变程来确定。

（2）野外采样和特殊指标赋值技术要点。针对不同指标，实施差别化采样技术，对于概念性指标，应综合考虑众多来源数据相互间验证，以确保数据获取的快速性和结果的可靠性。根据紧实度、剖面实测、土壤成土特征（土类、亚类）和管理影响，结合第二次土壤普查县级成果，综合确定耕层厚度、有效土层厚度。将遥感、数字高程、水平仪（手机版）和野外观测相结合，确定地形部位、田面坡度等。以土壤微生物碳表征生物多样性。采用实地调查（灌排系统）与水利资料图件相结合的方法，并以土地利用现状图（旱地、水田、水浇地和菜地）作为校准，确定耕地灌溉保证率和排涝能力。

（3）评价技术要点。采用综合指数法确定肥力与生产力等级；采用层次分析和主成分分析法确定权重；采用隶属度函数进行指标分级，以残差和（RSS）、标准差（S）和判定系数（R^2）为隶属度函数拟合的衡量参数，最终拟合隶属度确保$RSS<0.05$、$S<0.1$和$R^2>0.90$。选择隶属度类型应结合区域特征与不同时期对土壤肥力与生产力的界定，有效磷可以采用峰值型。

三、技术评价

1.创新性　相比于传统网格布点、无差别化测试和点面扩展方法等，采用该项技术可以减少工作量和成本近三成，同时精度提高近30%。该技术有助于科学揭示区域土壤肥力与生产力演变特征及其影响机制，解决了区域土壤肥力与生产调查评价过程中数据难获取、低精度和高成本的问题。

2.实用性　耕地土壤肥力与生产力调查评价技术应用范围涵盖了东北黑龙江、辽宁和吉林三省，以及黄淮海的河北、北京、山东、河南、安徽五省（直辖市）355个区县，面积达到57.68万km²。基于该技术完成北京市密云区、怀柔区、平谷区和通州区等区耕地质量等级及其变动表编制工作。

四、技术展示

该技术成果专著如下。

五、成果来源

项目名称和项目编号： 旱作区土壤培肥与丰产增效耕作技术（2016YFD0300800）

完成单位： 中国农业大学、安徽理工大学

联系人及联系方式： 黄元仿，010-62732963，yfhuang@cau.edu.cn；张世文，18949658012，mamin1190@126.com

联系地址： 北京市海淀区圆明园西路2号；安徽省淮南市泰丰大街168号

水稻高产耕层构建技术

一、技术概述

水稻高产耕层构建技术的关键环节为秸秆还田配合深耕作业，其可作为提升耕层有机质含量和耕层深度的可行技术。基于辽宁北部、中部和南部等水稻核心产区的秸秆处理习惯，针对性提出2种秸秆全量还田整地模式：高留茬＋深翻和秸秆粉碎＋深旋。

二、技术要点

（1）秸秆处理。收获时利用联合收割机将水稻秸秆留茬高度控制在25～30cm，其余秸秆粉碎成8～10cm长度，均匀撒施于地表；或将秸秆全部直接粉碎成8～10cm长，均匀铺撒于地表。留茬过高或粉碎秸秆铺撒不匀均会影响秸秆还田质量，增加作业难度。

（2）秋翻作业。秋收后上冻前利用犁铧进行秸秆翻埋，配套动力应在160～200马力，秋翻深度在20～23cm，作业时用土垡将秸秆完全覆盖。

（3）深旋作业。施肥后泡田前利用旋耕机将粉碎秸秆还田，配套动力应在120～160马力，春季深旋深度在18～20cm，作业时基本无秸秆裸露于地表。

（4）秸秆腐熟剂和土壤调理剂。将秸秆腐熟剂和土壤调理剂与肥料同时施用，通过春旋耕使其与土壤和秸秆充分混合，促进秸秆腐熟和改善土壤结构。

（5）搅浆和插秧。搅浆前应放水泡田3～5d，搅浆作业时水层以花达水为宜，减少秸秆漂浮。搅浆后田块应静置5～7d，使地表秸秆充分浸泡后沉淀再进行插秧，避免秸秆漂浮影响插秧，插秧作业水层深度在3～5cm为宜。

三、技术评价

1.创新性　通过该技术的应用，秸秆还田后碳、氮、磷和钾养分当季累计释放率分别可达69%～77%、39%～55%、66%～77%和96%～98%，耕层蓄水能力和养分库容明显增强，水稻生长期土壤矿化氮、有效磷和速效钾含量显著提高。此外，深翻或深旋可改善根系生长发育环境，促进根系下扎，提高养分吸收能力和防止水稻倒伏。不仅能够显著提高水稻籽粒产量5%～8%，长期有望改善土壤结构、增加土壤有机碳和全氮含量、减少温室气体排放，同时也避免了秸秆被丢弃和焚烧所带来的生态环境问题。

2.实用性　2019年，在辽北、辽中和辽南水稻核心区，选择9对水稻高产耕层构建技术和常规耕作的地块进行配对调查，所选高产耕层构建技术调查点技术使用年限在2～3年。结果显示，除3对调查点产量表现为平产，其余6对调查点增产幅度在4.8%～12.3%，土壤全磷含量增加5.1%～7.5%，有效磷增加2.4%～4.3%，速效钾增加2.5%～7.0%。该技术不仅解决了禁止秸秆焚烧后的秸秆处置难问题，更解决了稻田耕层变浅的问题。最终形成技术规程，同时入选辽宁省土壤与肥料领域科技新成果。

四、技术展示

深旋和浅旋条件下秸秆全量粉碎还田效果如下。

辽宁省稻田高产耕层构建技术模式如下。

秸秆高留茬全量还田模式秸秆   全量粉碎还田模式

五、技术来源

项目名称和项目编号：水稻高产耕层构建及地力保育关键技术研究（2017YFD0300707）

完成单位：辽宁省农业科学院

联系人及联系方式：曲航，15142098783，quhang8377@163.com

联系地址：辽宁省沈阳市沈河区东陵路84号

苏打盐碱稻田土壤障碍缩差增效技术

一、技术概述

针对苏打盐碱稻田土壤冷凉、土壤贫瘠化、次生盐渍化逐年加重，盐碱稻区水资源浪费严重，秧苗素质差，肥料利用效率低等产量与效率限制因子问题，以秸秆炭化还田（生物炭）调控土壤障碍技术为核心技术，集成旱育稀植精量播种培育壮秧技术、平衡施肥技术、苏打盐碱稻田高效节水灌溉技术，构建了秸秆炭化还田（生物炭）调控苏打盐碱稻田土壤障碍缩差增效技术。

二、技术要点

选用丰产优质水稻品种吉粳88，株型紧凑、耐肥抗倒、活秆成熟，移栽密度为30cm×

13.2cm。旱育稀植精量播种培育壮秧，提高水稻秧苗素质及抵抗苏打盐碱胁迫能力。生物炭一次性施入30t/hm²，配施生物炭利用反转旋耕机精细整地，提高整地质量，促进根系生长。全生育期施用纯氮175kg/hm²、五氧化二磷70kg/hm²、氧化钾80kg/hm²，较农户氮肥减施10%～15%。按基肥∶蘖肥∶穗肥∶粒肥=4∶2∶3∶1的比例运筹施入。

在水稻各个生长发育时期分别控制水层，返青期3～4cm、分蘖期1.5～3cm、拔节孕穗期4～5cm、抽穗期3～4cm，黄熟期排水。

三、技术评价

1.创新性 应用该技术消减了苏打盐碱稻田土壤盐碱障碍，培肥了土壤，改善了水稻生长发育状况，提高了肥料利用效率，优化了群体结构，为苏打盐碱稻区水稻缩差、增效、盐碱障碍消减提供了理论基础与技术途径。

2.实用性 自2017年开展示范以来，技术应用面积不断增长。2021年在吉林省示范应用面积超过2.7万hm²。连续5年大田对比试验跟踪调查结果表明，轻度和重度盐碱稻区土壤全盐含量分别降低12.1%和151.3%，碱化度分别降低33.1%和212.3%，有机质含量分别提高23.1%和146.9%。轻度盐碱稻区产量构成：穗数401.3万/hm²、穗粒数145.1、结实率为92.3%、千粒重21.2g，实收产量为9 811.5kg/hm²，较传统农户产量提高16.9%，氮肥偏生产效率提高43.2%，生物产量提高9.2%。重度盐碱稻区水稻产量较当地传统种植产量提高110.3%。实现了苏打盐碱稻区水稻缩差、增效、培肥、消减盐碱障碍的综合生产目标。

四、技术展示

应用该技术的水稻生长效果如下。

五、技术来源

项目名称和项目编号： 粮食作物产量与效率层次差异及其丰产增效机理（2016YFD0300100）
完成单位： 吉林农业大学
联系人及联系方式： 金峰，18943649890
联系地址： 吉林省长春市新城大街2888号

水稻机插水卷苗育秧技术

一、技术概述

机插水稻秧苗的传统培育模式依托塑料软盘或硬盘，以经加工处理的大田土壤作为介质，培育出的稻苗综合素质佳、质量稳定，适用于机械栽插。但营养土的制备工序繁琐，耗时耗力，且破坏大田表面耕作层；常规塑盘规格小，机插秧时需频繁停机装载秧毯，大大限制了移栽的效率。新型育秧基质制备工艺也较复杂，且价格昂贵。

为推动机插秧轻简高效化发展，本团队摒弃了传统育秧所用的营养土（基质），而采用麻育秧膜＋稻壳作为育秧介质，减少成本的同时也减轻了秧块的重量。

二、技术要点

水稻机插水卷苗育秧技术流程如下。

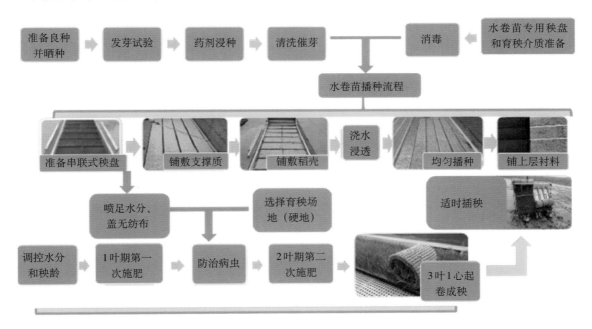

三、技术评价

1.创新性　本技术所育秧苗的长度可根据需求通过调整秧盘串联长度来控制，不受单个秧盘的长度限制，可有效降低换秧频率，使机插效率提高13.9%；本方法以麻育秧膜＋稻壳作为育秧介质进行无土育秧，所育秧块重量仅有常规营养土秧苗的1/5，操作过程干净清洁，同时人为控制苗期的养分供给，减少了整个操作环节的成本，提高秧苗的可控性，还避免了取土对大田耕作层的破坏，更加轻便环保，尤其在人工成本方面由于无需使用育秧土，避免了取土、筛土、拌肥等需要大量劳动力的操作工序，节省了76%的育秧人工成本，且栽后能显著增加7d时的发根量，有效加快缓苗，促进低位分蘖发生。与传统育秧相比，本方法能在保证产量的前提下做到省工节本、绿色高效，有利于推动水稻生产的轻简绿色高效发展。

2.实用性　本技术近几年先后在金坛、兴化、太仓、连云港、张家港等地进行成果观摩和示范，均有良好表现。现已授权"一种机插水卷苗串联式无土简易育秧盘及育秧装置，专利号CN202010323002.X；一种机插水稻串联式水卷苗育秧方法，专利号CN202010322183.4"两项发明专利。

四、技术展示

水卷苗育秧盘及水卷苗田间应用如下。

五、技术来源

项目名称和项目编号： 江苏稻－麦精准化优质丰产增效技术集成与示范（2018YFD0300800）
完成单位： 南京农业大学
联系人及联系方式： 李刚华，13805151418，lgh@njau.edu.cn
联系地址： 江苏省南京市玄武区卫岗1号

杂交稻暗化催芽无纺布覆盖高效育秧技术

一、技术概述

杂交稻暗化催芽无纺布覆盖高效育秧技术是针对西南地区丘陵、山地等地理自然资源复杂，立体性气候强，光照弱，茬口和育秧方式多元多样导致的育秧成苗率低、成本高、风险大而研发的齐苗壮根育秧新技术。

二、技术要点

（1）播种。塑料硬盘流水线播种育秧，秧盘规格为28cm×58cm×2.5cm。播种量根据千粒重确定，一般发芽率85%以上，千粒重20～25g，每盘用种量为70～80g，千粒重25～30g，每盘用种量80～90g。播种底土厚度1.8～2.0cm，盖土厚度0.2～0.3cm，盖土表面距秧盘上缘

0.2 ～ 0.3cm，为暗化增压健芽留出生长空间。

（2）秧盘叠置与暗化健芽。采用秧盘托架降低上下盘温差，叠盘高度以25 ～ 30盘为宜，切忌超过35盘，顶盘空盘倒扣。叠盘后移至暗化场地，托架间留10 ～ 15cm间隙以促进堆内温度均匀，覆盖三色彩条防雨油布遮光、保温、保湿。暗化过程适宜平均温度为28 ～ 32℃，湿度为65% ～ 80%。早茬口育秧暗化过程中若遇低温天气，增覆农膜增温；迟茬口暗化过程若遇超过33℃的高温，采取顶盘加高通风降温。当中部稻芽长1.5 ～ 2.0cm时暗化结束。

（3）摆盘和无纺布覆盖。暗化结束后的秧苗及时摆入秧床，盘与厢面、盘与盘紧密接触，用厢沟中泥土填敷盘边空隙，防止盘周缺水，影响整齐度。搬运秧盘时，应避免上下盘相互碾压导致断芽、伤芽。摆盘后应快速灌水浸透一次，排干水后采用30 ～ 50g/m² 规格无纺布覆盖，并用泥土压住无纺布边缘，无纺布稍紧增压壮苗。秧苗2叶1心时，可完全揭去无纺布，无纺布可回收再利用。无纺布覆盖大大促进了秧床控温保湿效果，其可以有效控制迟栽茬口秧床温度，避免高温烧苗，也可保证秧床的湿度，减少水分蒸发，为秧苗生长提供优良的温湿度环境，大大减少人工进行水分管理的工序，具有省工、节本的作用。

（4）秧床水肥管理。采用干湿交替管理，3叶期前速灌速排，3叶期后秧苗浇一次透水后自然落干或排水保持土壤湿润，盘面泥土泛白时再浇透水一次，反复如此管理。揭无纺布后，及时用药防治立枯病、绵腐病、稻瘟病。移栽前5 ～ 7d，采用尿素15 ～ 20g/m² 施送嫁肥，以保证秧苗生长旺盛，带肥带药入田。

（5）适栽秧龄。早茬口秧龄25 ～ 28d，迟茬口秧龄23 ～ 25d。秧苗可达到生长均匀，颜色嫩绿，白根数多，盘根力强，适栽性好。较常规育秧缩短秧龄5 ～ 7d。

三、技术评价

1.创新性 该技术以苗齐、根壮、芽健和耐粗放管理为目标，以暗化催芽集约化管理代替传统育秧的播种至出苗环节，以无纺布覆盖代替传统薄膜覆盖的秧田管理方式，明确了西南多元种植稻区杂交稻暗化催芽无纺布覆盖育秧的成苗规律及齐苗壮根健芽的技术效应，优化了关键技术参数，明确了其关键技术环节。保证了杂交籼稻育秧具有高成苗率、高整齐度和均匀度，能大幅提高机插秧栽插质量，可以达到省种省工，耐粗放管理的目的。

2.实用性 该技术从2017年开始研发和示范以来，已经在长江中下游西部稻区大面积推广应用，应用面积快速增长，对平原、丘陵和山地的各种地形地貌以及早茬口、迟茬口等多元化种植育秧具有广泛适应性，突破了该区域杂交籼稻育秧成苗率低、管理难度大、风险高的问题，实现了高成苗率、苗齐根壮、省工节本的技术效应。通过4年示范，大面积调查并与传统育秧对比，本技术可提高秧苗成苗率8% ～ 12%，均匀度和整齐度提高20% ～ 25%，节省种子10%，缩短秧龄5 ～ 7d，降低育秧成本15%左右，气象风险降低80%，秧苗栽插质量提高10% ～ 15%，漏插率基本可控制在5%以下，节省了补秧环节，大田秧苗均匀度高，基本苗足，亩产量可增加8% ～ 10%，降耗减排约5%。

本技术2021年被农业农村部遴选为全国农业主推技术。2019—2021年连续被列为四川省农业主推技术。

四、技术展示

秧盘叠置与暗化健芽处理（左图）及暗化后的秧盘摆入秧床并用无纺布覆盖（右图）如下。

五、技术来源

项目名称和项目编号： 长江中下游西部水稻多元化种植水肥耦合与肥药精准减量丰产增效关键技术研究与模式构建（2017YFD0301700）

完成单位： 四川农业大学

联系人及联系方式： 杨文钰，13608160352，mssiyangwy@sicau.edu.cn；陈勇，13880286569，yongchen@sicau.edu.cn

联系地址： 四川省成都市温江区惠民路211号

▌麦茬稻机械化育插秧技术

一、技术概述

　　水稻和小麦是我国主要的粮食作物，充分利用温光资源、提高复种指数，是保障粮食安全的重要措施。麦茬稻机械化育插秧技术采用规范化育秧及插秧技术，该技术对秧苗质量要求较高，要求使用机插秧专用软盘育秧，力求播种均匀，出苗整齐、根系发达、茎叶健壮、叶挺色绿、均匀整齐、无病无杂。

二、技术要点

　　（1）床土准备。采集质地疏松、无硬杂质的肥沃菜园土或稻田表土，适时翻晒、粉碎并过筛，播种前消毒、堆闷，杀灭病菌，同时拌由农家肥制成的酸碱适宜的营养土。

　　（2）种子处理。选择通过审定、适合当地种植的品种，播前晒种1～2d。种子包衣或药剂浸种，杂交种浸15～18h、常规种浸22～24h后催芽，破胸种子摊开炼芽6～12h。

　　（3）播种及播种量。使用水稻全自动育秧播种流水线播种，一次完成装底土、洒水（包括消毒、施肥）、精密播种、覆盖表土等工序。播前要做好机械调试，确定适宜种子播种量、底土量和覆土量，秧盘底土厚度一般为2.2～2.5cm，覆土厚度0.3～0.6cm，要求覆土均匀、不露种子。根据不同品种的特征合理确定播种量，杂交稻每盘播干谷70～80g，常规稻90～120g，秧龄15～22d。

（4）叠盘暗化。暗化叠盘高度不超过10个，暗化时间48h。

（5）苗期管理。控制温度，及时通风炼苗，适时防病、补水。幼芽顶出土面后，棚内地表温度控制在35℃以下，超过35℃时，揭开苗床两头通风降温，如床土发白、秧苗卷叶，喷水淋湿。在秧苗2叶1心或3叶1心可在下午4时叶面均匀喷洒调控剂，进行化学调控。移栽前控水，促进秧苗盘根老健。根据苗情及时追施断奶肥和送嫁肥；秧苗期根据病虫害发生情况，做好病虫害防治工作。

（6）秧苗准备。根据机插时间和进度安排起秧时间，要求随运随插。秧盘起秧时，先拉断穿过盘底渗水孔的少量根系，连盘带秧一并提起，再平放，然后小心卷苗脱盘，提倡采用秧苗托盘及运秧架运秧。秧苗运至田头时应随即卸下平放，使秧苗自然舒展；做到随起随运随插，尽量减少秧块搬动次数，避免运送过程中挤伤、压伤、折断秧苗，秧块变形。运到田间的待插秧苗严防烈日晒伤，应采取遮阳措施防止秧苗失水枯萎。

（7）插秧要求。插秧前应先检查调试插秧机，调整插秧机的栽插株距、取秧量、深度，转动部件要加注润滑油，并进行5～10min的空运转，要求插秧机各运行部件转动灵活，无碰撞卡滞现象，以确保插秧机能够正常工作。一般常规稻要求亩插18～20个育秧盘的秧苗，每亩大田栽插基本苗1.5万～1.8万穴（每穴苗数3～5株）；杂交稻要求亩插15～16个育秧盘的秧苗，每亩大田栽插基本苗1.5万～1.8万穴（每穴苗数1～3株）。机插要求插苗均匀，深浅一致，一般漏插率≤5%，伤秧率≤4%，漂秧率≤3%，插秧深度在1～2cm，以浅栽为宜，有利于提高低节位分蘖。

三、技术评价

1.创新性 麦茬稻机械化育插秧技术在降低农业生产劳动成本、提高水稻种植机械化水平、增加肥水利用效率方面具有重要作用，是水稻栽培技术向轻简化发展的重要方向。

2.实用性 自2018年项目开展实施以来，该技术在湖北省襄阳市襄州区、南漳县，随州市随县、曾都区，孝感市以及荆门等8个县市区建立13个示范基地进行示范推广。该技术在示范区取得了平均每亩708.7kg的产量，增产14.4%，每亩增加经济效益295元。实现了水稻丰产增效和环境友好的目标。经湖北省农学会组织的第三方评价，该技术整体达到了国内领先水平。

四、技术展示

应用该技术培育的秧苗如下。

五、技术来源

项目名称和项目编号： 湖北单双季稻混作区周年机械化丰产增效技术集成与示范（2018YFD0301300）
完成单位： 湖北省农业科学院粮食作物研究所
联系人及联系方式： 杨晓龙，13720257220，yang8083334@163.com
联系地址： 湖北省武汉市洪山区南湖大道3号

稻渔综合种养生态系统优化配置关键技术

一、技术概述

稻渔综合种养生态系统优化配置关键技术是集稻田空间布局技术、密度协同配置技术、氮素协同施用技术和再生稻蓄育技术于一体的新技术。

二、技术要点

（1）稻田空间布局技术。沟坑面积占比控制在10%左右，并兼顾水稻和水产动物产量的前提下，研究出了田间设施（沟和坑）的田间布局、式样（沟型、坑型）及其主要参数（沟宽、沟深、坑深、坑长宽），并确立了三种基本类型（环沟型、"十"字沟型、直沟型）沟宽0.5～1.5m、沟深0.5～0.8m的基本参数，并建立了计算沟宽最大限制的数学模型：$w=a\times L/[(N\times a+n)\times 10]$，其中 L 为短边的边长；a 为长边对短边的倍数；$a\times L$ 为长边边长；w 为最宽沟的宽度；N 为沿着长边的沟数量（折算成最宽沟宽度 w 的当量数）；n 为沿着短边的沟数量。经模型推演和实测证实，由于水稻的边行补偿效应，上述空间布局策略下的水稻实际产量不会发生显著性降低。

（2）密度协同配置技术。研究出稻渔综合种养生态系统在不降低水稻产量的情况下水产动物目标产量的最佳范围和水稻栽培技术参数（如种植密度、种植规格和稻田水深）。以稻渔综合种养系统为例，在山丘区水稻亩产量400～450kg的目标下，田鱼目标亩产25～150kg。稻渔共生系统可产生互惠效应，研究提出的协同种养参数：在田鱼亩产量不高于50kg的模式下，水稻移栽密度为25cm×25cm，稻田水深15～20cm；在田鱼亩产量不高于100kg的模式下，水稻移栽密度为25cm×30cm，稻田水深20～25cm；在田鱼亩产量为100～150kg的模式下，水稻移栽密度为30cm×30cm，稻田水深25～30cm。

（3）氮素施用调控技术。研究提出水产动物不同产量模式下，肥料氮和饲料氮的协同施用比例。以稻渔综合种养生态系统为例，在水稻亩产量450～500kg、鱼亩产量50kg、氮素每亩投入8kg的模式下，肥料氮和饲料氮的比例分别为75%和25%时，稻田生态系统能很好地维持氮素平衡，并兼顾水稻和鱼产量目标；而在水稻亩产量450～500kg、鱼亩产量100kg、氮素每亩投入8kg的模式下，肥料氮和饲料氮的比例分别调整为37%和63%时，稻田生态系统能很好地维持氮素平衡及水稻、鱼产量。

（4）再生稻蓄育技术。基于稻渔共生存在的正效应，研究出了延长稻渔共生期的再生稻蓄育栽培技术，确定出以下基本参数：在南方山丘区，水稻种植密度为25cm×30cm；播期为3月25日至4月1日；移栽期为5月上旬；刈割期为8月20日左右；留桩高度为35～40cm。氮肥管理：头季稻收割前10～15d使用促芽肥，收割后3d施用苗肥，两次每亩用氮总量不超过1.5kg。

三、技术评价

1.创新性 该技术基于水稻和水生生物之间的互惠共生和资源互补循环利用的生态学新理论，通过沟坑比例、沟坑式样和沟宽优化模型的设计，稻田水产养殖容量参数的确定，肥料氮和饲料氮的耦合协调施用，达到了稻渔综合种养生态系统内部水稻种植和水产养殖相互协调的生态平衡，实现了稳定水稻生产、减少农药化肥使用、增加农民收入和改进稻米品质的综合效益。

2.实用性 本成果在2017—2019年3年中累计推广至少912.46万亩。在浙江、安徽、湖北省9个应用点（共325.39万亩），3年累计新增效益159.64亿元，新增利润56.54亿元。调查分析表明，稻渔综合种养生态系统平均每亩施用化肥和农药的成本分别为80元和20元，与水稻单作系统相比，用肥、用药成本分别减少44元和45元。大面积示范试验表明，水稻产量保持相对稳定，但农药施用量减少约45%，化肥氮施用量减少30%左右。在稳定水稻产量、改善稻米品质的基础上，增加了优质水产品供给，降低了农业面源污染风险，生产绿色高效，社会、经济和生态效益显著。2017年被农业部遴选为十大主推技术之首，2018年在联合国粮食及农业组织出版专著，为第三世界国家稻渔共生提供技术指导，2020年列入农业农村部《稻渔综合种养生产技术指南》。

四、技术展示

应用该技术的稻田空间布局（左图）及示范用展示（右图）如下。

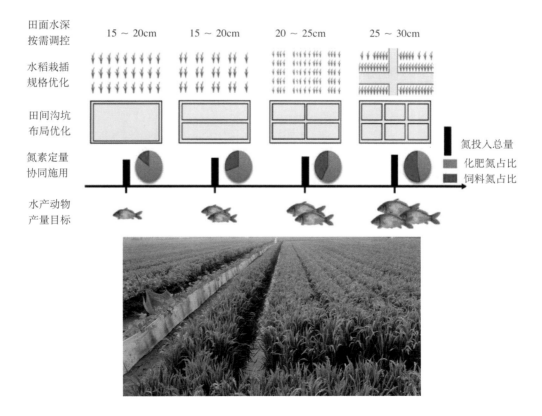

五、技术来源

项目名称和项目编号：稻作区土壤培肥与丰产增效耕作技术项目（2016YFD0300900）
完成单位：浙江大学
联系人及联系方式：陈欣，13175060372，chen-tang@zju.edu.cn
联系地址：浙江省杭州市西湖区余杭塘路388

水稻精准播种机插技术

一、技术概述

创新水稻精准播种机插技术，研发精准条（穴）播机，采用气吸条（穴）播种，实现定量定位精准播种。针对目前主流水稻机插技术存在伤根严重，制约水稻机插早生快发，以及传统机械育插秧技术育秧人工种子成本高、育成的秧苗质量差、漏秧率高、机插精准度低、苗数不均匀、秧苗返青慢，无法解决杂交稻1～2本机插要求等问题，通过研发水稻精准播种装备，创新水稻精准播种机插技术。

二、技术要点

（1）水稻精准条（穴）播机。采用气吸条（穴）播种，实现定量定位精准播种。实现杂交稻播种量从传统每盘70～90g下降到精量穴（条）播每盘40～50g。创新精准大钵苗插秧机，取秧秧块从1.6cm×1.6cm提高到（1.8～2.0）cm×（1.8～2.0）cm，秧苗质量提高。经多道缓冲式秧盘浇水、覆土系统，由动力带动秧盘输送带运行。与农机企业合作，研发配套精准播种流水线。

（2）精准大钵取秧插秧机。研发9寸*秧盘420（14×30次）取秧次及544（16×34次）取秧次插秧机，实现水稻精准播种大钵取秧机插操作。

（3）水稻精准播种机插技术集成。通过水稻精准条（穴）播机精确定量定位播种流水线和精准大钵取秧插秧机的综合应用，突破水稻机插无法实现大苗取秧的制约，实现杂交稻大苗、壮苗机插，杂交稻精准播种与定位机插装备和技术配套集成。

三、技术评价

1.创新性　该技术通过精准播种培育壮苗，大钵定位机插减少机插根系损伤，实现机插秧苗早生快发，实现了水稻生产节本增效。

2.实用性　该技术比传统机插技术每亩节省劳动成本和种子成本50～100元，播种均匀度提高80%～90%，漏秧率下降85%～95%，机插返青较传统育秧技术提早5～7d，实现机插秧苗早生快发，实现了杂交稻生产节本增效，同时为水稻机插生产技术向数字化转变打下坚实基础。水稻精准播种机插技术属于国内首创。

---

*　寸为非法定计量单位，1寸≈0.03m。

四、技术展示

水稻精准条（穴）播机播种效果（左图）及精准大钵取秧插秧机作业（右图）如下。

14条　　16条　　18条

五、技术来源

项目名称和项目编号：水稻优质高效品种筛选及其配套栽培技术（2016YFD0300500）；水稻品种优质丰产高效协同形成规律与生态生理机制及其调控途径（2016YFD0300502）

完成单位：中国水稻研究所

联系人及联系方式：向镜，18958071661，xiangjing_823@163.com

联系地址：浙江省杭州市富阳区水稻所路28号

▌优质稻新型钵苗机插栽培技术

一、技术概述

针对优质稻毯状小苗机插与直播条件下生育不充分而制约品质产量、生产风险大等问题，扬州大学联合常州亚美柯机械设备有限公司在研发了适于优质稻生产的2ZB-6AK（RXA-60TK）型、2ZB-6AKD（RXA-60TKD）加强型两种宽窄行水稻钵苗插秧机及其成套装备的基础上，建立了优质稻新型钵苗机插栽培技术。该技术先进适用，可培育长秧龄壮秧，将水稻生长季向前延伸，扩大了生育期长的优质稻种植范围。宽窄行机插作业增加栽插穴数的同时无植伤移栽，秧苗发苗快，穗数足，水稻生长发育充分，有利于优质高产的协同，在多地创造高产典型的同时获得了较大面积的推广应用。

二、技术要点

（1）因地制宜地选择生育期适宜、优质稳产、抗逆性强的水稻品种。因品种类型科学地确定适宜的播栽期，使水稻的生育进程与当地的季节进程保持优化同步。

（2）培育长秧龄壮秧。精选种子，精量匀播。因品种类型确定每孔每盘播种量：常规稻每孔播种4～6粒，确保每孔3～5苗；杂交稻2～3粒，每孔确保2苗。钵内营养底土厚度2/3孔深，盖表土厚度不超过盘面，以不见芽谷为宜。播种后保温保湿，每20～30张秧盘叠成一堆，根据温度情况暗化48～72h，保证一播全苗。旱育控水、依龄化控，培育秧龄25～30d，5～6叶，苗高15～20cm，茎基宽0.3～0.4cm，单株带蘖0.3～0.5个；白根数每株13～16条，百株干重8.0g以上，成苗孔率90%以上（常规稻≥95%，杂交稻≥90%）的标准化壮秧。

（3）因品种类型精确定量栽插。根据种植制度和品种类型合理调节栽插穴距，实现水稻优质高产所设计的适宜亩栽穴数。其中，大穗型品种，行株距规格为33/23cm×（14.5～16.8）cm，每钵2苗；中穗型品种，行株距规格为33/23cm×（13.0～14.1）cm，每钵3～4苗；小穗型品种，行株距规格为33/23cm×12.4cm，每钵4～5苗。

（4）机械一次性定量侧深施肥。优质稻的氮肥（N）总量控制在每亩15～18kg，50%的氮肥以速效肥的形式与磷、钾肥在耕整地时作为基肥施用，剩余氮肥根据品种类型与控释肥按（1～2）：（3～4）的比例掺混，随机械一次性侧深施用。可实现亩产650～750kg，稻米蛋白质含量7%～7.5%。

（5）以水抑草生态控草技术。薄水栽秧，3～5cm浅水活棵促分蘖，抑制稻田杂草。由于钵苗机插无植伤，缓苗期短，分蘖发生快，在全田茎蘖数达到设计穗数值的80%～90%时，开始自然断水，分次轻搁田，直至叶色褪淡。拔节后干湿交替灌溉直至收获前一周断水。

三、技术评价

1.创新性 应用优质稻新型钵苗机插栽培技术，可实现5.5～6.5叶大苗机插，基本苗可根据栽培方式、品种精准定量，全生育期一次性定量施肥，确保水稻安全优质生产。秧苗栽后缓苗期缩短5～7d，栽后发根力提高30%以上，分蘖提早3～5d，氮肥利用率提高5%～10%。稻米品质提高0.5～1.0个等级，亩增产稻谷10%以上。

2.实用性 2016年，兴化优质食味稻南粳9108钵苗机插示范方平均亩产829.7kg。2017年，姜堰南粳9108钵苗机插示范方平均亩产844.1kg。2018年，兴化南粳9108钵苗机插示范方平均亩产908.4kg。2019年，扬州优质食味稻沪软1212钵苗机插示范方平均亩产803.9kg。2020年，江苏黄海农场优质粳稻南粳5718钵苗机插示范方平均亩产760.21kg。2018年，该技术被列为农业农村部主推技术。

四、技术展示

新型钵苗插秧机田间作业如左图所示。该技术形成的农业行业标准和江苏省地方标准各1套，如右图所示。

五、技术来源

项目名称和项目编号：水稻优质高效品种筛选及其配套栽培技术（2016YFD0300500）
完成单位：扬州大学
联系人及联系方式：魏海燕，13801454019，wei_haiyan@163.com
联系地址：江苏省扬州市文汇东路48号

杂交稻单本密植大苗机插栽培技术

一、技术概述

为应对规模化、机械化生产条件下杂交稻种植面积下滑的挑战，针对传统机插杂交稻用种量大及由此带来的秧龄期短、秧苗素质差、双季稻品种搭配难等主要生产问题，在明确单本密植是实现杂交稻省种栽培和大穗增产有效途径的基础上，运用现代作物栽培学、农业机械学和应用化学的技术原理，研究形成了定位播种、旱式育秧、大苗机插、单本密植、低氮栽培等农机农艺措施有机融合的杂交稻单本密植大苗机插秧栽培技术。

二、技术要点

（1）种子精选。应用光电比色机对商品杂交稻种子进行精选，去除发霉变色的种子、稻米及杂物等，获得高活力种子。商品杂交稻种子经光电比色机精选后，发芽率可提高约10个百分点。每亩大田用量早稻为1.5～1.7kg，中、晚稻为0.7～0.9kg。

（2）种子包衣。应用超微粉型多功能水稻种衣剂（早稻添加水稻抗寒剂）将精选后的高活力种子进行包衣处理，以防除种子病菌和苗期病虫危害，提高种子发芽率和成秧率。经包衣处理后的种子，一般播种后25d以内不需要再次进行病虫害防治。

（3）定位播种。应用杂交稻印刷播种机播种。早稻每位点（14mm×14mm）播种2粒为主，中、晚稻每位点播种1粒为主。

（4）旱式育秧。即干谷播种、湿润出苗、旱管壮苗的育秧方法。可采用稻田泥浆育秧、基质育秧或简易场地分层无盘育秧。

稻田泥浆育秧、基质育秧：秧田耕整耙平施肥后开沟做厢摆盘，盘内填装沟泥，或利用泥浆机制备泥浆装盘，或盘内填装基质后种子朝上平铺种纸，覆盖5～10mm厚的基质后喷水湿透基质。早、中稻秧厢搭拱棚覆盖薄膜；晚稻秧厢用无纺布平铺覆盖。种子破胸后、出苗前保持厢面湿润，出苗后干旱管理炼苗。

简易场地分层无盘育秧：选择平整的稻田、旱地或水泥坪作为育秧场地，在育秧场地上铺放农用岩棉作为秧厢，浇水或灌水使岩棉湿透，每亩育秧场地喷施水溶性肥料（45%复合肥）40kg于岩棉上，然后在岩棉上依次铺放编织袋布（或带孔薄膜和无纺布），再在无纺布上覆盖专用基质（厚度1.5～2.0cm），种子朝上平铺印刷播种纸张，覆盖基质（厚度0.5～1.0cm），用细雾浇水湿透种子及基质，保持基质透气、湿润（无水层）。

（5）机械插秧。出苗后25～30d或叶龄3.9～5.7叶进行机插；早稻每亩2.4万穴以上，晚稻每亩2.0万～2.2万穴，中稻每亩1.6万穴以上。每穴苗数早稻以2本为主，中晚稻以1本为主。

（6）大田管理。氮肥（N）早、晚稻每亩8～10kg、中稻每亩10～12kg，分基肥（50%）、蘖肥（20%）和穗肥（30%）3次施用。氮、磷、钾肥用量按N∶P_2O_5∶K_2O=1∶0.4∶0.7的比例确定，其中磷肥全部作为基肥，钾肥作为基肥和穗肥平均施用；干湿灌溉，即分蘖期浅水灌溉，当每亩苗数达16万～20万株时开始晒田，晒至田泥开裂，一周后复水保持干湿灌溉，孕穗至抽穗期保持浅水，抽穗后保持干湿灌溉，成熟前一周断水；综合防治病虫草害。

三、技术评价

1. 创新性　实现了杂交稻单本栽插由手工劳动向机械作业转变的技术革新。

2. 实用性　2018年以来，在湖南、湖北、安徽、江西等省的50多个县（市、区）对技术进行了推广应用（其中年应用面积达1万亩以上的合作社有3个、2万亩以上的有1个），实现了机插杂交稻种子用量减少50%以上（早稻每亩大田用种量由3.0～3.5kg减少至1.5～1.7kg、晚稻由1.7～2.0kg减少至0.7～0.9kg），秧龄期延长10～15d（由秧龄期15～20d或叶龄2.5～3.5叶延长至25～30d或3.9～5.7叶），秧苗素质大幅度提高，育插秧成本减少50%左右（每亩大田育秧成本由60～80元减少至35～40元），增产10%以上。该技术入选了2019年农业农村部农业主推技术，2021年科技部农村中心"十三五"科技创新成果"进园入县"专项行动技术，2021年湖南省农业主推技术。

四、技术展示

应用该技术的杂交稻播种流程（左四图）及杂交稻单本密植大苗机插作业（右一）如下。

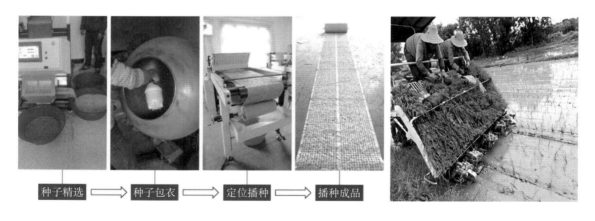

种子精选 ⟹ 种子包衣 ⟹ 定位播种 ⟹ 播种成品

五、技术来源

项目名称和项目编号：长江中下游南部双季稻周年水肥高效协同与灾害绿色防控丰产节本增效关键技术研究与模式构建（2017YFD0301500）

完成单位：湖南农业大学

联系人及联系方式：黄敏，18373189179，mhuang@hunau.edu.cn

联系地址：湖南省长沙市芙蓉区农大路1号

杂交稻减穴稳苗机插秧技术

一、技术概述

杂交稻减穴稳苗机插秧技术是针对生产上机插秧漏插、缺窝、断行现象，及西南弱光稻区机插秧通过提高穴数、降低每穴苗数，加剧穴间竞争，病虫害严重，限制产量发挥等问题，在不改变单位面积土地现有用秧量的情况下，保持栽插行距不变，扩大穴距，增加穴苗数。该技术核心理论是"减穴不减苗"，即减少穴数、提高穴苗数，从而提高栽插质量与稳定栽后基本苗。

二、技术要点

（1）选择优质、高产及适宜株型的品种。选用品质优良且符合高产栽培株型特征的品种。此外，鉴于西南弱光稻区多阴雨，建议移栽较迟的田块可选择C两优华占、川康优2115等灌浆转色快的品种，可减轻弱光天气的危害。

（2）适当密播，培育中苗匀嫩秧。用种量保持18.0 ～ 22.5kg/hm² 不变，每盘播2 800 ～ 3 000粒可发芽谷粒，即正常发芽率情况下，种子千粒重20 ～ 25g的杂交籼稻每盘播干谷70 ～ 80g；千粒重25 ～ 30g的杂交籼稻每盘播干谷80 ～ 95g。同时，随着多熟制条件下的规模化生产发展，水稻播种期多调节为4月中下旬，此时外界温度较高，需根据前茬收获及耕整地时间分批播种，秧龄为20 ～ 25d。

（3）减穴稳苗机插。首先根据品种特性和栽插期确定基本苗，5月中旬栽插的杂交中稻以42万 ～ 55万苗/hm² 为宜，5月下旬栽插的以55万 ～ 60万苗/hm² 为宜；其次确定田间配置，基本苗和行距保持不变时，穴距从15 ～ 17cm扩大到18 ～ 25cm，穴苗数从原栽后平均每穴2苗左右提高到3 ～ 4苗。基本苗与配置确定后要根据设定参数调整插秧机的穴距及抓秧量，栽插前，需试栽1 ～ 2m保证田间栽插实情与设置参数相吻合。

三、技术评价

1.创新性　突破了常规的只有高密度才能保证基本苗的思路，减少穴数后提高了田间通透性，降低了病虫害的发生风险；提高穴苗数后，漏插率降低，减少了补秧人工投入，提高了栽插效率和效益。

2.实用性　该技术自2016年开展示范以来，所推广之处均得到种粮大户的认可，在四川、云南、贵州、重庆年示范推广100万亩以上。据调研，使用该技术育插秧作业效率提高16.1%，漏插率降低25% ～ 41%，平原区几乎不用补苗，丘陵区补苗也仅限于不规则田块的边角。连续5年大田对比试验跟踪调查结果表明，该技术使机插成本降低13.99%，补秧用工数降低60%，产量也能稳定在常规配置的高产水平。此外减穴稳苗配置可以优化群体，减少病虫害发生，从而减少农药施用，保证水稻品质安全。达到了水稻生产"丰产、优质、高效、绿色、安全"的综合目标。2019年应用该技术所建大邑示范基地召开全国现场会，得到了全国与会专家的好评，张洪程院士在现场会称赞道："'减穴稳苗'机械化研究试验很突出，机械化很可行，技术大大进步，有自己的技术内核。"以该技术为核心的"优质杂交稻保优提质绿色高效栽培技术"连续4年入选四川省主推技术，也是农业农村部农业重大技术协同推广计划试点项目《四川省水稻绿色提质高效配套技术推广应用》核心技术，在大邑县、射洪市、荣县等10个县（市、区）建立了万亩示范基地10个。该技术相关研究发布省地方标准1项，授权发明专利1项，发表论文2篇。

四、技术展示

减穴稳苗与常规配置田间对比如下。

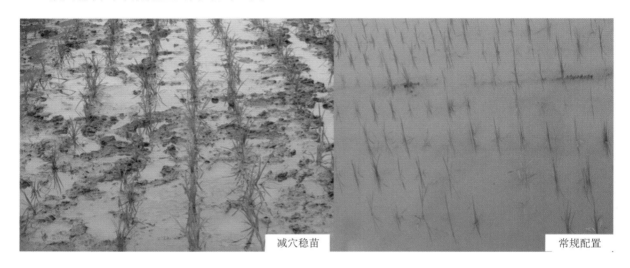

减穴稳苗　　　　　　　　　　常规配置

五、技术来源

项目名称和项目编号： 水稻优质高效品种筛选及其配套栽培技术（2016YFD0300500）

完成单位： 四川农业大学

联系人及联系方式： 任万军，18280460361，rwjun@126.com；陶有凤，18780182998，894478816@qq.com

联系地址： 四川省成都市温江区惠民路211号

水稻机插壮秧培育与高产高效优质栽培技术

一、技术概述

机插水稻壮秧培育技术要点包含品种选择、播种和秧田管理等过程。机插水稻大田主要肥水管理技术主要包括大田耕整、精准机插、肥料和水分管理等。

二、技术要点

（1）机插水稻壮秧培育。机插水稻硬地硬盘微喷灌壮秧培育技术流程如下。

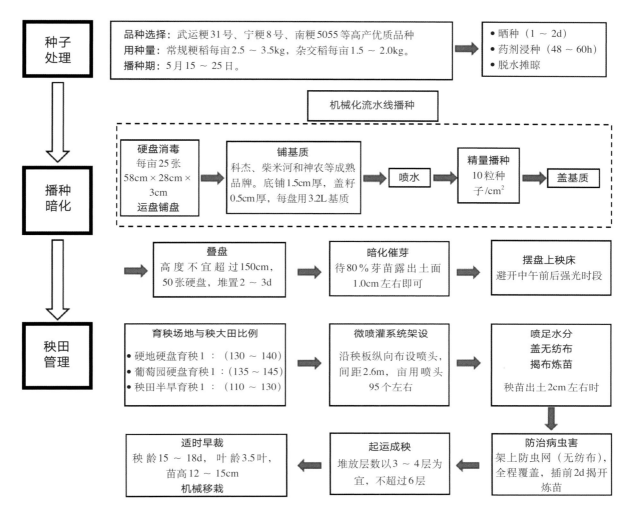

（2）机插水稻大田主要肥水管理技术。

①肥料运筹。

运筹原则：机插秧施肥在控制总量的基础上，有机肥与无机肥合理搭配，节氮增磷补钾加硅添微肥，每亩大田氮肥（N）用量18～20kg，磷肥（P_2O_5）4.5～6kg、钾肥（K_2O）9～12kg，其中氮肥运筹按基蘖肥与穗肥之比为6：4或5：5施用。基肥：机插秧苗前期需肥量少，降低基肥所占比例，磷肥全作为基肥施用，氮肥30%和钾肥50%作为基肥施用。分蘖肥：栽后7d一次返青分蘖肥，结合化除追施，亩用尿素5kg左右；在栽后12～14d，再施一次分蘖肥，亩用尿素5～7kg，同时注意捉黄塘，促平衡；栽后18d，视苗情可再施一次，亩用尿素3～5kg。穗肥：以促花肥为主，于穗分化始期施用，即叶龄余数在3.2～3.0叶时施用，具体施用时间和用量要视苗情而定，一般亩施尿素8～12kg。保花肥在出穗前18～20d，即叶龄余数1.5～1.2叶时施用，一般为每亩施尿素5～7.5kg。对叶色浅、群体生长量小的可多施，反之则少施。

②水分管理。

薄水插秧：水层深度1～2cm，有利于清洗秧爪，确保秧苗不漂不倒不空插，并具有防高温、防蒸苗的效果。寸水活棵：栽后及时灌寸水护苗活棵，水层深度3～4cm。栽后2～7d间歇灌溉，适当晾田1～2次，切忌长时间深水，以免造成根系、秧心缺氧，形成水僵苗甚至烂秧。浅水促蘖：活棵后，应实行浅水勤灌，灌水深度以3cm为宜，待自然落干后再上水，如此反复，达到以水调肥、以气促根、水气协调的目的，促分蘖早生快发，植株健壮，根系发达。适时搁田：机插分蘖势强，高峰苗来势猛，可适当提前到预计穗数80%时自然断水搁田，反复多次轻搁田，直至全田土壤沉实不陷脚，叶色落黄褪淡，以抑制无效分蘖并控制基部节间伸长，提高根系活力。水稻孕穗、抽穗期：需水量较大，应建立水层，以保颖花分化和抽穗扬花。灌浆结实期：间歇上水，干干湿湿，以利于养根保叶，防止青枯早衰。

机插水稻全生育期干湿交替灌溉技术示意如下。

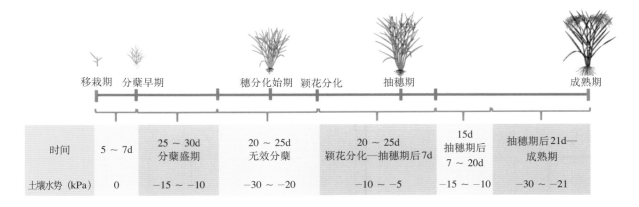

	移栽期	分蘖早期	穗分化始期	颖花分化	抽穗期		成熟期
时间	5～7d	25～30d 分蘖盛期	20～25d 无效分蘖	20～25d 颖花分化—抽穗期后7d	15d 抽穗期后 7～20d	抽穗期后21d— 成熟期	
土壤水势（kPa）	0	−15～−10	−30～−20	−10～−5	−15～−10	−30～−21	

三、技术评价

1.创新性 采用水稻硬地硬盘微喷灌集中壮秧培育，并结合相应的节水和节氮管理技术，实现机插水稻高产高效优质生产。

2.实用性 与当地常规栽培相比，采用水稻机插壮秧培育与高产高效优质栽培技术可实现水稻节氮、增产并改善稻米的加工品质、外观品质和蒸煮食味品质。

四、技术展示

应用该技术培育的壮秧（左图）及移栽田间后的效果（右图）如下。

五、技术来源

课题名称和课题编号：沿江及江南地区稻–麦周年优质高效关键技术与模式

（2017YFD0301206）
完成单位：扬州大学
联系人及联系方式：刘立军，13338867665，ljliu@yzu.edu.cn
联系地址：江苏省扬州市文汇东路48号

水稻机插缓混一次施肥技术

一、技术概述

水稻机插缓混一次施肥技术是集水稻专用新型缓混肥、机插测深施肥技术和水稻精确管理于一体的新技术。

二、技术要点

（1）缓混肥的选用。选用由多种缓控释肥经过科学组配形成的水稻专用缓混肥，氮供应特性与当地高产优质水稻需氮规律同步，要求粒型整齐、硬度适宜、吸湿少、防漂浮，适宜机械侧深施肥；根据测土配方施肥结果确定缓混肥的氮、磷、钾比例，肥料氮含量30%左右。

（2）机插侧深施肥。精细平整土壤，耕深达15cm以上，选用有气力式侧深施肥装置的插秧机，根据田块长度调整载秧量和载肥量，实现肥、秧装载同步；每天作业完毕后要清扫肥料箱，第二天加入新肥料再作业。

（3）精确诊断穗肥。水稻倒3叶期根据叶色诊断是否需要穗肥：如叶色褪淡明显（顶4叶浅于顶3叶），则籼稻施用3kg、粳稻施用5kg以内的氮肥；如叶色正常（顶4叶与顶3叶叶色相近），则不用施用穗肥。

（4）精确灌溉技术。移栽返青活棵期湿润灌溉，秸秆还田田块注意栽后露田，无效分蘖期至拔节初期及时搁田，拔节至成熟期干湿交替，灌浆后期防止过早脱水造成早衰。

三、技术评价

1.创新性 该技术根据各类缓控释肥的氮素释放规律，组配出氮素供应与水稻优质高产需肥规律吻合的新型缓混肥；插秧时通过侧深施肥器将缓混肥一次性定位、定量、均匀施用于水稻根际（于秧苗侧3.0～5.0cm，施肥深度3.0～5.0cm）；配合穗肥精确诊断和水分精确灌溉技术，实现了机插水稻"一次轻简施肥、一生精准供肥"。

2.实用性 自2017年开展示范以来，技术应用面积实现几何级增长。2021年在江苏、安徽、浙江、上海、黑龙江等省（直辖市）建立百亩示范方100多个，示范应用面积超过200万亩。连续5年大田对比试验跟踪调查结果表明，应用该技术节约氮肥25%左右，平均增产6%，减少施肥用工3～4次，食味品质增加6.7%，减少甲烷气体排放30%。达到了水稻生产丰产、优质、高效、生态、安全的综合目标。该技术入选2020年和2021年农业农村部十大引领性技术。

四、技术展示

水稻专用缓混肥（左图）及水稻机插侧深施肥作业（右图）如下。

五、技术来源

项目名称和项目编号： 江淮东部稻－麦周年省工节本丰产增效关键技术研究与模式构建（2017YFD0301200）

完成单位： 南京农业大学

联系人及联系方式： 李刚华，13805151418，lgh@njau.edu.cn

联系地址： 江苏省南京市卫岗1号南京农业大学农学院

虾田稻钵苗精准机插绿色高效栽培技术

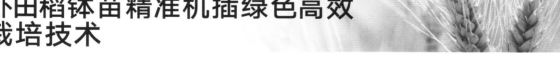

一、技术概述

虾田稻钵苗精准机插绿色高效栽培技术是一项综合虾稻田深泥脚环境和长秧龄大苗机插需求的水稻高产优质栽培新技术。

二、技术要点

（1）宽窄行水稻钵苗插秧机栽插。2018年以来，扬州大学与常州亚美柯机械设备有限公司等单位针对虾稻田泥脚深、作业阻力大的特殊作业环境和大苗机插难、生产风险大的问题，研发了大功率大轮宽窄行加强型钵苗插秧机2ZB-6AKD（RXA-60TKD）。与原有钵苗插秧机2ZB-6AK（RXA-60TK）型相比，新型钵苗插秧机由9马力提高到16马力，油箱容积由9L提高到25L，变速系统由五档变为三档无级变速，后轮直径由900mm提高到950mm，使得稻田泥脚深度达45cm时仍可正常插秧作业，且可配侧位深度施肥装置。

（2）虾田稻长秧龄壮苗育秧技术。①秧板宽1.6m，畦沟宽0.3m，沟深0.2m，秧板田平整，铺好切根网。②使用种子包衣剂对种子进行包衣处理，预防水稻早期病虫害。③流水线播种，每孔粳稻4～6粒、籼稻3～5粒。播种后浇水充分浸泡种子。④将秧盘堆叠，一堆不超过20层，且最上面一层摆放空秧盘，暗化48h。⑤微喷灌，少（不）化控，以水控高，30d左右时秧苗株高25～30cm。

（3）钵苗机插株行距配置。粳稻品种（宽窄行，行距33cm＋23cm）选择13.8cm的株距，籼稻品种（宽窄行，行距33cm＋23cm）选择16.8cm的株距。

（4）一次性施氮技术。使用由缓释肥和速效肥混合而成的控混氮肥。用于粳稻的控混氮肥，其缓释肥比例为60%，释放周期为80d，速效肥比例为40%，每亩施氮量为12kg；用于籼稻的控混氮肥，其缓释肥比例为60%，释放周期为60d，速效肥比例为40%，每亩施氮量为9kg。控混氮肥于水稻移栽后5d内施入大田。

三、技术评价

1.创新性　该技术使用新型大功率大轮宽窄行钵苗插秧机，攻克了虾稻田土壤烂、泥脚深、阻力大、机插作业效率低的难题，有利于实现稻虾连作或共生种养水稻大苗机插和栽后早生快发，便于提早上水、以水抑草和稻虾半深水共生。这为稻虾综合种养下水稻绿色高效栽培提供了新技术、新途径。

2.实用性　2018年起连年开展虾田稻钵苗精准机插绿色高效栽培技术示范应用。目前，该技术及其新型钵苗插秧机设备已在江苏的盱眙、灌南、泗洪、高邮、响水、海安、海门，以及安徽的天长等得到推广。2018—2021年累计示范应用面积超过1万亩。该技术适应了虾稻田水稻机插的特殊作业环境，满足了稻虾连作或共生种养水稻大苗机插的要求，有利于水稻早生快发、优质丰产，取得了显著的经济、社会和生态效益。

四、技术展示

应用该技术进行钵苗播种（左图）及机械插秧（右图）如下。

五、技术来源

项目名称和项目编号：江苏稻－麦精准化优质丰产增效技术集成与示范（2018YFD0300800）
完成单位：扬州大学

联系人及联系方式：高辉，13952751352，gaohui@yzu.edu.cn

联系地址：江苏省扬州市文汇东路48号扬州大学文汇路校区水稻产业工程技术研究院

宜机直播杂交稻品种筛选技术

一、技术概述

宜机直播杂交稻品种筛选技术是依据构建适合机直播杂交水稻品种的筛选方法和评价指标体系，通过种子特征特性、发芽、秧苗素质、抗倒伏性、落粒性、日产量、整精米率等评价指标与测定方法，综合评价与筛选宜机直播品种。

二、技术要点

宜机直播杂交水稻品种评价标准

指标	机直播
种子长宽比	$\leqslant 3.4$
胚芽鞘长	$\geqslant 8.0mm$
茎基宽	—
成苗率	$\geqslant 80.0\%$
株高	$110.0 \sim 125.0cm$
倒伏指数	$\leqslant 0.80$
落粒率	$\leqslant 20.0\%$
日产量	$\geqslant 68.5kg/hm^2$
整精米率	$\geqslant 50.0\%$

宜再生水稻品种评价标准

指标	标准
再生芽出鞘率	$\geqslant 80.0\%$
再生稻产量	$\geqslant 2\,250kg/hm^2$

三、技术评价

1.创新性　该技术为宜机直播品种的区域化布局和优质高产高效栽培技术体系的制定和推广应用奠定基础。

2.实用性　该技术具有针对性强、指标简单、方法简便、筛选效果好等特点，通过构建的宜机直播杂交水稻品种的筛选方法和评价指标体系，已筛选出宜香优2115、F优498、德香4103等15个突破性宜机直播优质丰产杂交中稻品种，为水稻育种目标的调整和育种工作创新提供了新的思路，推动了水稻优质丰产高效技术的发展。

四、技术展示

应用宜机直播杂交稻品种筛选技术筛选的品种田间生长效果如下。

五、技术来源

项目名称和项目编号：水稻优质高效品种筛选及其配套栽培技术（2016YFD0300500）

完成单位：四川农业大学

联系人及联系方式：孙永健，15928754521，yongjians1980@163.com；杨志远，15208366532，dreamislasting@163.com

联系地址：四川省成都市温江区惠民路211号四川农业大学水稻研究所

▎水稻机械精量湿润直播栽培技术

一、技术概述

水稻机械精量湿润直播技术是在稻田水整地后用机械穴播、条播稻种，并根据直播稻的生长发育规律、肥水需求特性和直播稻田的杂草发生特点，形成农艺农机相结合，集播种、水肥管理、杂草防除和病虫害防治于一体的技术。

二、技术要点

（1）土地准备。机械耕整土地，要求耕整后地表基本无残茬，田块平整，高低落差要控制在5cm以内，无水塘、无高堆。稻田耕整后静置1～2d沉实土壤，防止播种时壅泥。机器播种时需保持地表湿润。

（2）种子准备。稻种必须无芒、干净。带芒稻种需要脱芒处理。浸种前晒种1～2d，确保出芽整齐。按播种计划，分批浸种，浸种时加入咪鲜胺等浸种剂；粳稻气温在25℃以下浸48h，气温在25℃以上浸36～40h；籼稻气温在25℃以下浸种36h，气温在25℃以上浸24～30h；浸种后催芽至破口，芽长在0.2cm以下为宜。播种前将种子在室内平铺晾种至稻种表面无水，用35%丁硫克百威粉剂拌种，驱鸟防虫。

（3）机械播种。常规稻播种量每亩2.5～4.0kg，杂交稻1.2～1.6kg。机械条直播的行距常规稻20cm，杂交稻25cm；机械穴直播在上述行距设定基础上，进一步设定株距，常规稻12～16cm，杂交稻16～20cm。生产上若播期偏迟可适当调小株距。稻田播种后，及时疏通进排水沟系，以利秧苗生长。

（4）科学施肥。亩产650kg的田块需纯氮（N）13～15kg，磷（P$_2$O$_5$）5～7kg、钾（K$_2$O）12～15kg。可采用基肥深施的二次施肥法或多次施肥。基肥占总施肥量的50%～60%，播前1d或播种当天施入；分蘖肥在3叶1心期施用，用量为总施肥量的20%～30%；穗肥结合搁田后上水时施用，用量为总施肥量的10%～20%；如在抽穗前后发现叶色褪淡、有早衰迹象时应酌情施粒肥，一般亩施尿素2～2.5kg。

（5）好氧灌溉。播种后排除田间积水，3叶期前，尽量少灌水，以促进根系下扎。分蘖开始后应采用浅湿灌溉，田里保持0～3cm水层，苗数达到穗数的80%～90%时开始搁田；穗分化后期保持较深水层，防止高温天气影响颖花分化；抽穗期保持浅水；灌浆期间歇灌溉、干湿交替；收获前7d排水。

三、技术评价

1.创新性　该技术在发挥水稻直播省工、节本、高效的作用同时，实现了水稻小播量条件下有序精量栽培，确保水稻高产稳产。水稻机械化精量湿润直播技术和机插秧相比，产量相近，但省去了育秧和移栽环节，亩节省劳动力1.1～1.6工，亩节本100～200元；和撒直播相比，机械化精量直播稻成行成穴，群体结构可控，抗倒伏；亩产量比撒直播稻增加40～80kg，亩增加效益100～200元。

2.实用性　2016—2020年，水稻机械化精量湿润穴直播技术在浙江、江西、安徽、上海、四川等省（直辖市）进行推广应用，累计应用面积超过600万亩。水稻机械化精量湿润直播技术在浙江创造了连续4年亩产超800kg的高产纪录，每亩节省灌溉用水30%以上，减少氮素流失10%以上，社会、经济、生态效益显著。2016年"超级稻机械精量穴直播高产高效技术研发及应用"获中国农业科学院杰出科技创新奖；2017年，"水稻精量穴直播技术与机具"获国家科技发明二等奖。

四、技术展示

水稻机械精量湿润直播（左图）及播种效果（成行成穴）（右图）如下。

五、技术来源

项目名称和项目编号：粮食作物产量与效率层次差异及其丰产增效机理（2016YFD0300100）
完成单位：中国水稻研究所
联系人及联系方式：王丹英，13758164847，wangdanying@caas.cn
联系地址：浙江省杭州市富阳新桥水稻所路28号

水稻无人机精量条直播生产技术

一、技术概述

水稻无人机精量条直播生产技术是基于农业无人机实现水稻精量条直播、追肥、病虫草害防控的新技术。该技术依据湿润直播稻田杂草发生规律，组配出适宜无人机喷施的封闭药剂和茎叶除草药剂；播种时基于农用无人机平台搭配涵道式播种器将稻种成行播于田面（行距20～30cm可调，落点最大宽幅≤8cm）；依据直播稻高质量群体构建技术，利用无人机挂载离心式播撒器精确追施分蘖肥和穗肥；配套无人机病虫害防控技术和水分高效灌溉技术。

二、技术要点

（1）机型选择。依据田块特征、作业规模及周边环境，选择具备"厘米级"精准定位、断点自动续播、负载量大、续航能力强、避障能力强、智能化程度高的涵道式多旋翼水稻精量条直播无人机。

（2）品种选择。依据茬口类型选择生育期适宜、高产抗倒、耐淹能力较强的宜直播品种。

（3）浸种包衣。选择晴天晒种并脱芒，用杀菌剂浸种36～48h；再捞出冲净，驱鸟剂包衣，阴干备用。

（4）稻田准备。播种前2～4d旋耕起浆（小麦、油菜茬口田块应灭茬后再耕整），确保田面高低水平落差不超过10cm；待泥土沉实后开中沟和边沟（深度30～35cm，沟底宽度15～20cm，沟上沿宽30～35cm）排水，确保播种时田面无明显积水。

（5）精量条播。依据水稻季光、热、降水分布特点，确定适宜播种量和播种行距。通常杂交籼稻亩播种量为1.2～2kg，常规籼稻亩播种量为2.0～3.5kg，常规粳稻亩播种量为4～6kg；行距通常为25～30cm，种子落点宽幅不超过8cm。

（6）肥水管理。稻田起浆整地前施足底肥，按需及时追施分蘖肥和穗肥。湿润出苗，浅水分蘖，合理"搁田"，干湿交替灌浆，收获前7～10d排水。

（7）杂草防控。采用"一封、二杀、三补"杂草防控体系，采用无人机喷药，施药时增加助剂，重点防除顽固杂草。

（8）病虫害防治。坚持预防为主、绿色防控、综合防治的原则。采用无人机喷药，施药时增加助剂；重点防治稻瘟病、纹枯病、稻曲病等病害，以及稻蓟马、稻飞虱和螟虫等虫害。

（9）适时收获。田间95%以上的谷粒黄熟时，抢晴天收获，兼顾稻谷产量和稻米品质。

三、技术评价

1.创新性 实现了水稻无人机"精量条播、精准追肥、高效植保"，尤其为农机化生产较为薄弱的深泥脚田块区域和丘陵区"谁来种稻、如何种稻"问题的解决提供新途径。

2.实用性 自2018年开展示范以来，水稻无人机精量条直播生产技术应用面积实现几何级增长。该技术在四川及类似水稻宜直播区域，建立百亩示范方20多个，示范推广10万余亩，极大地提高了种稻效率和效益；尤其解决了农机化生产较为薄弱的深泥脚田块区域和丘陵区"谁来种稻、如何种稻"的问题；进一步提高我国农业无人机社会化服务规模和服务水平，推动全国水稻无人机直播高质高效、可持续发展，加快农业农村现代化进程。

根据用户反馈和典型调查统计（连续3年），相比现有行走式机械直播技术，该技术播种、追肥、植保环节均采用电力，种植效率提高3倍以上，劳动力投入减少40%，种植效益每亩提高100元以上，碳排放减少10%以上，达到了水稻直播生产"丰产、高效、减排"的综合目标。该技术入选2020年四川省农业主推技术和"东方红杯"2020年度十项适用农机化技术。

四、技术展示

水稻无人机精量条直播作业（左图）及应用水稻无人机精量条直播稻田秧苗长势（右图）如下。

五、技术来源

项目名称和项目编号： 长江中下游西部水稻多元化种植水肥耦合与肥药精准减量丰产增效关键技术研究与模式构建（2017YFD0301700）

完成单位： 四川省农业科学院作物研究所、四川农业大学

联系人及联系方式： 杨文钰，13608160352，mssiyangwy@sicau.edu.cn；李旭毅，15928489528，lixuyi_2005@126.com

联系地址： 四川省成都市锦江区狮子山路4号；四川省成都市温江区惠民路211号

东北寒地水稻直播栽培技术

一、技术概述

水稻直播栽培技术是不经过育苗移栽，直接将水稻种子播种育大田的种植方式，具有省工和轻简的优点。

二、技术要点

（1）选种与种子处理。黑龙江省位于寒地稻区，水稻直播栽培宜选择比当地移栽稻所需有效积温少200℃左右的品种，一般一积温带直播可以选用二积温带审定的插秧栽培用的水稻品种，以此类推。播种前选择晴天于背阴通风、干燥平整的地面上晒种1～2d，每天翻动3～4次，使种子干燥度一致。随后用水稻专用的种子包衣剂在室温 [（23±2）℃] 下包衣，包衣剂要混合均匀，使稻种包衣一致，包衣的种子放在阴凉处晾干、待播。

（2）播种技术。当日平均气温稳定通过5℃后播种，一般在4月下旬至5月上旬播种，圆粒型或分蘖力强的品种每亩播种量一般为10.0～12.5kg，长粒型或分蘖力弱的品种每亩播种量为一般12.5～15.0kg。播种行距一般为25～30cm，机械穴播时穴距一般为10.0～12.0cm，覆土深度2cm为宜，播种后镇压保墒。

（3）除草技术。应遵循治早、治小的原则，可采用农艺防治、化学防治相结合的策略。农艺除草可利用翻耕、耙地、旋耕等耕作措施，将杂草种子深埋，减少萌发，或灌水层将较小的杂草于水下闷死。化学除草一般按照"一封、二杀、三补"策略进行。

（4）旱播水管技术。通过精细整地、精控播深、镇压保墒等技术手段，使旱直播稻利用寒地冻土层的返浆水出苗，一般在3叶期才需要进行初灌，逐渐建立水层管理。

三、技术评价

1.创新性　该技术立足于寒地稻区，采用室内评价与田间试验相结合、农艺研究与农机研制相结合、技术研究与推广应用相结合等方法，筛选了宜直播品种、构建了稳产群体结构、创新了关键配套技术和制定了有效推广途径等。

2.实用性　寒地水稻直播栽培技术以轻简、节本、高效为主要特点，重点解决了寒地水稻直播栽培的苗全难、苗匀难、早发难和除草难的突出问题，比人工撒直播方式具有明显的增产、稳产效果。重点在黑龙江省三江平原的佳木斯市、鹤岗市、鸡西市、双鸭山市和抚远市等和松嫩平原的齐齐哈尔市推广。使寒地直播稻产量水平提高了10%以上，并实现节约生产成本10%以上，农民增收5%以上。经济和社会效益显著。

四、技术展示

直播机械作业（左图）及播种效果（右图）如下。

五、技术来源

项目名称和项目编号： 粮食作物产量与效率层次差异及其丰产增效机理（2016YFD0300100）

完成单位： 黑龙江省农业科学院耕作栽培研究所

联系人及联系方式： 张喜娟，13394604995，xijuanzhang@163.com

联系地址： 黑龙江省哈尔滨市南岗区学府路368号

麦茬稻机械旱直播栽培技术

一、技术概述

麦茬稻机械旱直播技术是在小麦收获后进行水稻机械旱直播的栽培技术。水稻和小麦是我国主要的粮食作物，该技术能够充分利用光温资源、提高复种指数，是保障粮食安全的重要措施。

二、技术要点

（1）秸秆处理与大田耕整。旱直播田块要求田面平整、耕作层较深、表土疏松，田块表面高低差不超过5cm。麦秆离田，麦茬旋耕打碎，要求土碎而不细。

（2）种子处理。在浸种前，晒种1～2d。再用0.2%强氯精溶液或咪酰胺浸种消毒4～5h，然后用清水洗净，浸种8～24h，捞起晾干。种子包衣，播种前应按10%吡虫啉1g：500g稻种的标准进行拌种处理。

（3）播种量。根据不同品种的特征合理确定播种量，杂交稻一般每亩播种1.5～2.0kg，常规稻每亩播种3.5～5.0kg。

（4）肥料管理。施肥掌握前促、中控、后稳的原则，一般每亩施肥总量氮（N）：磷（P_2O_5）：钾（K_2O）为12～15kg：5～6kg：8～10kg。基肥氮肥占总生育期用量的40%左右；磷肥全部作为基肥一次性施用；钾肥占总生育期用量的60%。分蘖肥氮肥占总生育期用量的30%左右；钾肥占总生育期用量的40%；且每亩施入大粒锌200 ～ 400g或硫酸锌1.0 ～ 1.5kg。幼穗分化肥氮肥占总生育期用量的30%左右。

（5）精确灌溉技术。播种后应及时灌一次跑马水，保持土壤湿润。播种后应按5m左右标准的畦宽开好畦沟及边沟，达到"三沟"配套，确保明水能排。出苗后逐步建立水层，保持水层2 ～ 3cm，以促进水稻分蘖，幼穗分化时确保田间有水。抽穗扬花期确保田间灌水层5cm左右，如遇高温灌10cm左右深水。后期灌水后自然落干，收获前10d停止灌溉，等待机械收割。

（6）病虫草害防治。坚持预防为主，综合防治的原则，除草方法遵循"一封二杀三补"的原则。"一封"，播种后2d内每亩使用300g/L丙草胺乳油100mL（制剂用量），每亩用水30L喷雾田面，施药时田沟内必须有浅水，施药后3d内保持田间湿润；"二杀"，苗后除草，播种后15d，每亩使用2.5%五氟磺草胺油悬浮剂60 ～ 80mL，茎叶喷雾，每亩用水30L；"三补"，视田间杂草情况而定，防除千金子和稗草等禾本科杂草每亩用10%氰氟草酯100 ～ 200mL，茎叶喷雾，每亩用水量30L。

（7）适时收获。当稻谷95%黄熟时，采用联合收割机收割。水稻秸秆还田应按照《秸秆还田机械化　第1部分：水稻秸秆作业技术规范》（DB42/T 1171.1—2016）的规定作业。

三、技术评价

1.创新性　该技术在前茬麦田上旱耕旱整，用机械直接将浸泡露白或未浸泡的稻种播到田里，并可做到精量播种，精确株行距，在降低农业生产劳动成本、提高水稻种植机械化水平、增加肥水利用效率、应对干旱气候方面具有重要作用。

2.实用性　自2018年项目开展实施以来，该技术在湖北省襄州区、南漳县、随县、曾都区、孝感市以及荆门等8个县市区建立13个示范基地进行示范推广。据数据统计，2020年湖北省直播稻面积为1 400多万亩，其中机械直播面积占比20.54%。连续多年的对比试验调查表明，应用该技术增产13.2%、亩节本增效69.0元，实现了水稻丰产增效和环境友好的目标。经湖北省农学会组织的第三方评价，该技术整体达到了国内领先水平。

四、技术展示

水稻品种旱优73的机械旱直播作业如下。

五、技术来源

项目名称和项目编号： 湖北单双季稻混作区周年机械化丰产增效技术集成与示范（2018YFD0301300）

完成单位： 湖北省农业科学院粮食作物研究所

联系人及联系方式： 杨晓龙，13720257220，yang8083334@163.com

联系地址： 湖北省武汉市洪山区南湖大道3号

▋双季稻田土壤酸化改良和培肥协同技术

一、技术概述

针对江西红壤丘陵区稻田土壤酸化较重、肥力偏低制约双季稻丰产增效等问题，通过石灰和调理剂等土壤酸化改良技术与秸秆还田、有机肥配施等培肥技术的联合运用，发挥二者的互利效应，建立了双季稻田土壤酸化改良与培肥协同技术。

二、技术要点

（1）秸秆粉碎全量还田。水稻成熟后采用机械收获。要求收割机加装秸秆粉碎装置，切碎后保证秸秆长度<10cm。

（2）石灰改良酸化。晚稻收获后，尽早施用石灰。石灰石和生石灰均可。石灰石中和酸的能力比熟石灰弱（石灰石中和酸的能力以100计，熟石灰为136），施用量可相应增加。生石灰中和酸的能力比熟石灰强（石灰石中和酸的能力以100计，生石灰为179），施用量可相应减少。石灰要撒施均匀，切忌每年施用，只需3～4年施用一次即可。土壤pH≤5.5的稻田建议每亩施用熟石灰200kg左右，5.5＜pH≤6.5的稻田每亩施用熟石灰100kg左右。

（3）冬前翻耕。翻耕宜与石灰施用配合进行，3～4年翻耕一次。在施用石灰后，尽早翻耕晒垡，以增强石灰改良效果。

（4）好氧灌溉。栽插后浅水护苗，活棵后露田2～3d，以后浅水勤灌促早发，总苗数达到预定穗数苗80%时开始分次轻搁，达到田中不陷脚，叶色褪淡，叶片挺起为止。搁田复水后，保持干湿交替，在孕穗及抽穗扬花期保持浅水层，齐穗后干湿交替。

三、技术评价

1.创新性 实现了红壤丘陵区双季稻田"改酸、培肥和增产"的"三赢"，同时也实现了双季稻增产、土壤酸化改良和肥力提升。

2.实用性 2018—2020年，该技术在江西累计示范89万亩，辐射面积达892万亩，产量较项目实施前三年平均增产6.7%，增产粮食48.16万t，增加经济效益11.89亿元。项目区稻田土壤酸化显著改善，肥力明显提升。

四、技术展示

该技术试验示范（左图）及被江西卫视报道画面（右图）如下。

五、技术来源

项目名称和项目编号：江西双季稻区绿色规模化丰产增效技术集成与示范（2018YFD0301100）

完成单位：江西农业大学、江西省农业科学院土壤肥料与资源环境研究所

联系人及联系方式：黄山，15870628386，ecohs@126.com

联系地址：江西省南昌市经济技术开发区江西农业大学

再生稻全程机械化优质丰产高效栽培技术

一、技术概述

针对再生稻机械化生产面临着适宜机收强再生力品种少、头季机收碾压减产严重、再生季腋芽成苗率不高、再生季整精米率低等问题，创建了以头季成熟期倒4叶SPAD衰减指数、茎秆基部第二节茎粗和根系伤流强度为主要指标的再生力鉴定方法，筛选了一批适合不同光温资源区再生稻机械化生产的强再生力品种，集成构建了"根芽同伸、以根促苗"的保根促蘖水肥运筹技术。

二、技术要点

（1）选择强再生力品种。再生稻品种宜选择生育期适中，再生能力强，株型紧凑、茎秆粗壮、分蘖性中等、株高适当、节间粗壮、根系发达、耐肥抗倒的高产、优质、抗病品种。

（2）二次烤田、适低留桩。二次烤田在头季稻收割前施用促芽肥或保根肥后，让水层自然落干后进行搁田，直至头季收割，以收割机碾压时稻田土壤不明显沉降破坏，但不过度发白为宜。头季稻在九成熟时适早收割、适低留桩；以再生季安全齐穗期来确定头季的适低留桩高度。

（3）水肥耦合促发苗。再生季稻分蘖期通过促苗肥耦合干湿交替灌溉技术促进腋芽萌发成苗。

（4）适当迟收，增产提质。再生季稻谷成熟不一致，宜适当迟收，当再生稻全田稻穗谷粒黄熟90%以上再机械收割。

三、技术评价

1.创新性　解决了适宜机收强再生力品种少问题；解决了腋芽萌发率低而不稳定难题；研制了头季稻一次性施用配方肥，使全生育期施肥次数从6次减为2次；发明了一种再生稻可调节专用收割机；提出了适低留桩结合二次烤田技术，解决了头季机收碾压减产严重问题；提出了再生季适当迟收技术，解决了整精米率低问题。

2.实用性　自2017年开展示范以来，再生季亩产量稳超430kg，2021年达619.2kg，两季亩产连续5年实现"超吨粮"，技术的应用面积不断扩大，在福建、江西、重庆、云南等地示范应用累计200余万亩，在增产的同时，实现了减肥10%～20%，节水10%～15%，节约用工成本50%～60%，机收碾压率从40%～50%降低至15%～20%，再生季整米率提高了19.79%～41.77%，达到了再生稻全程机械化生产"丰产、优质、高效、生态、安全"的综合目标。

四、技术展示

示范应用片再生季稻长势如下。

五、技术来源

项目名称和项目编号：水稻优质高效品种筛选及其配套栽培技术项目（2016YFD0300500）

完成单位：福建农林大学

联系人及联系方式：陈鸿飞，18960858453，hongfeichen2006@163.com

联系地址：福建省福州市仓山区上下店路15号

水稻机收再生稻"四防一增"技术

一、技术概述

水稻机收再生稻"四防一增"技术是一种兼顾周年高产、轻省、绿色、高效的种植制度和生产模式的技术。该技术基于规模机械化生产条件下，利用再生稻一种两收的特性，从机械化生产的适宜品种、留桩高度、肥水运筹、抗逆性（高、低温）以及配套的农机改装优化方面，实现再生稻种植技术的绿色高产高效。

二、技术要点

（1）技术适用地区。南方稻区（湖南、湖北、江西）。

（2）品种选择。选择耐热、抗倒、抗病、再生性好、生育期适宜的品种。头季移栽生育期应控制在135d以内，直播栽培在128d以内。

（3）早播早栽。在3月20日至4月5日前播种，设施育秧在3月15日后播种，确保8月10日前收获头季稻，9月10日前再生稻齐穗。

（4）增密降氮。确保基本苗数，机插要保证每亩插1.7万穴以上（手插不少于1.5万穴）。同时注意控氮增钾增硅防控倒伏。头季目标亩产量控制在600～650kg，每亩施用纯氮11～13kg（氮肥敏感品种）或13～15kg（抗倒品种）。氮肥按基蘖肥：穗粒肥为7：3的比例分配；$N：P_2O_5：K_2O$按1：0.5：1的比例配施，即增加头季的磷、钾肥用量。生产上可以亩施45%复合肥（$N：P_2O_5：K_2O$为15：15：15)35～40kg做基肥，移栽后5～7d每亩追施尿素7.5～10kg，配施硅肥等提高抗倒性；晒田复水后每亩追施5kg尿素（复合肥）加10kg钾肥做穗肥。

（5）施好两肥。头季在收割前7～10d（齐穗后15～20d，或黄熟60%左右）每亩施尿素7.5～10kg、氯化钾3～5kg促芽肥；头季收获后2～3d内重施发苗肥，结合灌浅水每亩施尿素10～15kg提苗，苗好少施，苗差多施。

（6）管水干田。头季水分管理做到"浅水活棵，薄露促蘖，晒田控苗，湿润长穗，寸水开花，干湿壮籽"。机收再生稻要"早晒勤露，2次干田"，第一次按"苗够不等时，时到不等苗"的原则及时烤田，在6月10日前或幼穗分化以前完成；第二次在齐穗后15～20d灌浅水施促芽肥后，自然落干搁田，干田收割，割后1～3d复水。

（7）防病抗逆。头季重点防好稻瘟病和纹枯病"两病"。对于纹枯病，在晒田复水时、孕穗期各选择一种杀菌剂防治1次；对于稻瘟病，在秧苗移栽前、孕穗期、齐穗期各预防1次。再生稻不用农药，但头季发生稻瘟病或再生稻有稻飞虱危害，可用药防控；头季遇特别高温时田间灌深水降温，有条件的地方日灌夜排；头季收获后1～3d灌浅水或灌"跑马水"促发苗；再生稻抽穗遇寒露风灌深水。灌水的同时采用磷酸二氢钾＋芸薹素内酯＋氨基酸等叶面调节剂喷施可有效减轻高低温危害。

（8）干田收获。头季稻在九黄至十黄时抢晴收割，做到青秆、活秆收割，收割机收获时，稻田要干，尽量减少碾压与覆盖稻桩；留桩高度根据收获时间调整。头季8月5日以前收获，再生季节充裕时，留桩高度可降低至20cm左右；头季8月10日前收获的，留桩高度30cm左右，保留倒二位芽；头季8月15日后收获的，留桩高度应保留40cm以上。

三、技术评价

1.创新性　我国正进入农业生产方式转型期，从传统的小农散户生产转变为规模机械化生产，而再生季稻种植技术以周年高产、生产成本低、劳动强度低等特点深受新型农业经营主体的欢迎，该技术解决了新型农业经营主体密切关注的再生稻种植技术中机械化不配套带来的压面大、再生难等关键问题，引领了再生稻生产技术的发展方向。

2.实用性　在南方稻区，存在大量"一季有余、两季不足"温光条件的中稻区。同时，随水稻种植规模化的发展，需要调节劳动力和农机周年安排，以降低水稻生产强度和提高水稻生产效益，因此该技术推广应用前景远大。2018年开展技术示范以来，获得了显著增产增收效果，技术应用面积实现大幅增长。连续多年大田对比试验跟踪调查结果表明，该技术减少氮肥施用量25%左右，平均增产6%，减少用工每亩2～2.5个，达到了水稻生产"丰产、优质、高效、生态"的综合目标。湖南省各地核心示范的情况表明，机收再生稻头季亩产可达600～700kg，再生稻亩产可达300kg以上，实现了两熟亩产1 000kg、亩纯收入超千元的"双千"效益。该技术入选农业农村部2018年的主推技术。

四、技术展示

水稻机收再生稻"四防一增"技术示意如下。

五、技术来源

项目名称和项目编号：国家重点研发计划项目"湖南双季稻周年绿色优质丰产增效技术集成与示范"（2018YFD0301000）

完成单位：湖南农业大学

联系人及联系方式： 唐启源，13207476699

联系地址： 湖南省长沙市芙蓉区湖南农业大学农学院

早熟头季稻低留桩机收再生栽培技术

一、技术概述

根据双季稻北缘地区的温光资源特点，提出了以"优化两季资源配比、选用早熟再生力强品种、头季低留桩"为核心的早熟头季稻低留桩机收再生栽培技术。

二、技术要点

（1）品种选择。选用"一适一优两高三抗"品种，生育期适宜（头季120d左右）、高产、优质（二级以上）、再生力强，头季低温发苗、高温结实和再生季低温结实。

（2）播-栽-收时间节点。头季稻3月中下旬至4月初播种，4月15日前机插，7月25日至8月5日收获；再生季9月20日前齐穗，10月25~31日收获。

（3）丰产群体构建。毯苗机插在3月20日前后，行株距25cm×（14~15）cm或30cm×（11~12）cm，每穴3~5苗，每亩1.8万~2.0万穴。机穴播在4月10日前后播种，行株距25cm×（12~13）cm，每穴4~5粒，每亩2.0万~2.2万穴。

（4）平衡施肥。头季按照 $N：P_2O_5：K_2O$ 为（10~12）：（6~8）：（8~10）的比例施肥，氮肥基蘖肥：穗肥按6：4的比例施用。穗肥于倒2.5叶期一次性施用，头季稻收割前15d施尿素每亩6.0~8.0kg促芽，收割后3d左右追施尿素每亩5.0kg，氯化钾每亩5.0~6.0kg，提苗壮苗；再生苗长出半个月后施尿素每亩2.0~3.0kg，攻大穗保齐穗，防早衰。如采用控释肥，在头季机插时同步侧深施用专用控释肥（ $N：P_2O_5：K_2O$ 为24：10：16）每亩40kg，在头季孕穗期施用再生稻专用控释肥（ $N：P_2O_5：K_2O$ 为26：7：18）每亩35~40kg。

（5）二次烤田。头季稻浅水栽插薄水促蘖，够苗适早多次烤田控制无效分蘖；拔节后干湿交替灌溉，追施促芽肥后，田水自然落干进行二次烤田，成熟前一周断水。再生季水分管理以湿润灌溉为主，仅在抽穗时建立浅水层，活熟到老。

（6）适时留桩机收。头季稻85%黄熟时抢晴收割，留桩高度10~15cm。再生季收割在气候适宜时充分成熟收割为宜。

三、技术评价

1.创新性 该技术选用再生能力强、品质优的早熟水稻品种（生育期120d左右），采用低节位收割（留桩高度10~15cm），有效降低了头季稻收割机械碾压对再生季生长的影响，显著提高了再生季的产量；延长再生季生育期20~30d，温光资源利用效率、稻谷成熟整齐度提高，米质得以改善；头季收获时间与早稻同步，解决了再生稻头季粮食销售难题。

2.实用性 自2018年开展示范以来，技术已在安徽芜湖、池州、安庆、宣城、桐城等地累计推广3万亩以上，头季平均亩产量600kg，再生季350kg以上，两季合计达到950kg以上，降低碾压产量损失10%左右，增产增效显著。2019年，芜湖市南陵县九连村百亩示范片头季亩产量达591.7kg，再生季亩产量为409.3kg，周年平均亩产量达1 001.0kg。该技术于2020年11月13日通过国内相关权威专家的论证，并被安徽省农业农村厅种植业管理司、农业技术推广总站确定为安徽发展双季稻新模式，具有较好的应用前景。

四、技术展示

应用该技术头季低留桩收割田间效果（左图）及再生季成熟期田间效果（右图）如下。

五、技术来源

项目名称和项目编号：安徽粮食多元种植规模化丰产增效技术集成与示范（2018YFD0300900）
完成单位：安徽省农业科学院
联系人及联系方式：吴文革，13955176826，wuwenge@vip.sina.com
联系地址：安徽省合肥市庐阳区农科南路40号

▎江淮稻麦周年丰产高效抗逆关键技术

一、技术概述

该技术提出了稻麦"双迟"优化栽培模式，研发了新型肥、药及配套的减量化技术，创建了"沿淮淮北早熟中籼（中熟中粳）水稻机插－半冬性小麦机条播"等6套共性技术，优化集成了江淮稻麦周年丰产高效抗逆关键技术体系。

二、技术要点

（1）稻麦"双迟"生育进程优化技术及品种搭配方式。水稻选用适中偏迟品种，适期偏迟10～15d播种，栽培强化后期功能，成熟期推迟15～25d；小麦选用熟期适中品种，及时接茬，高畦播种，防早衰，成熟期延迟5～10d。减少周年空茬期20～30d，使得水稻充分利用9～10

月、小麦充分利用4～5月的高光效生长期。

（2）稻麦周年秸秆还田技术。针对不同规模经营主体，选择大马力稻麦秸秆机械反旋灭茬旱耕旱整还田法，中马力小麦秸秆机械旱耕水整－水稻秸秆机械旋耕埋茬还田法。

（3）水稻高温热害防控技术，小麦渍害防控技术。水稻高温热害防控技术：根据区域高温热害发生规律，合理安排播期，确保花穗期避开高温天气；选用耐高温品种，提高水稻抗高温能力；花期遭遇高温天气时及时深水灌溉调节冠层温度，追施粒肥并喷施外源调节物质缓解高温危害。

小麦渍害防控技术：采用高畦种植，作畦高度18～20cm，沟宽25cm，畦面宽1.8～2.0m，降低耕层土壤含水量；选用耐渍品种提高抗逆性；遭遇渍害后及时追氮＋喷施外源调节剂，提高小麦根系活力和叶片光合速率。

（4）稻麦周年生产病虫草害绿色防控技术。优选农业防控、理化诱控、生物防控以及物理控害技术等绿色防控措施，结合总体开展化学防控。化学防控优先使用生物农药和低毒、安全、高效控释农药控制病虫害，减少施药次数2～3次，减少农药用量10%～20%。药械联用，提高用药效率。

三、技术评价

1. 创新性　探明了限制江淮水稻、小麦产量潜力发挥的主要气象因子，实现光、温、水利用效率均提高3.0%以上；优化生育进程防御水稻高温热害，降低灾损率2～5个百分点，提高了稻麦两熟抗灾稳产能力；两季减少施肥2～3次，农药减量10%～20%，增效5%～10%。

2. 实用性　2018—2020年，依托"科技特派员＋"的技术推广模式，项目成果江淮稻麦周年丰产高效抗逆关键技术在安徽省（阜阳、蚌埠、淮南、滁州、六安、合肥、安庆、池州、铜陵、芜湖、马鞍山、宣城），江苏省（苏州、常州、镇江、泰州、扬州、南通、淮安、宿迁、连云港）以及河南省（信阳）推广应用面积分别达1 398.1万亩、1 510.1万亩和1 693.7万亩，技术辐射面积覆盖了三省稻麦轮作的主要种植区。3年累计增产粮食317.46万t，增收节本总额117.26亿元。

该技术成果于2020年5月经第三方（中国农学会）评价总体达国际领先水平，并先后获得农业农村部农牧渔业丰收奖合作奖和安徽省科技进步一等奖。

四、技术展示

以江淮中部杂交中籼机插－中熟小麦机条播种植方式为例，示意稻麦两熟"双迟"生育进程优化技术如下。

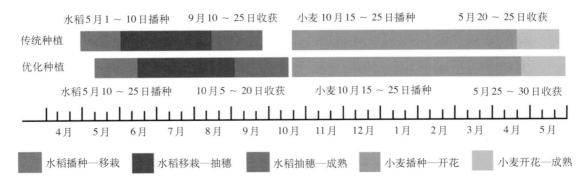

五、技术来源

项目名称和项目编号：安徽粮食多元种植规模化丰产增效技术集成与示范（2018YFD0300900）
完成单位：安徽省农业科学院
联系人及联系方式：吴文革，13955176826，wuwenge@vip.sina.com
联系地址：安徽省合肥市庐阳区农科南路40号

稻田扩库增能与水肥高效利用关键技术

一、技术概述

该技术集成了合理耕作、地力培肥、节氮栽培和保水节水等关键技术。

二、技术要点

（1）扩库、养库、用库协同丰产栽培技术。双季稻田3年为1个循环周期，采用冬季或早稻季深耕适度扩库，冬种绿肥、秸秆还田充分养库，晚稻旋免耕、湿润灌溉、多年轮耕节约用库，以及扩、养、用三库协同丰产栽培，即第一年采用冬季免耕种植绿肥－早稻抛秧前深耕秸秆翻压还田－晚稻旋免耕秸秆还田－水稻生长季湿润灌溉的模式栽培（或者冬季空闲深耕－早稻抛秧前旋耕秸秆翻压还田－晚稻旋免耕秸秆还田－水稻生长季湿润灌溉的模式栽培），第二年和第三年采用冬季免耕种植绿肥－早稻抛秧前旋耕秸秆翻压还田－晚稻旋免耕秸秆还田－水稻生长季湿润灌溉的模式栽培。

（2）增苗节氮养分高效利用技术。通过合理增加本田苗数，结合减氮施肥调控水稻前期群体，从而达到苗数充足又节肥的目的。利用"施氮量－苗数－产量"三者的回归模型，构建出"穗数－粒数"相协调的丰产群体，根据品种特性，合理增加移栽苗数约20%，节省氮肥用量约10%，通常早稻最佳施氮量每亩8.3～9.0kg，抛秧苗数每亩2.4万～2.8万穴；晚稻最佳施氮量每亩10～11kg，最佳苗数每亩1.7万～2.0万穴，增苗节氮的氮素偏生产率可提高21.1%～26.8%。

（3）水资源优化配置及高效利用技术。依据降水时空特征，建立农业水资源基础数据库，对水旱灾害进行风险评估预警，实现前端区域尺度干旱监测合理蓄水；利用不同灌区灌溉特点构建灌溉水决策模型与水资源利用智能化管理系统，实现中端灌区尺度渠道减漏保水；通过稻田定量灌溉、节水耐旱水稻新品种应用及水肥耦合节水灌溉等技术，实现末端田间尺度双季稻田节约用水。

三、技术评价

1.创新性　有效解决了双季稻田耕层变浅、库容变小、产能下降、水肥利用效率低等问题，实现了双季稻田"深翻－旋－免"多年轮耕扩库协同、"冬种绿肥－秸秆还田"周年培肥养库协同、双季稻"增苗节氮、穗肥精施"轻简高效协同、"灌区蓄水保水－稻田节水灌溉－栽培水肥耦合"蓄水输水用水协同，提升了"土－肥－水"资源可持续高效利用水平，增强了双季稻田生产能力。

2.实用性 自2013年开始在湖南华容、赫山、宁乡、醴陵、衡阳、冷水滩等地创建了双季稻田扩库增能与水肥高效利用技术模式千亩核心示范基地，累计示范应用面积超过400万亩。通过定点调查，与传统生产模式比较，双季稻田土壤库容量提高16.5%、有机碳含量提高12.6%、全氮提高5.2%；双季稻水分生产效率提高11.2%、氮肥生产效率提高9.6%。平均每亩增产稻谷50.5kg，该技术成果整体居同类研究的国际领先水平，获2020年度湖南省科学技术进步奖二等奖。

四、技术展示

水肥耦合节水灌溉智能化管理系统示意（左图）及田间示范（右图）如下。

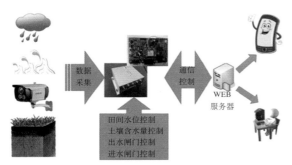 

五、技术来源

项目名称和项目编号： 国家重点研发计划项目"湖南双季稻周年绿色优质丰产增效技术集成与示范"（2018YFD0301000）

完成单位： 湖南省农业科学院

联系人及联系方式： 汤文光，15675813548，tangwenguang@sina.com

联系地址： 湖南省长沙市芙蓉区马坡岭远大二路730号

基于无人机的水稻氮素营养监测诊断与精确调控一体化技术

一、技术概述

本技术以水稻为对象，采用搭载轻型多光谱相机的无人机监测平台，建立基于图谱信息融合的氮素营养无损监测模型，快速监测水稻生长中期的苗情信息，如地上部生物量、叶面积指数、植株氮素状况等，实现对水稻生长期氮素的精确调控。

二、技术要点

（1）水稻生长指标光谱监测技术。在水稻追肥关键期，通过固定翼或多旋翼无人机设备，获取多光谱影像并解译获得不同田块的苗情信息（如叶片氮积累量、叶面积指数、生物量等），制作水稻苗情指标空间分布图。

（2）水稻生长诊断与调控技术。利用无人机多光谱相机快速获得水稻的实时苗情信息，进一步生成适宜生长指标动态曲线（即"专家曲线"），并根据实时长势信息与"专家曲线"的偏离程度，精确推荐适宜的追肥用量，实现水稻氮素营养状况的定量诊断与智能管理。

三、技术评价

1.创新性　充分发挥无人机平台成本低、速度快、易操作等优势；进一步构建面向高产、高效等多目标需求的长势无损诊断和氮肥精确调控模型，因地制宜地优化设计产中氮肥追施量，提高长势诊断与调控的数字化和定量化水平，实现水稻氮素营养"实时监测、定量诊断、精确调控"的无缝集成。

2.实用性　自2017年开展示范以来，该技术已经在江苏连云港、兴化、如皋、吴江，安徽庐江，江西崇仁，黑龙江庆安等地10余个示范区进行推广应用，无人机飞行次数多达200余次，覆盖面积15 000余亩，多旋翼无人机平台每个架次（20～30min）可覆盖近400亩农田，固定翼无人机平台工作效率可达1 200亩/h；最快3～4h可发布监测诊断专题分布图。在该成果研发期间，已发表SCI收录论文8篇（其中1篇入选ESI高被引论文），授权国家发明专利1项。应用效果表明，与正常施肥田块相比，本技术在减少总施肥量10%～15%的前提下，表现出不同程度的增产，提升了当地水稻生产的信息化和智慧化水平。

四、技术展示

无人机田间作业如下。

五、技术来源

项目名称和项目编号：粮食作物生长监测诊断与精确栽培技术（2016YFD0300600）

完成单位：南京农业大学

联系人及联系方式：程涛，18020148917，tcheng@njau.edu.cn；刘小军，13512547551，liuxj@njau.edu.cn

联系地址：江苏省南京市玄武区卫岗1号

水稻产量与水氮利用效率协同提高的关键栽培技术

一、技术概述

协同提高水稻产量与水氮利用效率既是我国社会和经济发展的重大需求，也是生产上的重大技术难题。创建的水稻产量与水氮利用效率协同提高的关键栽培技术则可解决这一技术难题。

二、技术要点

（1）轻干湿交替灌溉技术。按土壤类型和生育期控制土壤埋水深度和灌溉水量，在田间安装聚氯乙烯管监测土壤埋水深度。自移栽至返青，田间保持2～3cm浅水层；在有效分蘖期、减数分裂期和抽穗开花期，田间由浅水层自然落干至离地表下土壤埋水深度为8～16cm；在拔节期，田间由浅水层自然落干或放水排干至离地表下土壤埋水深度为20～30cm；在其余生育期，田间由浅水层自然落干至离地表下土壤埋水深度为12～20cm。在各生育期，当田间土壤落干至上述指标值时，田间灌2～3cm浅水层，再自然落干至上述指标值，再灌水，如此循环。沙土地取土壤埋水深度指标值的低限值（小值），黏土地取土壤埋水深度指标值的上限值（大值），壤土地取土壤埋水深度指标值的中间值。该技术可较目前生产上常用的水分管理技术节约用水24.8%～35.9%，水稻产量可增加6.8%～10.3%。

（2）因地力、因叶色、因品种的"三因"氮肥施用技术。因地力：根据基础地力产量和目标产量确定总施氮量，即根据公式，总施氮量（kg/hm²）=[目标产量（kg/hm²）－基础地力产量（kg/hm²）]/氮肥农学利用率（kg/kg）。公式中的目标产量可根据实际情况自行确定；单季籼稻和粳稻，高产田块的基础地力产量分别为6.55t/hm²和6.30t/hm²；氮肥农学利用率，长江中下游的籼稻和粳稻分别为17kg/kg和15kg/kg，东北稻区的粳稻为25kg/kg。因叶色：依据稻茎上部第三完全展开叶[（$n-2$）叶]与第一完全展开叶（n叶）的叶色比值（相对值）作为追施氮肥诊断指标，对氮素追肥施用量进行调节；当叶色相对值[（$n-2$）叶色/n叶叶色]大于0.90，氮肥追肥的施用量为设计追肥量的90%；当叶色相对值等于0.90，氮肥追肥的施用量为设计的追肥量（100%）；当叶色相对值小于0.90，氮肥追肥的施用量为设计追肥量的110%。因品种：小穗型品种（每穗颖花数≤130粒）重施促花肥；大穗型品种（每穗颖花数≥160粒）保花肥与粒肥结合；中穗型品种（130<每穗颖花数<160粒）可根据叶色施用促花肥或保花肥或促保结合肥。与常规高产氮肥施用技术相比，"三因"氮肥施用技术的产量和氮肥利用率（产量/施氮量）可分别提高5.6%～10.9%和14.8%～24.3%。

（3）水氮耦合调控技术。依据土壤水分与叶色值的量化关系，确定不同土壤水分状况下的适宜施氮量。该技术的使用策略为：当土壤水分较低时，在有效分蘖期籼、粳稻均应适当减少施氮量，在穗分化始期应适当增加施氮量，在雌雄蕊分化期粳稻应增加施氮量，籼稻则应减少施氮量；在灌浆期，当籼稻或粳稻植株含氮量较高时，可增加土壤落干的程度。与常用灌溉或施肥技术相比，水氮耦合调控技术产量提高8.3%～13.6%，水分利用效率提高36.8%～57.8%，氮肥利用率提高25.9%～38.7%。

三、技术评价

1.创新性　该技术的原理与先进性主要有根据水稻不同生育期产量和品质形成对水分需求的特点，创建了水稻产量与水分利用效率协同提高的轻干湿交替灌溉技术；根据土壤供氮能力、品种需氮特性及不同生育期对氮素的需求，创建了因地力、因品种、因叶色的"三因"氮肥施用技术；依据水、氮与产量的耦合效应，创建了水氮对产量协同高效的水氮耦合调控技术。

2.实用性　创建的水稻产量与水氮利用效率协同提高的关键栽培技术于2018—2020年在苏、黑、沪、皖、粤等省市示范应用1.04亿亩，与当地常规水氮管理技术相比，应用该技术产量平均提高8.54%，氮肥和水分利用率分别提高28.8%和43.6%，增收节支157.14亿元；证明了该技术的可行性、实用性、广泛适应性和效益的显著性。

四、技术展示

水稻高产优质节水灌溉技术应用田间效果如下。

五、技术来源

项目名称和项目编号：江苏稻－麦精准化优质丰产增效技术集成与示范（2018YFD0300800）
完成单位：扬州大学
联系人及联系方式：杨建昌，13852719688，jcyang@yzu.edu.cn
联系地址：江苏省扬州市文汇东路48号扬州大学农学院

杂交中稻水肥耦合丰产高效栽培技术

一、技术概述

杂交中稻水肥耦合丰产高效栽培技术是集鉴选高产氮高效优质杂交中稻品种、肥料高效施用技术和精确定量灌溉技术于一体的新技术。

二、技术要点

（1）品种选用。选用丰产潜力大、氮肥高效利用、耐旱能力较强、综合性状良好的高产优质杂交稻组合。

（2）肥料高效施用技术。采用秸秆还田，适度氮肥、钾肥后移，磷钾肥配合施用。氮素管理采用"目标产量法"和"肥料效应函数法"，根据不同肥力土壤的水稻目标产量计算最佳经济施肥量；氮（N）、磷（P_2O_5）、钾（K_2O）按照 2∶1∶（1.5～2.0）的有效配比进行定量配施。

（3）精确定量灌溉技术。秧苗返青成活浅水灌溉，分蘖前期间歇灌溉，分蘖盛期控水晒田，孕穗期至开花期湿润灌溉，花后至成熟期干湿交替灌溉，以湿为主防止根系早衰。

三、技术评价

1.创新性　该技术选用已鉴选出的氮高效杂交稻品种，根据高产氮高效品种关键生育阶段需水需肥特性，采用返青分蘖期"以水调肥"、拔节至抽穗期"以肥促水"和灌浆结实期"养根保叶"三阶段水肥耦合一体化管理技术，解决了四川杂交水稻群体质量差、库容量小、结实率偏低、肥水利用效率低等实际问题，促进了稻作技术转型升级与稻作科学发展，实现了杂交中稻增产增效与节水节肥一体化。

2.实用性　该技术已在生产上大面积示范推广。根据在不同示范区的生产应用统计，该技术模式平均增产稻谷10.7%～18.1%，节约灌溉用水量25.1%～34.6%，水分利用率提高18.1%～27.3%，节约化肥用量15.5%～20.4%，肥料利用率提高12.9%～16.8%，同时促进了秸秆还田、改良土壤、减轻了环境污染，每亩增收节支150元以上，社会、经济、生态效益显著。该技术已形成省级技术标准《水稻节水节肥栽培技术规程》（DB51/T 2517—2018），被遴选为省级农业主推技术。

四、技术展示

该技术在示范田应用效果如下。

五、技术来源

项目名称和项目编号：四川水稻多元复合种植丰产增效技术集成与示范（2018YFD0301200）

完成单位：四川农业大学

联系人及联系方式: 孙永健,15928754521,yongjians1980@163.com;马均,13608222603,majunp2002@163.com;杨志远,15208366532,dreamislasting@163.com

联系地址: 成都市温江区惠民路211号四川农业大学水稻研究所

杂交水稻机械化生产"基缓追速"减氮增效施肥技术

一、技术概述

针对四川盆地杂交水稻需肥特性和缓释肥养分释放规律,经过多年的研究和生产示范,提出了以70%缓控释肥做基肥、30%速效化肥做穗肥的"基缓追速"与侧深施肥相结合的减氮高效施肥技术。

二、技术要点

(1)机械化种植方式。采用机插秧或机直播生产技术。

(2)缓释肥料的选用。选用氮素释放特性与杂交水稻高产优质需氮规律同步的颗粒状缓释氮肥或复合肥,肥料颗粒一定要整齐、均匀(直径2～5mm)。

(3)侧深施用底肥(插秧、直播施肥同步)。

①机械选择。机插秧选择乘坐式6行高速插秧机,机直播选择播种、施肥一体化的精量穴直播机,均配气吹式侧深施肥器。

②肥料施用。每亩施纯氮8～10kg(比当地常规施氮量减少20%),底肥按总氮量的70%施用缓释氮肥或复合肥,机插秧或机直播时利用侧深施肥器同步将底肥施于稻株根侧3cm、深度5cm处。

(4)精确施用穗肥。在水稻分蘖末期晒田复水后、杂交稻主茎倒2叶或倒3叶期,每亩施用尿素5～6kg做穗肥。施肥时,田间要保留1～2cm水层。

三、技术评价

1.创新性 该技术既能塑造合理的高质量群体、提高水稻产量,又可减少氮肥用量、提高氮肥利用效率,实现杂交水稻减氮增效目的。该技术在减氮15%～20%的情况下,可实现杂交水稻增产、稳产,减少施肥1～2次,提高肥料利用率12.0%～15.0%。

2.实用性 该技术2018年以来在四川东坡、井研、荣县等地累计示范5万亩以上,示范效果表明,该技术可减少施肥1～2次,减少化肥用量10%～20%,增产稻谷4%～10%,每亩节本增效100元以上,社会、经济、生态效益显著,具有广阔应用前景。

四、技术展示

施肥、插秧一体机田间作业如下。

五、技术来源

项目名称和项目编号： 四川水稻多元复合种植丰产增效技术集成与示范（2018YFD0301200）

完成单位： 四川农业大学

联系人及联系方式： 马均，13608222603，majunp2002@163.com；孙永健，15928754521，yongjians1980@163.com；杨志远，15208366532，dreamislasting@163.com

联系地址： 四川省成都市温江区惠民路211号

均衡水稻产量和食味品质的穗肥精准调控技术

一、技术概述

均衡水稻产量和食味品质的穗肥精准调控技术是集优质高产型水稻品种配套、水稻穗肥精准调控与施用于一体的新技术。

二、技术要点

（1）优选品种。选择兼具优质食味（食味值>80分）和高产特性（亩产量潜力>700kg）的水稻品种；要求水稻品种籽粒蛋白质含有率在8.5%以下，直链淀粉含有率在13%～19%，淀粉糊化特性的最高黏度和崩解值分别在300B.U.和150B.U.以上。品种抗倒、抗病性强。

（2）根据叶龄精准调控穗肥施用时间。在水稻叶龄余数为4即幼穗分化始期，施用穗肥，有利于提高穗粒数，提高产量，同时对稻米食味品质无影响。

（3）根据叶片含氮量精准调控穗肥施用量。当叶片含氮量>3.2%时，叶片含氮量每增加0.1%减少穗肥施用量10%；当叶片氮含量<3.2%时，叶片含氮量每减少0.1%增加穗肥施用量10%。

三、技术评价

1.创新性 该技术根据各类优质高产水稻品种籽粒的蛋白积累能力差异和产量形成规律，优选兼具优质食味（食味值＞80分）和高产特性（亩产量潜力＞700kg）的水稻品种；根据不同品种的叶龄特征和叶片含氮量变化，以控制水稻籽粒蛋白质含量在8%以下为调控参数，精准调控穗肥的施用时间和施用量，实现了水稻产量和食味品质的均衡增长。

2.实用性 自2018年开展示范以来，该技术应用面积迅速增长。2020年在湖北省建立百亩示范方60多个，示范应用面积达761.1万亩。连续3年大田对比试验跟踪调查结果表明，应用该技术节约氮肥12.4%，平均增产5.21%，食味品质提高11.2%，平均每亩节本增效101.5元。达到了水稻生产丰产、优质、高效的综合目标。

四、技术展示

应用该技术的穗肥调控原理（左图）及田间示范效果（右图）如下。

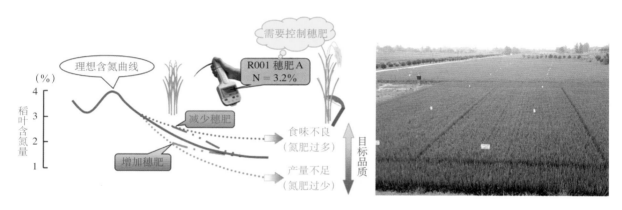

五、技术来源

项目名称和项目编号： 湖北单双季稻混作区周年机械化丰产增效技术集成与示范（2018YFD0301300）

完成单位： 华中农业大学

联系人及联系方式： 江洋，13871473420，jiangyang@mail.hzau.edu.cn

联系地址： 湖北省武汉市洪山区狮子山街1号

水稻覆膜节水节肥减排高产技术

一、技术概述

干旱是四川盆地丘陵山区水稻生产中最为普遍发生的自然灾害。近年来受全球气候变暖的影响，旱灾愈演愈烈，常导致稻田抛荒、被迫改种旱作、减产甚至绝收，既影响水稻栽插面积也影响单产水平，更影响农民收入。针对这一问题，四川省农业科学院农业资源与环境研究所、中国科学院南京土壤研究所、中国农业大学资源与环境学院长期合作，在科技部、农业农村部和国家自然科学基金的资助下，研究建立了以地膜覆盖为核心的水稻覆膜节水节肥减排高产技术。

该技术以节水抗旱、节约化肥投入、减排温室气体为主要特征，实现大面积水稻丰产减排的综合集成技术创新，是旱育秧、厢式免耕、精量推荐施肥、地膜覆盖、"大三围"栽培、节水灌溉、病虫害综合防治等先进技术的有机整合。

二、技术要点

（1）推行旱育秧。改水育秧和两段育秧为旱育秧，不仅可以大量减少育秧环节用水及育秧和栽秧用工，而且能确保秧苗早发高产。

（2）倡导免耕规范开厢。通过改传统翻耕为规范性的开厢免耕，既节省整地用工，又减少水的渗漏损失，促进水在全田的均匀分布，提高水资源利用效率。

（3）实施精量推荐施肥。根据区域土壤养分供应特点和覆膜条件下水稻高产的需肥规律，在肥料施用上注重控制氮肥用量，科学施用磷钾肥和锌肥，实行一次性精量推荐施肥，满足水稻全生育期的养分需求。

（4）采用地膜覆盖。通过地膜覆盖可以大大抑制土壤水分的蒸发损失，减少氮素的氨挥发损失，也能提高土壤温度，促进秧苗早发，抑制田间杂草生长。

（5）"大三围"栽培。"大三围"栽培是三角形稀植栽培的俗称，大面积生产提倡每亩栽4 000穴左右，每穴以苗间距12cm左右栽3苗。通过"大三围"栽培节省用种和栽秧用工，减少苗间竞争，促进田间通风透光，协调水稻个体与群体矛盾。

（6）实施节水灌溉。水稻虽然是需水和耗水量最大的农作物，在满足其生理用水的条件下甚至可以旱作。以满足不同生育阶段水稻生理用水为原则，实施节水灌溉，节约灌溉水用量，减少稻田甲烷排放。

（7）重视病虫害综合防治。选择抗病性强的水稻品种，选用高效低毒低残留农药在关键时期进行病虫害综合防治，控制和减少病虫害导致的产量损失。

三、技术评价

1.创新性 以节水抗旱、节约化肥投入、减排温室气体为主要特征，并且显著提高水稻产量的水稻覆膜节水节肥减排高产技术，从根本上解决了困扰四川盆地丘陵山区以及我国其他稻作区水稻夺高产同时减排温室气体的技术难题。

2.实用性 自2007年开展示范以来，该技术在四川、重庆、贵州、云南、河南、上海、江苏、安徽、黑龙江等省（直辖市）得到了大面积推广，累计示范推广应用面积超过600万亩。推广过程的实践证明，该技术具有节水、节肥、省种、省工、无公害、减排和高产稳产等显著效果。节水达到70%以上，节肥20%左右、省种50%左右，亩节省用工10个左右，减排甲烷60%～70%。采用该技术在正常年份一般亩增产150～200kg，在干旱年份普遍亩增产200kg甚至更高，亩增收500元以上。该技术在不少地区已成为农民自发采用的技术，被四川省科技厅、四川省农业农村厅、四川省水利厅和四川省粮食和物资储备局等共同审定为四川省首批现代农业节水抗旱重点推广技术和四川省首批粮食丰产主体技术。

四、技术展示

该技术应用示范田如下。

五、技术来源

项目名称和项目编号：水稻生产系统对气候变化的响应机制及其适应性栽培途径（2017YFD0300100）

完成单位：四川省农业科学院农业资源与环境研究所、中国科学院南京土壤研究所

联系人及联系方式：吕世华，13258336893，sclush@126.com；张广斌，18013951858，gbzhang@issas.ac.cn

联系地址：四川省成都市锦江区静居寺路20号；江苏省南京市玄武区北京东路71号

低湿地稻壳深松深埋耕作技术

一、技术概述

黑龙江省低湿、排水差的渍涝地面积较大，主要分布在三江平原地区，松嫩平原也有相当一部分低湿地，低湿渍涝土壤作为水田土壤质地黏重，常年受地面水和地下水浸渍，土壤长期处于还原状态，水土温度低，有害物质积累多，影响水稻生产，且问题日渐突出。针对以上问题，研究形成了该技术。

二、技术要点

（1）稻壳用量。水田每公顷稻壳用量75～150m³。

（2）机械作业。用机械沿着田块一边田埂的平行方向每隔2～4m间距开一条宽8～10cm、深40cm的沟，然后向沟内抛撒稻壳，稻壳在沟中厚度20～30cm，地表面与稻壳的距离为15～20cm，然后将原土按照先下层土后表层土的顺序依次向沟内回填。隔年沿着稻壳沟垂直方向进行深松作业，深松深度20～25cm，深松铲间距25cm。

（3）整地。秋季或翌年春季采用旋耕平整土地1～2次，地表平整，地表高低差小于1cm。灌水泡田水整地，用水田平地搅浆机进行搅浆，整地作业质量要求寸土不漏泥。

（4）水分管理。水田水分管理采用间歇灌溉技术模式，薄水层－湿润－短暂落干的循环模式。

三、技术评价

1.创新度　该技术针对此问题，以工程改土为手段，通过专用改土机械向土壤中投放改土物料，增加土壤大孔隙，提高土壤排水性能，促进水气循环，提升地温，耕作同时完成改土作业。

2.实用性　该技术在促进土壤排水、提高地温、提高土壤养分有效供给能力、增加作物产量方面效果明显。通过推广示范，增产幅度8%～13%，土壤生产力提高，氮素矿化率提高10%以上。增加经济效益1 800元/hm²左右。稻壳深松深埋耕作技术，即提高了农业废弃资源利用，变废为宝，又对改善土壤低产特性，提高土壤生产力，保障耕地质量安全和粮食安全具有重要意义。并于2020年通过了黑龙江省地方标准审定，成为水稻秸秆还田地方施肥指导技术，应用前景非常广阔。研究成果发表文章被EI收录，达到国际领先水平。

四、技术展示

稻壳深松作业现场如下。

五、技术来源

项目名称和项目编号：东北北部春玉米、粳稻水热优化配置丰产增效关键技术研究与模式构建（2017YFD0300500）

完成单位：黑龙江省农业科学院

联系人及联系方式：李文华，13503622052，nkylwh@163.com

联系地址：黑龙江省哈尔滨市南岗区学府路368号

水稻丰产与甲烷减排技术

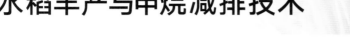

一、技术概述

针对厌氧稻作下秸秆还田难、水稻稳产性差、甲烷排放量高等问题，基于高产低排放水稻品种，创新旱耕湿整的好氧耕作技术。

二、技术要点

（1）高产低碳排放水稻品种选用。结合各稻区生产和生态环境特点，选择收获指数高、通气组织壮、根系活力强并且生育期适宜、抗逆性强的优质丰产水稻品种。

（2）秸秆还田的好氧耕作。

①前茬作物秸秆粉碎匀抛还田。采用带有秸秆粉碎功能和抛撒装置的收获机进行收割，留茬高度≤15cm，秸秆粉碎长度≤10cm，均匀覆盖地表，实现高质量还田。若留茬过高、秸秆粉碎抛撒达不到要求，宜采用秸秆粉碎还田机进行一次秸秆粉碎还田作业。

②旱耕湿整增氧，浅水平地埋茬。东北一熟稻区在秋季旱耕和秋季反旋埋草轮耕下，翻耕深度18～20cm，反旋深度15cm；水旱两熟区在稻季翻耕和反旋碎垡埋草、麦季旋耕的轮耕下，夏粮收获后，进行旱耕或旱旋，翻耕深度20～25cm，旋耕12～15cm；双季稻区在冬季一年翻耕两年免耕的轮耕下，春季旱（湿）反旋埋草、晚稻季旱（湿）反旋埋草，以保证秸秆还田后的整地效果，改善土壤结构，提高耕层含氧量。水稻移栽前，浅水（1～2cm）泡田半天，免旋平地埋茬，减少田面秸秆及根茬漂浮，田块四周平整一致。

（3）促进根际氧化的增氧栽培。

①科学增密保苗，调氮降碳。在当地高产栽培基础上，缩小株距（或增加基本苗数），栽插密度提高20%左右。以当地土壤微生物碳氮比为参照，调整水稻前期和后期氮肥施用比例，协调水稻与土壤微生物的养分竞争。东北一熟稻区减基肥氮（氮总量的20%），将穗肥中占总量20%的氮肥调至蘖肥；水旱两熟区减穗肥氮（氮总量的20%）；南方双季稻区早稻和晚稻减少穗肥氮（氮总量的20%）。

②分蘖期控水灌溉，促根泌氧防衰。栽插后浅水护苗，缓苗后适时露田3～5d，增加土壤含氧量，促进根系生长；之后保持田面湿润，促进秧苗早发快长以及甲烷氧化，增强水稻根系活力和泌氧能力；有效分蘖临界叶龄期前后看苗晒田，苗到不等时，时到不等苗；孕穗、扬花期浅水保花，齐穗后干湿交替；收获前提前7～10d断水，控水增氧促根，提高甲烷氧化能力，实现甲烷减排。

三、技术评价

1.创新性　改善耕层结构、增加耕层氧含量、增强通透性，促进甲烷氧化，解决稻田厌氧耕作下耕层孔隙少和还原性强等难题；创新增密控水的增氧栽培技术，提高基本苗数、调节碳氮比、强壮根系，促进甲烷氧化、减少还原性物质，解决秸秆还田下秧苗发根慢和根际缺氧等难题，最终实现水稻丰产和甲烷减排的共赢。

2.实用性 该技术实现秸秆均匀入土率90%以上，耕层氧含量明显提高，有效缓解水稻前期僵苗和后期贪青等问题，部分成果于2015、2019年分别获得中华农业科技二等奖和河南省科学技术进步一等奖；2021年入选农业农村部农业生态与资源保护总站农业农村减排固碳十大技术模式，并获世界银行－河南绿色农业创新挑战大赛TOP5创新技术奖。在我国水稻主产区累计示范应用487万亩，水稻增产4.5%～8.7%，甲烷减排30%以上，增收8.3%～9.5%，丰产减排效果显著。

四、技术展示

秸秆旱（湿）反旋入土作业（左图）及水稻分蘖期控水灌溉田间效果（右图）如下。

五、技术来源

项目名称和项目编号： 稻作区土壤培肥与丰产增效耕作技术项目（2016YFD0300900）
完成单位： 中国农业科学院作物科学研究所
联系人及联系方式： 张卫建，15810789930，zhangweijian@caas.cn
联系地址： 北京市海淀区中关村南大街12号

麦秸全量还田机插粳稻丰产优质协同栽培技术

一、技术概述

该技术根据麦秸全量还田高质量耕作与秸秆腐烂分解对土壤理化性质和水稻生长发育的影响特点，按照水稻高产优质形成规律及肥水调控措施的效应规律，从丰产与优质协同生产的要求出发，创建了麦秸全量还田机插粳稻丰产优质协同栽培技术关键，并进行了集成应用。

二、技术要点

（1）麦秸全量高质量还田。在久保田588以上型号收割机将麦秸切碎（<8cm）还田的基础上，上水浸泡3d，以中型拖拉机灭茬旋耕机械组实现秸秆高质量还田工程与农业生物技术、农艺技术相配套，或采用秸秆全量还田大耕深双轴双层切削旋耕机，耕深提高至20cm以上，秸秆埋茬均匀与高质高效还田，并一次性完成麦秸切碎、灭茬、旋耕、混合与平整等复式作业。

（2）培育壮秧。在选用综合性状突出的优质水稻品种基础上，通过"适量稀播匀播、全旱式育秧、叠盘暗化与化学控制"等关键技术，培育适龄（20～25d）机插壮秧，不栽超龄秧。

（3）精确机插。麦秸全量还田稻田栽插前切碎匀铺秸秆并采用大马力反旋消灭茬机高质量耕翻整地，大田整地做到田平，全田高低差不超过3cm，田平后根据土质情况沉实土壤1～3d，确保表土上烂下实、软硬适中，作业不陷脚。

栽插基本苗数参照凌启鸿基本苗公式精确计算，并采用多穴少本的栽插方式。常规粳稻一般亩插1.9万穴左右，每穴3～4苗，大穗型杂交稻可亩插1.5万～1.7万穴，每穴2苗左右。并适期高质量栽插，确保优质丰产季节进程与生育进程同步。

（4）精确施肥。提倡通过稻肥轮作、精确定量施肥用量及肥料运筹，增硅钾与微量元素、减少氮磷用量，保证优质稻米品质的形成。采取有机无机肥料精准配合施用，减少化肥施用量。氮肥总量运用斯坦福（Stanford）公式［每亩氮素施用量（kg）=（目标亩产量需氮量－土壤供氮量）/氮肥当季利用率］精准确定，氮磷钾比例根据当地测土配方施肥参数精确确定。从品质调优和产量提高两方面综合考虑，粳稻亩施氮量17～20kg，基蘖氮肥与穗氮肥比例为（7～8）：（2～3）。基蘖氮肥中基肥与分蘖肥比例为5：5，穗氮肥于倒4叶或倒3叶一次性施用。籼稻亩施纯氮15～17kg，基蘖氮肥与穗氮肥比例为（7～8）：（2～3）。基蘖氮肥中基肥与分蘖肥比例为5：5，穗氮肥于倒3叶一次性施用。

（5）精确灌溉。机插后，采用浅水湿润灌溉法，水深不超过5cm，并适当露田（阴天或晚上露田2～3次）促进扎根，使活棵长粗，而后浅水灌溉，达到够苗80%～90%时脱水搁田，搁田采用多次轻搁的方法。倒2叶后复水并采用干湿交替的灌溉方式，直至成熟前一周。

三、技术评价

1.创新性　应用该技术水稻亩产达常规高产产量水平，稻米食味品质高于常规高产水平，且改善了土壤结构，提高了土壤肥力，减少了化学氮肥的使用量，十分有利于稻田可持续发展。技术成果总体处于国内同类研究先进水平。

2.实用性　创建的水稻丰产优质协同栽培技术于2018—2020年在江苏大面积示范应用，年均示范应用1 000万亩以上，水稻产量与常规栽培持平，亩产达650kg以上，氮肥和水分利用率分别比常规栽培提高15%以上、20%以上，加工品质与食味品质显著高于常规栽培，亩增效10%左右。经济与社会、生态效益显著。

四、技术展示

全旱式育秧（左图）及应用该技术机插粳稻丰产状（右图）如下。

五、技术来源

项目名称和项目编号： 江苏稻－麦精准化优质丰产增效技术集成与示范（2018YFD0300800）

完成单位： 扬州大学

联系人及联系方式： 霍中洋，13092003512，huozy69@163.com

联系地址： 江苏省扬州市文汇东路48号扬州大学农学院

成都平原稻油机械直播秸秆还田丰产高效生产技术

一、技术概述

稻油机械直播秸秆还田丰产高效生产技术是在稻油两季均进行机械化直播和秸秆还田的基础上，集稻油周年肥料运筹技术和稻油周年轮耕技术于一体的新的水旱轮作生产技术。

二、技术要点

（1）稻油周年肥料运筹技术。成都平原区稻油周年肥料总用量为每公顷氮（N）315 ～ 340kg、磷（P_2O_5）127.5 ～ 150kg、钾（K_2O）225 ～ 250kg；根据稻油周年作物生产需肥规律分配稻油两季间肥料总量比例为2：3。

油菜茬稻：施氮（N）126kg/hm²、磷（P_2O_5）51kg/hm²、钾（K_2O）102kg/hm²。氮肥在4 ～ 5叶期、7 ～ 8叶期、穗分化始期施用，比例为6：2：2，磷肥于4 ～ 5叶期一次性施用，钾肥在4 ～ 5叶期和穗分化始期分2次施用，施用比例5：5。

稻茬油菜：每公顷施氮（N）189kg、磷（P_2O_5）76.6kg、钾（K_2O）135kg。基肥，60%氮肥、60%钾肥及全部磷肥，可选用复合肥作为基肥；苗肥，20%氮肥、20%钾肥；蕾薹肥，20%氮肥、20%钾肥，现蕾即施，在蕾薹期施用硼肥7.5 ～ 15kg/hm²。

（2）稻油周年轮耕技术。每两年为一个周期进行周年轮耕，在油菜收获后，采用翻耕和旋耕交替的方式进行整地，即第一年翻耕（要求深度18～25cm，深浅一致，不出堑沟，扣垡严密，不重不漏，秸秆与根茬无外漏），第二年旋耕（要求深度15～18cm，通过横竖交错的走向进行旋耕，达到无漏耕，无暗埂，不拖堆，地表平整，秸秆与根茬无外漏）。水稻收获后均进行旋耕。

（3）稻油两季秸秆还田技术。油菜茬，采用加装立刀的联合机械收割机进行收获，留茬高度≤10cm，秸秆长度≤10cm，一次性完成收获与秸秆粉碎抛洒，秸秆抛洒均匀。水稻茬，采用谷物联合机械收割机收割，一次性完成水稻收获和秸秆粉碎抛撒作业；要求水稻秸秆含水率≤25%，秸秆粉碎长度≤10cm，留茬高度≤10cm、秸秆抛撒不均匀率≤20%、粉碎长度合格率≥85%。

三、技术评价

1.创新性　该技术根据稻油周年作物生产需肥规律及总需肥量进行合理分配，同时以两年为一个周期进行周年轮耕，从而达到改善稻油轮作土壤质量，均衡稻油两季养分供应，提高肥料利用效率，实现机械直播水稻、油菜培肥土壤和丰产增效的效果。

2.实用性　该技术于2018—2020年在四川省眉山市东坡区的530余亩的核心示范区进行示范推广，经由有关专家验收，3年水稻平均亩产量分别达749.55kg、694.70kg、727.95kg，比当地平均增产6%～9%，平均亩产增值114.62～185.49元；在四川地区辐射推广约3.3万亩，平均增产5%～6%，平均亩增产值86～115元。该技术应用了稻油机械化培肥和耕作技术筛选及其效应中最新研究成果，先进实用，可操作性强，适合四川及其他适宜地区推广应用。

四、技术展示

示范基地如下。

五、技术来源

项目名称和项目编号：稻油机械化培肥和耕作技术筛选及其效应（2016YFD0300908-03）
完成单位：四川农业大学
联系人及联系方式：杨世民，13688482392，Yangshimin1@163.com
联系地址：四川省成都市温江区惠民路211号

秸秆全量还田稻麦周年丰产增效技术

一、技术概述

针对江淮东部稻－麦轮作区肥料投入量大、焚烧秸秆等粗放型农业管理措施造成的资源浪费，肥料利用率低，土壤质量下降和产量不高不稳等问题，通过秸秆还田方式多年定位试验，秸秆氮去向试验和养分管理模式的长期定位试验，集成了以精细整地、壮秧培育、优化施肥、露田防僵好气灌溉、病虫害绿色防控为主要内容的秸秆全量还田稻麦周年丰产增效技术。

二、技术要点

（1）秸秆还田方式。稻秆、麦秆均机械粉碎全量还田后茬作物，长度在3～5cm。小麦播前基肥撒施、旋耕，使秸秆、肥料和土壤充分均匀混合，便于秸秆腐解，提高小麦出苗率和整齐度。水稻秧苗移栽前一周左右，耕旋，上水（水层约3cm），整地，软化秸秆，便于秧苗的移栽和预防僵苗的发生。

（2）精细整地技术。根据茬口、土壤性状采用相应的耕整方式，一般沙质土移栽/播种前1～2d耕整，壤土移栽/播种前2～3d耕整，黏土移栽/播种前3～4d耕整。要求机械作业深度15～20cm，田面平整，基本无杂草、无杂物、无残茬等，田块内高低落差不大于3cm。其中，水稻移栽前需泥浆沉淀，达到泥水分清，沉淀不板结，水清不浑浊，田面水深1～3cm。

（3）水稻壮秧培育技术。采用集中育秧技术等培养机插壮秧，秧苗均匀整齐，苗挺叶绿，茎基部粗扁有弹性，根部盘结牢固，盘根带土厚度2～2.3cm，起运苗时秧块不变形、不断裂，秧苗不受损伤。

（4）优化施肥技术。依据目标产量确定稻季施氮量为270～300kg/hm²，小麦施氮量为180～225kg/hm²。稻季、麦季的氮肥按基肥40%、蘖肥20%、拔节肥20%、孕穗肥20%施用，磷、钾肥均按50%基肥和50%拔节肥施用。其中，蘖肥在小麦3叶期和水稻活棵时施用，拔节肥均在小麦、水稻倒4叶期施用，孕穗肥为倒2叶期施用。高肥力土壤，可减少基肥用量；低肥力土壤，可适度增加基蘖肥用量。

（5）露田防僵精确灌溉技术。移栽返青活棵期保持田面1～2cm浅水层，秸秆还田田块注意栽后露田防僵苗，无效分蘖期至拔节初期及时搁田，拔节至成熟期干湿交替，灌浆后期防止过早脱水造成早衰。

（6）绿色防控技术。坚持"预防为主、综合防治"的方针，采用农业防治、物理防治、生物防治、生态调控以及科学、合理、安全使用农药的技术防治病虫草害。

三、技术评价

1.创新性　研发了秸秆高效还田技术，有效解决了高产水平下稻麦两熟秸秆还田导致的水稻缓苗期长、小麦立苗难的两大难题。

2.实用性　在水稻精确定量施肥的基础上，根据稻麦周年增产、资源高效利用、耕地质量逐步提升的目标，设计多种养分优化管理模式，通过多年定位试验，形成基于秸秆还田的稻麦周年增产增效技术模式，表现为显著增产、稳产、增效、土壤质量逐步提升。示范应用结果表明，该技术水稻、小麦和周年分别增产7.8%、2.3%和3.9%，年际间产量变异系数大幅下降。稻麦周年氮肥利用率提高12.8%～18.8%（相对值），水分利用率提高24.5%～33.3%（相对值），亩均增收160元。土壤容重下降12.1%，土壤有机质含量增加17.1%（相对值），土壤质量明显提升。并且该技术于2018—2020年在江苏丹阳市推广应用，累计应用面积达38 404.46亩，新增经济效益合计达541.88万元。

四、技术展示

培育的机插壮秧（左图）及田间栽植效果（右图）如下。

五、技术来源

项目名称和项目编号：江淮东部稻－麦周年省工节本丰产增效关键技术研究与模式构建项目（2017YFD0301202）

完成单位：南京农业大学

联系人及联系方式：李刚华，13805151418，lgh@njau.edu.cn

联系地址：江苏省南京市卫岗1号南京农业大学农学院

稻麦周年秸秆机械化高效全量还田与耕整技术

一、技术概述

稻麦周年秸秆机械化高效全量还田与耕整技术是稻麦两熟农田作物机械化高效收获、秸秆同步全量还田与耕整地相结合的新技术。

二、技术要点

（1）稻麦机械收获－秸秆同步粉（切）碎还田。采用同时安装前置式与后置式秸秆粉碎装备的全喂入式联合收割机收获稻麦时，高留茬收割，水稻留茬高度35～40cm，小麦留茬高度30cm左右；与作物机械收获同步，完成秸秆全量（留茬和进入脱粒仓秸秆）高效粉碎还田作业。采用安装后置式秸秆切碎匀铺装备的半喂入式联合收割机收获水稻时，留茬高度≤10cm，秸秆切碎长度≤5cm。

（2）稻麦秸秆全量还田后耕整地。水稻秸秆全量粉（切）碎还田后灌水泡田，沙土泡20～24h，壤土与黏土泡30～36h；泡田后深旋整地，旋耕深度15～20cm。小麦秸秆全量粉碎还田后根据土壤墒情耕整地，土壤含水量为田间最大持水量的75%左右时旋耕整地，旋耕深度12～15cm；土壤含水量为田间最大持水量的85%左右时，免耕。

三、技术评价

1.创新性　针对生产上稻麦机械化收获－秸秆全量还田一体化作业效率低、秸秆还田质量不佳、秸秆全量还田后耕整地困难等问题，通过在全喂入联合收割机上加装前置式秸秆粉碎装备，稻麦机械收获时高留茬收割，秸秆同步粉（切）碎全量还田，秸秆全量还田后高效耕整（水稻季泡田深旋，小麦季旋耕或免耕），实现了稻麦周年作物机械化高效收获、秸秆同步全量还田与耕整地。

2.实用性　2018年以来，该技术在泗洪、睢宁等地示范应用20万亩以上，辐射应用200万亩以上。连续3年大田对比试验结果表明，该技术作业效率较常规技术提高15%以上，单位面积能耗降低10%以上。通过稻麦周年秸秆机械化高效全量还田，不仅培肥了地力，而且避免了秸秆露天焚烧引起的环境污染；稻麦秸秆全量还田后，通过高效耕整地，不仅节本增效，而且有效减少了稻田水外排引起的河道水体污染，保护了生态环境。

四、技术展示

全喂入式联合收割机加装秸秆粉碎装备实现秸秆同步粉（切）碎全量还田作业（左图）及秸秆全量还田后水稻季泡田深旋作业（右图）如下。

五、技术来源

项目名称和项目编号：江苏稻－麦精准化优质丰产增效技术集成与示范（2018YFD0300800）

完成单位：江苏省农业科学院
联系人及联系方式：张斯梅，13851866782，zhangsimei929@sina.com
联系地址：江苏省南京市玄武区钟灵街48号

水稻秸秆整株全量翻埋还田关键技术及装备

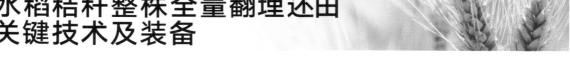

一、技术概述

水稻秸秆还田可改善土壤理化性状及养分，防治黑土退化，减轻环境污染，提高作物产量。项目立足于国家农业可持续发展、土壤保护恢复及粮食稳产增产等重大战略需求，历时17年持续产学研联合攻关，发明了水稻秸秆整株全量翻埋还田保护性耕作技术，提出了系统的水稻秸秆反旋翻埋还田理论与方法，创制了具有自主知识产权的水稻秸秆整株全量翻埋还田关键部件及机具，形成了系列化产品，获得了多项原创性成果。

二、技术要点

（1）每年4月中旬或10月下旬进行水稻整秆深埋还田作业，水稻整秆深埋还田机作业时搭配90马力拖拉机，机具在田间转移时采用低速档，还田刀离开地面，行驶速度根据地块实际情况适当选择。

（2）作业时，还田机刀齿缓慢入土，避免产生冲击，损坏刀齿，转弯时缓慢行驶以免损坏零件，及时清除刀齿上的缠草，每隔3～4h，停车检查刀齿及各部分是否有松动或变形，并及时拧紧松动的螺栓。

（3）还田机作业时水稻整秆埋深16～20cm，耕深稳定性≥92.4%，秸秆还田率达到90%，碎土率95%，平整度小于3cm。

三、技术评价

1.创新性 解决了秸秆粉碎还田后水整地作业秸秆漂浮的技术难题，实现了水稻秸秆整株全量翻埋还田的目标，显著推动了秸秆还田装备升级换代和行业科技创新。

2.实用性 集成创制的系列机具经常州汉森机械股份有限公司、佳木斯天盛机械科技开发有限公司、佳木斯信达农业机械科技有限公司、武汉东湖新技术开发区创意鑫设备加工厂、武汉市红之星农牧机械有限公司及武汉新科维达机电设备有限责任公司等6家企业转化生产，形成了系列化产品，在国内多地大面积应用推广，部分机型进入国家及黑龙江省农机购置补贴目录，入选黑龙江省农业主推技术。近3年，累计销售机具9 609台，新增销售额20 490.52万元，新增利润3 251.30万元，产生了显著的经济、社会、生态效益。

该成果显著促进了我国水稻全程机械化关键技术产学研创新平台建设，支撑国家现代水稻产业技术体系、农业农村部北方一季稻全程机械化科研基地等创新平台12个，举办交流会议120余次，培训农技人员及农户万余人次，推动核心技术在水稻典型种植区域推广应用。创制的系列机具可为秸秆资源高效高质综合利用提供可靠技术保障，改善土壤理化性状，减少环境污染和提高作物产量，符合绿色可持续农业发展趋势，具有显著的发展前景。

四、技术展示

水稻秸秆整株全量翻埋还田机作业原理（左图）及田间作业情况（右图）如下。

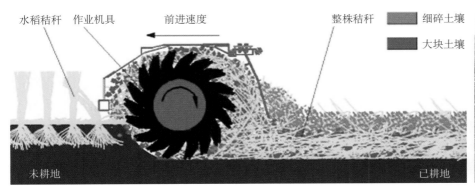

五、技术来源

项目名称和项目编号： 黑龙江低温黑土区春玉米、粳稻全程机械化丰产增效技术集成与示范项目（2018YFD0300100）

完成单位： 黑龙江省农业科学院

联系人及联系方式： 柴永山，15004535999，mdjcys@126.com

联系地址： 黑龙江省哈尔滨市南岗区学府路368号

丘陵区水稻多元化避旱播栽技术

一、技术概述

该技术针对丘陵区稻季前期水资源供需矛盾突出和劳力、机械化条件差，限制水稻播栽时期和其前期生长，同时影响水稻全生育期对温、光、水等自然资源的有效利用等问题，根据不同区域水稻种植方式和技术水平，在选用抗逆丰产增效品种的基础上，采用多元化的水稻种植方式，将多种育秧方式和播栽方式相结合，育秧移栽和直播栽培相结合。

二、技术要点

（1）稀播旱育长龄或超长龄壮秧人工栽插或抛栽。在以人工移栽为主的区域或种植户，于3月中下旬至4月上旬采用稀播（按每亩大田用种0.75kg左右）旱育秧方法，培育长龄（50～60d）或超长龄（60～70d）壮秧，等水栽插或抛栽。

（2）分批控育长龄壮秧机插。以机插栽培为主的规模种植大户和区域，在4月20日前后至5

月上旬分 2 ～ 3 批次用塑料盘育秧，每批间隔 7 ～ 10d，严格控制播种量、育秧环境温度和水分条件，保证秧苗稳长健长，培育长龄壮秧（秧龄35 ～ 45d），等水机插。

（3）改育秧移栽为直播栽培。在条件适宜的区域，改水稻育秧移栽为油菜或小麦收获后直播栽培，以缓解水源和劳力矛盾。

（4）干田干种直播候水出苗或延期避旱直播。在适合直播栽培的稻田，油菜或小麦收获后（5月上旬至20日前）及时将处理好的干种子在干田条件下直播，播后精细掩种，待降水或有水灌溉后发芽出苗；或根据降水或灌溉水情况，在5月底至6月初将水稻种子催芽后带水直播，以错开用水用劳高峰。

三、技术评价

1.创新性　应用该技术合理拓宽或后移水稻播栽期，实现节约用水、错峰用水，避开或缓解初夏旱期对水稻播栽的不利影响，更充分利用自然降水和秋季光、热、水资源，缓解劳力和农机短缺对水稻生产的限制，有效促进丘陵区水稻生产的发展。

2.实用性　2018—2020年该技术累计示范面积50 000余亩，共建立高产示范田2 080亩，平均亩产693.2kg；氮肥偏生产力提高13.6%，灌溉水利用效率提高25.9%，稻谷日生产量提高了12.7%，气象灾害与病虫害损失分别降低了10.5%和16.3%，生产效率提高25.6%，亩节本增收285.0元。经同行专家评价，该技术具有针对性强、创新性突出、成熟度高、适用性广等特点，社会、经济、生态效益显著。该技术在长江中下游西部丘陵区应用潜力巨大。

四、技术展示

稀播旱育长龄壮秧人工栽插田间效果如下。

五、技术来源

项目名称和项目编号：长江中下游西部水稻多元化种植水肥耦合与肥药精准减量丰产增效关键技术研究与模式构建（2017YFD0301700）

完成单位：四川农业大学、西南科技大学

联系人及联系方式：杨文钰，13608160352，mssiyangwy@sicau.edu.cn；陶诗顺，15280966686，tss2203@163.com

联系地址：四川省成都市温江区惠民路211号；四川省绵阳市涪城区青龙大道中段59号

长江中下游水稻高温热害减灾保产调控技术体系

一、技术概述

针对长江中下游水稻高温热害频发的问题，构建集选用耐高温品种，水稻避高温播期调节、合理水肥调节、外源喷施调节剂等高温防控技术的长江中下游水稻高温热害减灾保产调控技术体系。

二、技术要点

（1）选用耐高温品种。选用高产、优质、耐高温的水稻品种，为高温防控提供耐性品种。

（2）水稻避高温播期调节技术。构建干物质积累及气象因子与颖花分化数之间的模型，为不同纬度地区选择最适播期提供参考，为高温缓解技术研发提供理论支撑。

（3）水稻开花期遇到高温，采用稻田灌深水和日灌夜排的方法，或实行长流水灌溉，增加水稻蒸腾量，降低水稻冠层和叶片温度，亦可降温增湿。

（4）改进施肥方案。合理施肥，增施硅肥，增加后期耐旱和抗高温能力。

（5）喷施一定量的油菜素内酯，能显著改善水稻受精能力，增强稻株对高温的抗性，减轻高温伤害。

三、技术评价

1.创新性 通过品种筛选以及耐高温鉴定，明确了不同区域水稻耐高温品种布局，结合分期播种提出了水稻生产避高温的生产策略。进一步结合水肥调节和外源生长调节剂的施用，提高了水稻群体的抗高温能力。

2.实用性 我国水稻种植区域广阔，全球气候变化及水稻品种类型多样引起水稻生殖生长期高温热害频发多发，导致产量下降及品质变差。该技术连续2年被列为农业农村部主推技术。在浙江余杭、湖北荆州、安徽桐城的应用证明，通过该技术的应用水稻产量损失下降5.5%～8.8%。

四、技术展示

水稻品种耐高温评价试验田（左图）及水稻避高温最适播期选择系统（右图）如下。

五、技术来源

项目名称和项目编号：粮食主产区主要气象灾变过程及其减灾保产调控技术（2017YFD0300400）
完成单位：中国水稻研究所
联系人及联系方式：张玉屏，15397092027，cnrrizyp@163.com
联系地址：浙江省杭州市下城区体育场路359号

鄂东南晚稻和再生稻寒露风减损防控技术

一、技术概述

寒露风是指秋季冷空气侵入后，引起显著降温使水稻减产的低温冷害，是我国南方晚稻抽穗扬花结实期的主要气象灾害之一。该技术基于机械化栽培模式下缺少系统性减损和避灾技术的问题，从防灾避灾措施和应变减损技术两方面，开展低温防灾减损技术优化，通过以水防寒提高土温，化控促齐穗，补肥抗寒和人工辅助授粉。

二、技术要点

（1）以水防寒。寒露风到来之前，给田间增灌温度较高的河水或塘水8～10cm，可提高田土温度，以防低温伤根。在有条件的地方，采用日排夜灌的方式效果更好。寒露风过后，天气转晴，不要马上排水，以免造成大面积青枯，导致严重减产。

（2）喷水增温。若遇上干冷型寒露风，应及时喷水增温，可减轻水稻受害。这是由于寒冷干燥的天气，湿度小、风速大，喷水可以提高株间和穗部湿度，有利于开花结实。但是喷水必须掌握好时间，切不可在开花时进行，以免影响水稻扬花受精。

（3）化控促齐穗。若晚稻和再生稻再生季的破口期遭遇寒露风，在寒露风来临前3d左右喷施赤霉素"920"，每亩用量0.5～1.0g，兑水50kg叶面喷施，促进水稻提前齐穗，避免发生"包颈穗"，以减轻寒露风的危害。特别注意的是在寒露风期间，不要喷施"920"。

（4）补肥抗寒。寒露风到来之前 1 ～ 2d，每亩用磷酸二氢钾150g，兑水 50 ～ 60kg喷施，可有效提高水稻抗寒能力。寒露风过后，也可喷施磷酸二氢钾叶面肥，促进稻株尽快恢复活力，提高结实率。

（5）人工辅助授粉。在晚稻盛花期遇到寒露风，可以每天用小竹竿拨动或用绳拉动，使剑叶振动穗头，促使花药开裂，进行辅助授粉，可提高结实率。

三、技术评价

1.**创新性**　提高受精率和结实率，实现了减轻晚稻和再生稻花期遇寒露风的损失。

2.**实用性**　2020年9月13 ～ 29日，江汉平原南部及鄂东南西部等稻区日平均气温≤22℃日数在15 ～ 17d。9月14 ～ 19日部分晚稻、"早翻秋"以及再生稻抽穗扬花期遭遇了寒露风危害。采用以调整留茬高度和施用植物调节剂为主的减损集成技术，湖北省荆州市公安县章田寺乡晚稻亩产量486.0kg，减少产量损失5.5%。监利县红城乡和孝感市孝南区毛陈镇再生季亩产量分别为301.6kg和456.7kg，分别减少产量损失9.5%和5.4%。

四、技术展示

应用该技术的对比效果如下。

对照　　　　原技术　　　　优化技术

五、技术来源

项目名称和项目编号：湖北单双季稻混作区周年机械化丰产增效技术集成与示范（2018YFD0301300）

完成单位：华中农业大学

联系人及联系方式：凌霄霞，13469985246，lingxiaoxia @mail.hzau.edu.cn

联系地址：湖北省武汉市洪山区狮子山街1号

小麦精准化生产管理与信息化服务技术

一、技术概述

该技术针对小麦大面积生产中存在的施肥不合理、施肥效率低、产品生产专用性不强等严重制约绿色丰产优质高效生产的实际问题，根据土壤养分和品种特性定量设计基肥施用量，根据实时长势信息精确推荐适宜追肥用量，并通过智能农机进行变量作业，为化学肥料减施增效和作业效率提升等提供有效技术途径。其将现代农学、信息技术、农业工程、北斗导航应用于小麦施肥管理等过程，建立了以"信息感知、定量决策、智能控制、精确投入、特色服务"为特征的现代农业生产管理方式，集成构建了小麦绿色智慧施肥技术体系。

二、技术要点

（1）小麦栽培方案的精确设计。利用小麦精确管理决策系统（单机版、网络版、手机版），基于农田土壤肥力差异和品种特性等，为不同生产条件和目标（产量、品质）设计适宜的栽培管理方案，包括推荐适宜品种，帮助确定播种期，量化基本苗、播种量、肥料运筹和水分管理等栽培方案；根据实时长势信息与参考指标的偏离程度，则可生成精确的追肥运筹方案；并以作业处方图等形式提供技术指导，实现小麦生长管理过程的精确化和科学化。

（2）小麦营养指标的定量诊断。运用车载式/无人机载式作物生长监测诊断设备、农田传感网等平台，快速监测小麦生长中期的营养等长势信息；进一步结合小麦精确管理决策系统，定量设计适宜的追肥用量，实现小麦营养状况的定量诊断与智慧管理。

（3）小麦施肥作业的智能控制。以小麦精确播种施肥智能装备为载体，基于基肥施用量作业处方图和导航路径图相融合，实现小麦基肥的精确施用；以小麦长势监测与变量追肥一体机为载体，以小麦长势监测诊断方法为支撑，基于获取的苗情指数空间分布图及推荐的追肥施用量处方图，实施基于实时苗情的小麦变量追肥作业。

（4）小麦喷药作业的精确实施。以无人机等立体感知平台为应用载体，面向田块、园区、区域等不同应用尺度，快速监测麦田病虫草情等信息，构建小麦病虫情指数的动态空间分布图，采用智能植保无人机，实施基于病虫草情的变量施药作业。

（5）小麦籽粒的精确收获。以装配北斗导航系统的收获智能装备为载体，实现小麦籽粒的精确收获和产量品质在线检测成图。

三、技术评价

1.创新性 实现了施肥方案的精确设计、营养指标的精确诊断、施肥作业的智能控制这一技术链的创新与融合，为小麦生产提供了全新的关键技术和应用载体，有利于促进作物施肥管理的定量化、信息化和智慧化。

2.实用性 该技术于2018—2020年连续3年在苏州、兴化、睢宁等地进行示范推广，累计推广应用163.1万亩。技术系统和设备操作简单，效率高，可适应不同生产条件和目标，技术可综合运用，也可单独运用，具有明显的增产、节本、提质、增效等优势。与常规技术相比，亩均增产6%以上，节肥15%以上，亩均增效100元以上。该技术体系数字化、智能化程度高，实现了小麦播种、施肥、喷药、灌溉、收获等关键作业环节的定量化和智能化管理，有效推动小麦生产管理从粗放到精确，总体处于国际领先水平，具有广阔的应用前景，为发展现代作物生产和保障国家粮食安全提供引领性技术和示范模式。

四、技术展示

小麦精确管理决策系统（左图）、便携式稻麦生长监测诊断仪（中图）及无人机载式作物生长监测诊断（右图）如下。

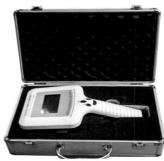

五、技术来源

项目名称和项目编号： 江苏稻－麦精准化优质丰产增效技术集成与示范（2018YFD0300800）
完成单位： 南京农业大学
联系人及联系方式： 田永超，13813839383，yctian@njau.edu.cn
联系地址： 江苏省南京市玄武区卫岗1号

小麦智能化变量播种施肥技术

一、技术概述

面对我国农业生产机械化向复式高效、精准高速、绿色生态、信息智能化发展的新要求，针对江苏等长江中下游地区稻麦轮作区域特色及存在的问题，开展稻麦智能化精确变量播种施肥技术熟化，形成了一种小麦旋耕开沟播种正位深施肥技术以及一种主动式镇压仿形挤压成型沟系配套技术。该技术可一次性完成旋耕、播种、施肥、开沟、覆土、镇压等多道工序。

二、技术要点

（1）智能化复式高效作业。该技术配套装备可一次性完成旋耕、开沟、播种、施肥、覆土、镇压等多道工序。同时可融合无人驾驶、路径自动规划、智能处方、无人作业、远程实时监控等技术，实现智能精确作业。

（2）集排式气力精确播种施肥。采用种肥集中排出、均匀分配、气力输送等技术实现了低功耗、宽播幅高效作业，达到种肥精确、定量、定位播施的目的；同时开发种肥播施量在线标定模块，可满足不同品种种子、肥料的精确变量作业要求，标定精度达到0.2%；播种施肥精度变异从3%提高到0.5%。

（3）播深、镇压开沟自适应仿形控制。采用液压自适应仿形控制技术，实现不同土壤特性条件下播深、压实度及沟系深度的一致稳定。覆土镇压部件采用主动式镇压辊，解决镇压辊黏土、沟型易坍塌问题，实现播种面整洁、沟型整齐清爽。

（4）"物联网＋农机作业"的智能作业。融合漏播、堵塞实时监测模块、北斗/GPS动态定位、CAN总线控制、基于SIM卡的网络通信等功能，可实时接收作业地块的播种施肥处方图，结合无人驾驶系统，可实现播种施肥的"无人化"作业。

三、技术评价

1.**创新性**　有效解决了长江中下游地区稻茬田水分含量高、土壤黏重以及秸秆量大容易造成稻茬麦播种作业时播种施肥管路堵塞、镇压辊黏土、沟型不整齐与现有种肥播施部件不适应精确作业的高精度控制等问题。该技术应用后，不仅可实现节种节肥、减少劳务用工，而且显著提高了作物生产的精确化、智慧化水平，对促进江苏省农业生产机械化生产具有重要意义。

2.**实用性**　该技术于2018—2020年在泰州兴化、徐州睢宁等地累计推广应用近万亩。依托机具关键部件室内试验和整机田间试验结果，结合2018—2020年示范区的跟踪调查，该技术播施量变异精度达到0.5%，实现了种子肥料的精确处方作业，比常规播种施肥机可减种5%～8%，减肥10%～15%，节约用工成本50%。

四、技术展示

小麦智能化变量播种施肥机田间作业（左图）及播种施肥机田间作业（右图）如下。

五、技术来源

项目名称和项目编号：江苏稻－麦精准化优质丰产增效技术集成与示范（2018YFD0300800）
完成单位：农业农村部南京农业机械化研究所

联系人及联系方式： 纪要，15366092904，409981206@qq.com
联系地址： 江苏省南京市玄武区中山门外柳营100号

南方稻茬小麦免耕带旋播种技术

一、技术概述

稻茬小麦是长江流域主要的小麦生产类型，面积约7 000万亩。播种质量不高是稻茬小麦产量不高、不稳的关键所在。土壤质地黏重、湿度过大、秸秆过多乃是影响稻茬小麦播种质量的三个核心要素。传统的整地播种方式作业次数多、动力需求大、成本高，而且常常造成粗耕烂种，立苗质量差、苗子长势弱。

四川省农业科学院作物研究所通过"机具设计创新"和"农艺优化创新"，研究集成了"稻茬小麦免耕带旋播种技术"，简化了作业工序，提高了播种效率和出苗质量，增产、增收效果显著。

二、技术要点

（1）水稻高留茬收获。水稻生育后期及时排水晾田，尽量避免收割机对土壤产生碾压破坏。收获时留茬高度30～50cm，既可减少机械负荷、提高收获效率，又有利于节约燃料和减少后续粉碎作业。条件允许的情况下，收割机直接加装切草、粉碎、分散装置，使稻秸均匀分布于田面。

（2）秸秆粉碎还田。水稻收获后，及时开好边沟、厢沟，最大限度沥干渍水。对于水稻收获时未对秸秆进行切碎处理的地块，应当适时进行灭茬作业，用1JH-150型或类似型号的秸秆粉碎机进行灭茬粉碎作业，粉碎后的秸秆要求细碎（长度<8cm）、分布均匀。

（3）免耕带旋播种。采用2BM-8、2BM-10、2BM-12系列型号的带旋播种机播种。播前调试机器，根据种子大小调节播量，每亩控制在9～10kg（基本苗每亩15万～18万株）范围即可。种肥选择养分配比适宜的复合肥，使其底肥中氮肥用量占全生育期的50%～60%，磷、钾肥用量占到总用量的100%。一次作业即可完成开沟、播种、施肥、盖种等工序。

三、技术评价

1.创新性 该技术的优势突出：①将原有技术的4～5次作业工序简化为2次，大幅度提高了播种效率；②免耕作业避免了对土壤结构的破坏，有利于排水降渍；③免耕和带旋结合，增加秸秆通透性，降低了动力需求，减轻了机械重量，节约了能耗，增强了对黏湿土壤的适应性；④稻秸覆盖于地表，减少棵间蒸发，提高了中后期土壤保墒抗旱能力。

2.实用性 该技术已在四川、重庆、云南、湖北、安徽、江苏等省（直辖市）进行了大规模示范推广，同旋耕机播技术模式相比，播种效率提高50%以上，出苗率增加20%，低位分蘖增加10%，增产5%～20%。自2015年起，四川省广汉、绵竹、梓潼等地实产验收亩产均在500kg以上，最高达703.2kg（四川梓潼，2020）。

该技术条件下，每亩平均节本（减少机械、农资、劳动投入）106余元，增产40～70kg，即增值90～160元（平均125元），节本增效231元。免耕结合稻草覆盖栽培，能够降低氮素淋溶损失，大大提高氮素利用效率。该技术将氮素利用效率（PFPN）从40kg/kg提高到50kg/kg以上。该技术入选2021年农业农村部主推技术名单。

四、技术展示

水稻收获后秸秆粉碎灭茬作业（左图）与小麦免耕带旋播种（右图）如下。

五、技术来源

项目名称和项目编号：粮食作物产量与效率层次差异及其丰产增效机理（2016YFD0300100）

完成单位：四川省农业科学院作物研究所

联系人及联系方式：汤永禄，13518156838，ttyycc88@163.com

联系地址：四川省成都市锦江区狮子山路4号

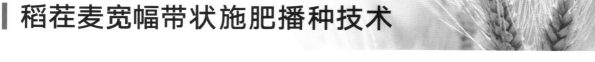

稻茬麦宽幅带状施肥播种技术

一、技术概述

针对稻茬麦土壤较为黏湿和稻秸全量还田等特点，以提高机械作业通过性、施肥入土和宽幅匀播为主攻目标，通过装备引进与改造，研制形成了稻茬麦宽幅带状施肥播种技术，即使在土壤比较黏湿与稻秸还田条件下也可实现宽幅施肥、带状播种、旋耕盖籽与适度镇压同步。

二、技术要点

（1）秸秆切碎匀铺技术。推荐选用配置碎草匀铺装置的半喂入式收割机收割水稻，留茬高度控制在10cm以下，秸秆切碎后长度<5cm，碎草均匀分布在地表。若选用配置碎草匀铺的全喂入式收割机收割水稻，留茬30～40cm，再用秸秆粉碎机粉碎作业，确保秸秆在田间均匀分布。

（2）稻茬麦宽幅带状施肥播种技术。土壤墒情较好时（土壤相对含水率80%左右），利用反转旋耕机作业灭茬，旋耕深度10～12cm，或者进行犁翻，耕翻深度25cm左右，通过旋耕将地整平，减少0～5cm播种层秸秆量，再利用2BFG-7/14免耕施肥播种机进行中速作业，实现施肥、播种、盖籽与镇压一体化。土壤墒情偏高（土壤相对含水率85%～90%）且茬口紧张时，也可直接利用2BFG-7/14免耕施肥播种机进行板茬直接作业，可实现宽幅带状施肥播种，播种质量较好。

（3）适期半精量播种。适期播种采用半精量播种，淮南麦区基本苗控制在每亩12万～14万株，淮北麦区基本苗控制在每亩14万～16万株。迟于本地播种适期，要适当增加播种量，每晚播1d每亩增加0.4万～0.5万株基本苗，最多不超过预期穗数的80%。

（4）及时开沟与镇压。播后及时进行机械开沟，做到内外三沟配套，均匀抛洒沟泥。沟宽20cm以上，沟深25cm以上。根据土壤墒情适时进行镇压，减少种子被秸秆与较大土块架空的概率，促进齐苗与壮苗。如遇还田秸秆量大、土壤坷垃多、土壤含水率较低的情况（土壤相对含水率≤75%），推荐播后立即镇压，如遇土壤含水率较高（土壤相对含水率≥85%），应推迟镇压时间并降低镇压强度。

三、技术评价

1.**创新性** 该技术对不同墒情、土质等均有较好的适应性，作业效率高，播种质量较好，适应稻茬麦规模化生产需求。

2.**实用性** 该技术在秸秆还田与整地环节节约农机作业费用每亩25～40元，小麦用种量每亩减少2～3kg，田间出苗率提高8%～10%，稻茬小麦亩增产3%～6%，亩节本增收70～90元，在实现节本增收的同时减少了秸秆焚烧或遗弃带来的环境污染，并进一步提升了耕地质量。2017年秋播以来，已分别在江苏省的铜山、睢宁、邳州、新沂、泗洪、泗阳、沭阳、宿豫、东海、滨海、灌云、盐都、金湖、姜堰及金坛等多地示范应用，示范应用面积超过100万亩。

四、技术展示

旋耕宽幅施肥播种机田间作业（左图）及应用效果（右图）如下。

五、技术来源

项目名称和项目编号： 江淮东部稻-麦周年省工节本丰产增效关键技术研究与模式构建（2017YFD0301200）

完成单位： 南京农业大学、江苏省农业科学院

联系人及联系方式： 李刚华，13805151418，lgh@njau.edu.cn；顾克军，13515101458，gkjjaas@163.com

联系地址： 江苏省南京市玄武区卫岗1号；江苏省南京市玄武区钟灵街50号

沿淮中部稻茬小麦高畦降渍机播一体化壮苗健群技术

一、技术概述

该技术是在普通旋耕施肥播种机基础上进行改造，发明一种高茬还田施肥开沟高畦播种一体机；将左半边旋耕刀头一致向右、右半边旋耕刀头一致向左、螺旋式安装，可起到旋耕灭高茬作用，并且不缠草、不拥堵。两端加装开沟铲，具有旋耕灭高茬作高畦功能，一次性完成灭茬、整地、施肥、作畦、播种作业。

二、技术要点

（1）作业幅宽2.2m的机器要求配套动力66.19kW以上。高畦降渍机械作业完成后，田间自然形成畦面宽1.8m、畦高25cm、畦沟宽25cm、畦平面高于原地面2～3cm的一条条高畦。每畦种9行，行距20cm。

（2）适墒条件下播种。水稻收获后，先将秸秆粉碎或切碎均匀抛撒田面，再用高茬还田施肥开沟高畦播种一体机完成旋耕、灭茬、施肥、开沟、作畦、播种作业，播种深度2～3cm，播种量每亩12.0～15.0kg，播种完成后人工疏通地头沟。

（3）烂泥田或田间有积水时播种。水稻高留茬收割，直接用高茬还田施肥开沟高畦播种一体机完成旋耕、灭茬、施肥、开沟、作畦、播种作业，播种深度0～1cm，播种量每亩12.0～15.0kg；然后人工疏通地头沟，及时排除田间积水。

（4）其他管理参照常规高产田进行。

三、技术评价

1.创新性 该技术克服了墒情对农机作业的限制，适应在土壤适墒、连续降水、水层覆盖、烂泥田等不同土壤条件下作业，解决了稻茬小麦适期播种难题。该技术畦面0～10cm土层土壤含水量平均显著降低16.0%，改善了土壤结构，提高了小麦根系活力、减轻了渍害，促进了早发快长，同时延缓了小麦后期衰老，提高了光能资源截获能力，增强了物质生产能力，提高了穗粒数，增产显著。

2.实用性 该技术自2018年开展示范应用以来，在凤台、怀远龙亢农场、定远建立核心示范区57 000亩，较常规农户平均增产12.7%。高畦种植一次性完成灭茬、整地、施肥、作畦、播种作业，每亩节约机械作业成本45元，高畦解决了适期播种难题，每亩节省用种20元，增收105元，合计节本增效170元。达到了稻茬小麦生产"抗逆、丰产、高效、安全"的综合目标。为周年资源高效利用和抗逆减灾提供了关键技术。通过技术的示范推广，实现了稻麦绿色优质丰产高效，促进了示范区粮食丰产和农民增效。该技术入选2020年安徽省主推技术。

四、技术展示

高茬还田施肥开沟高畦播种一体机（左图）及田间应用效果（中图、右图）如下。

高畦种植模式示意如下。

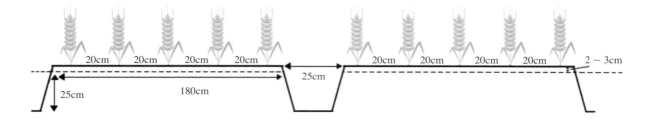

五、技术来源

　　项目名称和项目编号：江淮中部粮食多元化两熟区周年光热资源高效利用与优化施肥节本丰产增效关键技术研究与模式构建项目（2017YFD0301300）

　　完成单位：安徽省农业科学院作物研究所

　　联系人及联系方式：孔令聪，15905518909，konglingcong@126.com

　　联系地址：安徽省合肥市庐阳区农科南路40号

稻茬小麦机播壮苗高效栽培与苗情监测技术

一、技术概述

　　土壤墒情适宜稻秸秆采用深耕或深旋全量还田，小麦机械化播种，适时镇压，提高出苗质量，配套高效施肥技术培育壮苗，根据监测苗情适时调整栽培措施与减灾调控措施。

二、技术要点

　　（1）机械播种与壮苗技术。江苏苏中小麦全苗壮苗的适宜播期为10月25日至11月5日，基本苗每亩14万～16万株；秸秆优选深耕或深旋还田，播种后根据土壤墒情适时镇压。

　　（2）高效施肥技术。中筋小麦亩产600kg，亩施氮（N）16～18kg，拔节孕穗肥40％，亩产500kg，亩施氮（N）14～16kg；弱筋小麦亩产400kg，亩施氮（N）12～14kg，拔节肥施占20％。

（3）抗逆应变技术。加强沟系配套，提高防涝降渍和抗旱能力；科学地调整播种期，减少暖冬年小麦生育进程过于超前造成的冻害；播种后根据土壤墒情适时镇压，弥合土缝，增加土温；在播种时可采用生长延缓剂如多效唑、矮苗壮拌种或苗期喷施，中期注意应用防倒剂，有效地防御冻害、倒伏等；病虫草害要求按无公害农药标准及时适量施用；后期注意施用增粒增重剂，增粒增重；超前谋略抗灾应变措施，灾害发生时，及时准确地落实应对措施。

（4）病虫草害绿色防控技术。根据常用除草剂、杀虫剂、杀菌剂的施用时期、剂量、防效以及农药残留特性，提出了稻茬小麦病虫草害绿色防控技术。

（5）信息化诊断与监测技术。采用信息化技术获取幼苗生长和群体动态，根据评价指标监测稻茬小麦苗情，为调整技术措施培育高产群体提供科学诊断依据。

三、技术评价

1.创新性　稻茬小麦前茬水稻秸秆还田量大，土壤湿黏耕整困难，草土混合不匀，机械播种出苗质量差，苗质弱。该技术根据生产条件适时调整机械播种方式，明确江苏苏中麦区小麦全苗壮苗的适宜播期与播量；播种后根据土壤墒情适时镇压，增加基苗肥施用比例，促苗匀苗壮，同时根据小麦关键生育期苗情图像分析技术监测小麦长势，为生产上培育高产健康群体提供诊断依据。实现小麦"耕—播—栽—监—管"全程机械化高效生产。

2.实用性　该项技术在苏中稻麦周年茬口紧的地区有较好的应用前景。该技术提高了机械耕整播种质量，节省农时，实现小麦适期播种，温光肥资源利用率高；根据苗情监测适时调整栽培措施与减灾调控措施，在江苏省泰州市兴化市进行示范应用，亩产达550kg以上，实现增产增收，经济、社会与生态效益显著提升。

四、技术展示

该技术应用展示如下。

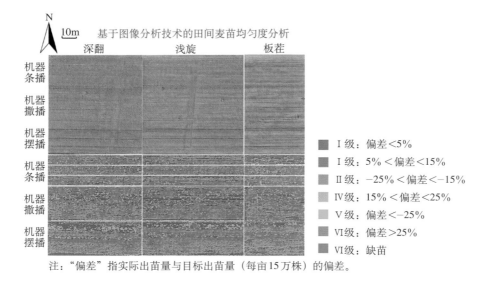

注："偏差"指实际出苗量与目标出苗量（每亩15万株）的偏差。

五、技术来源

项目名称和项目编号： 江淮东部稻－麦周年省工节本丰产增效关键技术研究与模式构建项目（2017YFD0301200）

完成单位： 扬州大学

联系人及联系方式： 李春燕，13951051677，licy@yzu.edu.cn

联系地址： 江苏省扬州市文汇东路48号

小麦"耙压一体"精量匀播栽培技术

一、技术概述

小麦"耙压一体"精量匀播栽培技术是一种集耙压和精量匀播于一体的复合式作业新技术。

二、技术要点

（1）秸秆还田。玉米收获时对秸秆粉碎2遍，秸秆长度≤5cm，切碎合格率≥90%，抛撒不均匀率≤10%，每亩用2～4kg秸秆腐熟剂兑水30kg喷施。

（2）深耕保墒。用深耕犁（作业效率1～1.3hm²/h、耕深18～25cm）深翻土壤，把下层湿土翻到地表，使上层土壤田间含水量在70%～80%，有利于种子播后发芽。

（3）耙压一体精量匀播。一次性完成播前施肥、耙、压、播种和播后镇压多项农艺工序。

①立旋整地。精量匀播播种机前置驱动耙（转速330r/min，刀盘13个以上，总刀数26把以上），立旋作业，深度50～200mm，耕翻后，驱动耙将碎土整平。杂草秸秆翻在犁底部，避免与土壤表层混杂，为播种创造良好的苗床。

②土地整平。通过刮土板（宽度3 150mm，与镇压工作面一致）将耙后地表整平，大坷垃进行重复粉粹，保证小麦播种深浅一致。

③前置施肥。将肥料通过施肥器施于已耕土壤内，肥料施于两苗带中间，施肥箱容积0.7m³，施肥作业行数为播种作业行数的1/2。施肥后利用驱动耙多次搅拌，使肥料均匀施于地下，达到全层施肥的良好效果。施肥种类和数量应考虑产量水平和土壤肥力条件。一般亩化肥用量：氮（N）15kg、磷（P_2O_5）6～9kg、钾（K_2O）7～9kg、硫酸锌1kg。有条件的地区每亩施腐熟的有机肥3 000～4 000kg。总施肥量中，将有机肥、磷肥、锌肥的全部和氮肥、钾肥总量的50%，用二次镇压播种机在播种前施到土壤中；翌年春，根据苗情于小麦起身或拔节期再施氮肥和钾肥总量的剩余50%。

④播前耙压。在精量匀播播种机立旋耙的后部、播种耧的前部配置播前镇压轮，镇压工作面3 150mm，土壤立旋后，进行播前镇压，将水分封存在土壤中，不易蒸发，达到抢墒保墒的目的。

⑤精量播种。精量匀播播种机采用无级变速播种，播量可根据播种时间、品种特性进行调整，均匀稳定，无断种、积种，达到精量播种。种子箱容积0.25m³，播种工作宽幅3 200mm，播种作业行数16～20，作业速度5～8km/h，播种生产率1～1.3hm²/h。

⑥适期播种。日平均气温14～16℃，冬前≥0℃日积温550～600℃。山东省大部冬小麦的适宜播期为10月3～20日。

⑦适量播种。根据品种确定基本苗，中穗型品种，亩基本苗宜12万～16万株；大穗型品种，亩基本苗宜15万～18万株。

播量按下列公式计算：

每亩播种量（kg）=[要求基本苗×千粒重（g）]/[1 000×1 000×发芽率×出苗率]。

三、技术评价

1.创新性 该技术针对目前生产中作业环节繁琐（秸秆粉碎、翻耕、旋耕、起畦、播种、镇压）造成土壤水分蒸发损失严重，行距大造成土壤及光温利用率不高，零株距籽粒集中造成个体瘦弱、群体郁闭等问题，实行农田翻耕后直接播种，做到翻耕与播种的零衔接，锁住土壤水分，提高土壤水生产效率。耙压一体一次性完成播前动力耙碎土、驱动辊镇压、播种、施种肥和播后镇压，在确保小麦播种深度精准控制的同时实现了沉实土壤，增加了小麦冬季逆境抗性。

2.实用性 该技术已在山东的济南、潍坊、德州、泰安、聊城、淄博、东营等地和河北的邯郸等地实现了规模化应用；应用主体以种粮大户、专业合作社和家庭农场等新型农业经营主体为主；至2020年秋播，该技术不完全统计累计应用面积已突破350万亩。

该技术充分发挥了土壤"水库"的调节功能，节省了播前造墒环节，显著减少了土壤蓄水的翻耕损失，节省灌溉1～2次，水分生产效率较传统生产技术提高20%以上。

该技术显著提高了小麦生产比较效益。小麦生产中由频繁的精细整地到耙压一体精量播种，每亩生产成本由传统技术的160元降低至90元（传统小麦播种：每亩旋耕灭茬两遍30元，翻耕60元，播前旋耕破土40元，耙平10元，播种20元；耙压一体精量播种：每亩翻耕60元，播种30元），粮食生产比较效益突出。

多年试验表明，该技术小麦群体多维持在每亩52万～65万株，产量较传统生产技术提高12.3%～17.5%，增产效果显著。

该技术入选山东省科学技术厅2021年山东省农业主推技术。

四、技术展示

耙压一体精量匀播机作业（左图）及该技术应用效果（右图）如下。

五、技术来源

项目名称和项目编号： 黄淮海东部小麦－玉米周年光温水肥资源优化配置均衡丰产增效关键技术研究与模式构建（2017YFD0301000）

完成单位： 山东省农业科学院作物研究所

联系人及联系方式： 李升东，18615269056，lsd01@163.com

联系地址： 山东省济南市历城区工业北路202号

小麦－玉米高效播种壮苗技术

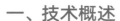

一、技术概述

针对山东小麦、玉米两熟区播种质量差、生产效率不高等问题，以提高播种质量和作业效率为目标，从农机农艺融合角度出发，集成了以小麦播前播后两次镇压、均匀排种和播种深度精准调控为核心的小麦播前播后二次镇压技术和以带状高效清茬、气吸式精量排种、种肥精准同播为核心的夏玉米苗带清茬种肥精准同播技术，显著提高了小麦玉米出苗整齐度和幼苗质量，为小麦－玉米周年高产高效奠定了基础。

二、技术要点

1.小麦播前播后二次镇压技术

（1）播种机播前调试。播种机进地前，根据播种时间和品种类型确定播种量，进行播量调节；播种时，根据土壤墒情，在地头进行播深调节。墒情适宜时，播种深度调至适宜播种深度的上限；墒情较差时，适当增加播种深度，但不要超过5cm。播种作业过程中，应保持行驶速度均匀，时速控制在5.5km/h左右。生产中可根据各地生产实际，通过播种机关键部件增减，在满足不同生产条件播种需求的同时，实现节本增效。如在旋耕整地地块，可卸掉播种机的驱动耙，不再整地而直接进行二次镇压播种。

（2）二次镇压保墒播种。秸秆还田和深耕后，立即利用二次镇压施肥播种一体机完成驱动耙碎土整平和耕层肥料匀施、镇压辊播种前苗床镇压、宽幅播种、播种后镇压轮二次镇压等复式作业，实现翻耕与整地播种无缝衔接，达到土壤保墒和苗齐、苗全、苗壮的目的。

（3）水肥管理。在小麦越冬前浇越冬水，确保壮苗越冬；起身拔节期，根据麦田苗情和墒情进行变量施肥，确定施肥浇水时间和施肥量。

（4）病虫草害综合防控。在种子处理的基础上，结合当地病虫草害发生规律和当季生产实际，进行综合防治。

2.夏玉米苗带清茬种肥精准同播技术

（1）麦茬处理。免耕残茬覆盖，小麦收获时，采用带秸秆切碎（粉碎）功能的联合收获机，留茬高度≤15cm，秸秆切碎（粉碎）长度≤10cm，秸秆切碎（粉碎）合格率≥90%，并均匀抛撒。

（2）播种机械选择。免耕播种，选择气吸式玉米苗带清茬单粒精量播种机或玉米推荐清垄深旋播种机。可实现清茬、开沟、播种、施肥、覆土和镇压等联合作业。

（3）种肥精准同播。采用免耕等行距单粒播种，行距（60±5）cm，播深3～5cm；播种时进行5～10cm的浅旋耕作，非播种带秸秆覆盖，利用播种机前置旋耕刀将小麦秸秆推出播种行，实现播种行秸秆量低于10%。根据地力条件和产量水平确定施肥量。推荐选用玉米专用缓控释肥料（推荐氮、磷、钾配比为28：7：9），施肥量每亩40～50kg。采用侧深施或分层施肥法，即浅施用量占总施肥量的30%～40%，满足玉米苗期需肥；深施用量占60%～70%，满足玉米中后期需肥。做到深浅一致、行距一致、覆土一致、镇压一致，防止漏播、重播或镇压轮打滑。粒距合格指数≥80%，漏播指数≤8%，晾籽率≤3%，伤种率≤1.5%。种肥分离，播种行与施肥行间隔8cm以上，施肥深度在种子下方5cm以上。

（4）化学除草。墒情较好时，可利用机载农药喷洒装置同步均匀喷施除草剂防治杂草。作业时一次完成苗带清茬、苗床镇压、深松分层深施肥、全层施肥、单粒播种、挤压覆土、重镇压、化学除草等工序。

三、技术评价

1. 创新性　小麦播前播后二次镇压技术首次明确提出小麦播前镇压作业环节在实现壮苗中的重要作用，通过配套农机装备一次性完成地表整平、耕层肥料匀施、播前苗床镇压、播种、播后镇压等复式作业，有效解决了小麦整地播种环节机械作业次数多、效率低、土壤失墒和播种质量不高等问题，播种深度一致性合格率提高12.5%，有利于根系下扎和抗逆稳产能力的提升，提高单位面积穗数、单株小穗数和结实率，比对照农田增产6.3%～13.0%，水分利用效率提高9.7%～15.3%，达到了节水保墒、抗逆增产、节本增效等多重效果。被确定为2020年山东省农业主推技术。

夏玉米苗带清茬种肥精准同播技术通过采用"独立封闭耕仓＋重辊镇压"的方式完成苗带清理后的土壤压实及苗带外的地面秸秆覆盖，在高效制备苗床的同时，可实现有效保墒；同时，采用"同位仿形＋气吸精播"技术和"苗带整理＋深松施肥"复式作业技术，辅以精准化信息调控，完成播深精确调控、单粒精准播种和分层深施肥。该技术围绕玉米播种环节集成农艺栽培与农机装备高度融合关键技术，辅以精准化信息调控，实现带状洁区精准播种，有效发挥玉米品种、肥料产品、农机装备及栽培技术的精准凝聚效应，实现夏玉米轻简化绿色节本增效生产。

2. 实用性　项目实施以来，小麦播前播后二次镇压逐步优化和完善，已成为项目区小麦生产的主推技术，截至2021年，该技术应用面积突破600万亩。2019年，聊城市茌平县韩屯镇示范田平均亩产764.9kg，德州市夏津县渡口驿乡优质强筋小麦平均亩产602.8kg。示范区小麦比对照平均增产6.43%，节本增效8%以上。该技术在项目区应用中起到了显著的增产稳产效果，受到广大用户的认可和欢迎。2020年，该技术入选我国气候智慧型作物生产主体技术与模式，并成为山东省农业主推技术，技术成果获得2020年山东省科技进步二等奖。

自2018年大面积应用以来，累计在山东玉米主产区建设夏玉米苗带清茬种肥精准同播技术百、千亩示范方26处，累计示范应用面积超过200万亩，比常规技术出苗率提高6.5%，整齐度提高9.2%，肥料利用效率提高10.27%，平均增产8.34%，亩节本增效189.48元。本技术的关键技术环节已获得授权国家发明专利3件、实用新型专利2件、软件著作权1项，山东省地方标准1项，2021年成为山东省农业主推技术。

　　两项技术在示范应用中不断完善，筛选确定出系列配套机具，并对多个关键部件进行优化，加快了农机农艺深度融合，为技术成果的大面积应用提供了装备支撑，有效解决了山东旱作灌溉区小麦－玉米一年两熟全程机械化中光热资源不足造成的秸秆还田和播种质量不高的突出问题，显著提高了小麦、玉米出苗整齐度和幼苗质量，为小麦－玉米周年高产高效奠定了基础。在黄淮海小麦－玉米一年两熟种植区推广应用前景广阔。

四、技术展示

　　小麦播后二次镇压作业（左图）和苗期田间情况（右图）如下。

　　苗带清茬种肥精准同播玉米苗期（左图）及大喇叭口期（右图）田间情况如下。

五、技术来源

　　项目名称和项目编号：山东旱作灌溉区小麦－玉米两熟全程机械化丰产增效技术集成与示范（2018YFD0300600）

　　完成单位：山东省农业科学院作物研究所、山东省农业科学院玉米研究所、山东省农业机械科学研究院

联系人及联系方式：刘开昌，13954110780，Liukc1971@126.com；李宗新，18660132776，sdaucliff@sina.com；荐世春，13176027681，jscsh2002@163.com

联系地址：山东省济南市历城区工业北路202号

黄淮麦区强筋小麦丰产提质增效协同技术

一、技术概述

该技术针对区域内强筋小麦生产中突出存在的品质、产量、资源利用效率间协同困难，品质稳定性差、水肥资源利用效率低，投入大成本高等限制强筋小麦产业可持续发展的难题，构建了品种生态适应性和优质专用性评价标准与技术体系。

二、技术要点

（1）选择优质强筋小麦品种。黄淮北部麦区强筋小麦优势产区主导品种为藁优2018、师栾02-1、济麦229、藁优5766、中麦29等。黄淮东部麦区强筋小麦优势产区主导品种为师栾02-1、藁优5766、洲元9369和泰山27等。黄淮南部麦区强筋、中强筋小麦优势产区主导品种为新麦26、周麦32、中麦578等。

（2）匀播增密。播种时注重"匀播技术与合理密植"。采用宽幅播种（苗带宽度8～10cm、行距27～28cm）、立体匀播（全幅均匀播种）、窄行匀播（苗带宽度2～3cm、行距12～14cm）等播种方式，促进植株均匀分布，以增穗扩容；播后均匀镇压。注意结合品种特性合理密植，大穗型品种种植密度375万～405万株/hm²，中多穗型品种种植密度240万～270万/hm²，提高植株肥水吸收能力。

（3）减氮追钾配施硫肥。施肥原则为"适量减氮、重追氮肥、氮硫配施、分期施钾"。每亩施氮量降至13～15kg（以纯N计），基肥占比30%～40%，拔节期追肥占比60%～70%。每亩一次性施入硫肥3～5kg（以硫黄计）。每亩施钾量6～8kg（以K₂O计），基肥与追肥占比均为50%。

（4）节水灌溉与花后控水。正常年份春灌2水，即拔节期、抽穗－齐穗期采用微喷灌、滴灌、立杆式喷灌、地埋式喷灌、自走式喷灌等进行节水灌溉，每次每亩灌水27～30m³；播种后如墒情较差，可每亩喷灌15～20m³水确保一播全苗。花后保持适度亏缺，尽量不再灌水，以免降低谷蛋白聚合程度，影响蛋白品质。

三、技术评价

1.创新性 优化了黄淮麦区优质专用强筋小麦品种布局；揭示了有效打破产量与品质负相关关系，改善水肥利用效率和经济效益，协同实现丰产提质增效的技术途径；集成创新了以匀播增密、减量施氮、分期施钾、重追氮肥、花后控水为核心的强筋小麦丰产提质增效栽培技术体系，为区域小麦供给侧结构性改革提供了有力保障。

2.实用性 示范区小麦均达到国家优质强筋小麦标准，每亩节氮1.6 ~ 2.0kg、节水30 ~ 45m³，产量提高8.6%，氮肥利用率提高14.7%，水分利用率提高12.9%，每亩节本增收128元，有效促进了黄淮麦区优质强筋小麦产业发展，为区域小麦供给侧结构性改革提供了有力保障。

四、技术展示

应用该技术的喷灌作业（左图）与小麦长势（右图）如下。

五、技术来源

项目名称和项目编号： 小麦优质高产品种筛选及其配套栽培技术项目（2016YFD0300400）

完成单位： 山东农业大学、中国农业大学、中国农业科学院作物科学研究所、河北省农林科学院粮油作物研究所、河南农业大学

联系人及联系方式： 王振林、贺明荣、王志敏、贾秀领、常旭虹、马冬云、代兴龙，13562822332，adaisdny@163.com

联系地址： 山东省泰安市岱宗大街61号

弱筋小麦减氮增密产质协调栽培技术

一、技术概述

"弱筋不弱"是弱筋小麦生产的主要问题，减施氮肥可显著降低弱筋小麦籽粒蛋白质、面筋含量，改善品质，但会降低产量。增加种植密度可以弥补减氮造成的产量损失。减氮增密栽培技术是集稳定弱筋小麦产量、改善弱筋小麦品质和提高氮肥利用效率于一体的绿色稳产增效栽培技术。

二、技术要点

（1）品种的选用。选用长江中下游麦区丰产性好、品质性状稳定、抗倒伏能力强的弱筋小麦品种。

（2）提高播种质量。水稻秸秆全量还田，将秸秆切碎，长度3～5cm，犁旋深翻还田，使秸秆、肥料和土壤充分均匀混合，便于秸秆腐解，精细平整土地，利用精量播种机精确控制播量播种，播后镇压、开沟，提高小麦出苗率和整齐度。

（3）减氮增密。根据常规高产栽培方式，适当调整播种量和施氮量，依据目标产量确定小麦施氮量为180～225kg/hm^2，播量密度240万～360万株/hm^2，减氮则提高播种密度，按照减氮1kg，增密4万～5万株/hm^{2}的原则进行调控。

（4）绿色防控技术。坚持"预防为主、综合防治"的方针，采用农业防治、物理防治、生物防治、生态调控以及科学、合理、安全使用农药的技术防治病虫草害。

三、技术评价

1.创新性　该技术可降低氮肥用量，提高氮肥利用效率，增加基本苗数和有效穗数，从而达到节本增效提质、增加产量的目的，有较好推广应用价值。

2.实用性　自2018年以来，该技术在江苏、安徽的多个生态点建立优质弱筋小麦示范田并进行示范应用推广。连续多年大田对比试验跟踪调查结果表明，应用该技术节约氮肥25%左右、提高氮肥利用效率10%以上，达到了弱筋小麦生产稳产、优质、高效、生态、安全的综合目标。

四、技术展示

该技术在大田的应用效果如下。

五、技术来源

项目名称和项目编号：小麦优质高产品种筛选及其配套栽培技术项目（2016YFD0300400）

完成单位：南京农业大学

联系人及联系方式：周琴，13770797449，qinzhou@njau.edu.cn

联系地址：江苏省南京市卫岗1号

酿酒曲麦量质协同提升关键技术

一、技术概述

酿酒曲麦量质协同提升关键技术是以曲麦专用品种为基础，配合氮肥调控、免耕抗逆播种和病虫草高效防控等关键技术，实现曲麦生产的减氮、丰产、优质、高效协同目标。

二、技术要点

（1）播前准备。前作水稻采用半喂入式收割机收获，秸秆即时切割、均匀抛撒；或采用半喂入式收割机收获，高留茬，于小麦播前适当时机进行灭茬作业，将秸秆粉碎，均匀铺于田面。

（2）品种选择。选择软质率高（80%）、淀粉含量高（70%）、耐穗发芽，且适宜当地气候生态条件的丰产抗病品种。

（3）免耕带旋播种。采用2BMF-10、2BMF-12等型号的免耕带旋播种机播种。播前调试机器，根据种子大小调节播量，控制在每亩12～14kg（基本苗每亩18万～20万株）范围即可。种肥选择养分配比适宜的复合肥，全生育期亩施纯氮8～10kg，使其底肥氮肥用量占全生育期的70%、磷钾肥用量占到总用量的100%。一次作业即可完成开沟、播种、施肥、盖种等工序。

（4）苗期化学除草。灭茬作业后秸秆覆盖于土表，播前一般不进行化学除草。杂草种子伴随小麦出苗而陆续萌发，应在小麦3～5叶期进行苗期化学除草。根据杂草种类选择适宜的除草剂。

三、技术评价

1.创新性　该技术的先进性主要体现在：①实现了产量与质量的协同。产量是保证单位面积生产效益的基础，增施氮肥有利于增产，但会降低曲麦质量，即软质率、淀粉含量下降。利用稻麦系统丰富的土壤有机质资源，减少氮肥投入，达到减氮不减产、不降质的目标。②配套免耕抗湿播种技术，突破稻茬小麦立苗障碍，提升播种质量和土壤保墒能力，促进减氮增产、节本增效，并降低耕层硝态氮含量及环境污染风险。通过该技术最终能实现曲麦高产（亩产≥500kg）、优质（软质率≥70%）、氮高效（氮肥利用率≥55kg/kg）的有机结合。

2.实用性　酿酒曲麦量质协同提升关键技术能在确保高产（亩产480～550kg）的同时，实现小麦产量、质量、效益的协同提升。其中，酿酒曲麦的粉质率达到70%以上，淀粉含量达到70%（干基）以上，籽粒容重和活力高，不完善粒百分率低于国家标准。此外，该技术具有显著的节肥、节能、节水、节种效果，单位面积总成本下降20%以上，氮肥利用率提高10～15kg/kg。四川省梓潼、江油等地的种粮大户采用该技术，为"五粮液"等酒企订单生产曲麦原料，施氮量可降至每亩8～10kg，质量优良，每千克售价比常规小麦高0.3～0.5元，每亩节本60～80元，净利润增加至300～400元。该成果中的核心配套播种技术已于2021年入选农村农业部农业主推技术。

四、技术展示

免耕带旋播种作业（左图）及曲砖质量评估现场（右图）如下。

五、技术来源

项目名称和项目编号：小麦优质高产品种筛选及其配套栽培技术项目（2016YFD0300400）
完成单位：四川省农业科学院作物研究所
联系人及联系方式：刘淼，13008197623，lm1988315@163.com
联系地址：四川省成都市狮子山路4号

零农药化肥纯天然小麦生产技术

一、技术概述

随着人们生活水平的提高，消费者对食品安全的要求越来越高。以生态学为基础，以有机农业为代表的各种替代农业提倡完全不用化学农药和肥料进行农业生产。然而，如果忽视土壤生态环境的改良和农田生态环境的优化，病虫草害将会成为阻碍替代农业发展的主要障碍。大洋洲活力农耕农法（Australian Bio-Dynamics，简称BD）理论基础源于欧洲，实践体系生于大洋洲。针对以上问题并结合BD理论及实践体系集成了零农药化肥纯天然小麦生产技术。

二、技术要点

（1）绿肥轮作。每年小麦收割以后开始播种绿肥，绿肥由甜玉米、甜高粱、苏丹草、大麻、黑麦草和黄豆等多种作物组成。

（2）土壤深松。8月用秸秆粉碎机粉碎秸秆还田，再喷施人工增殖的当地老树林中的土著微生物，深松梨深松土壤。

（3）害虫趋避。地头种植罗勒、迷迭香和薄荷等香料作物等进行害虫趋避。

（4）种植抗病品种。每年小麦播种期选用小麦抗耐病品种播种。

三、技术评价

1.创新性 该技术原则相通于"上工治未病",应用基于绿肥轮作、土壤深松、土壤微生物补充、生态功能植物和抗性品种的小麦绿色病虫害防控技术,通过与绿肥轮作、增施微生物菌肥和保护性深松等纯天然的土壤改良方案,系统全方位的塑造土壤生态环境和植物的健康,从而实现零农药化肥的生产目标。

2.实用性 2017—2020年在陕西省咸阳市泾阳县新庄村绿我农场进行试验示范。实施绿肥轮作后,有机质含量由第一年的1.51%增加到第四年的2.06%,速效氮含量基本保持稳定。小麦条锈病、赤霉病和蚜虫与化学防治田相比,病虫害发生率和严重程度差异不大。小麦蚜虫种群数量在灌浆后期甚至低于化学防治田。2018年试验的5个小麦品种小偃6号、小偃22、西农658、西农979和35-39A平均减产率3.89%,但是由于实行有机生产,小麦的产值相比化学防治田显著增加。

四、技术展示

应用该技术在地头种植罗勒趋避害虫如下。

五、技术来源

项目名称和项目编号: 粮食主产区主要病虫草害发生及其绿色防控关键技术(2016YFD0300705)
完成单位: 西北农林科技大学
联系人及联系方式: 李强,15319489826;胡想顺,18991299903
联系地址: 陕西省咸阳市杨凌示范区邰城路3号

黄淮南部响应温光变化的冬小麦－夏玉米抗逆丰产技术

一、技术概述

黄淮南部地处南北气候过渡带,主体种植制度为冬小麦－夏玉米一年两熟,极端气候和灾害性天气的发生对冬小麦和夏玉米生长发育和产量稳定性影响显著，如气候变暖加快了冬小麦的发育进程，使整个生育期缩短，玉米扬花期高温影响籽粒结实性。针对黄淮南部区域温光异常变化下作物系统不适应、耕作措施不合理、栽培技术应变不及时造成的小麦、玉米产量不稳等关键技术瓶颈，以"作物配置适应－耕层优化缓解－栽培调控抗逆"为技术思路，集成了以"优化品种布局、构建良好耕层、水肥统筹调控、化学抗逆延衰"为关键技术的冬小麦－夏玉米抗逆丰产栽培技术体系。

二、技术要点

本技术以资源高效、健株壮苗、抗逆减灾为主攻目标，以农艺与农机相结合为手段，通过以小麦、玉米秸秆粉碎覆盖还田，结合耕层结构优化、品种布局调整、肥药高效施用、主要气象灾害避减防、高质量群体构建和水肥合理运筹为主的关键技术的集成创新，建立了适合黄淮南部不同区域的抗逆丰产高效栽培技术，为河南省及黄淮南部相应生态区大面积应用提供示范样板和技术支撑，最终达到提高光热水肥等资源的利用效率、提高粮食持续高产能力、降低生产成本、促进农民增收的目的。

（1）秸秆覆盖与耕作方式。玉米收获后趁青用秸秆粉碎机将玉米秸秆全量粉碎并覆盖于地表，要求秸秆细碎、覆盖均匀，等到适播期时，再整地进行播种。

采取轮耕制，小麦播种采用等行、免耕或宽窄行播种，每2年或3年小麦播种前采取翻耕（深度25～30cm）或玉米季深松（深度30～40cm）方式整地后进行玉米播种。

（2）品种选择与种子处理。小麦宜选用分蘖力强、成穗率高、抗病性强、丰产性好、适应性广的品种；玉米选用丰产性能好、抗倒能力强、增产潜力大、适宜机收的紧凑耐密型中早熟品种。播前要精选种子，用含有安全高效杀菌剂、杀虫剂的包衣剂进行包衣。

（3）播种环节。小麦采用宽窄行或等行距种植，玉米采取宽窄行播种；玉米播种时进行玉米种肥异位同播，一次性将种子和底肥施入。墒情适宜时，播深3～5cm。

冬小麦因品种和墒情及天气情况，在适宜播期进行播种，冬小麦适宜播种量为每亩10～12.5kg，根据土壤类型、播种前土壤墒情和播期，适当增减，以保证基本苗数量；玉米在麦收后及时播种，根据品种和穗型每亩留苗4 200～5 000株。

（4）施肥与灌水。采用冬小麦测土配方施肥结合目标产量施肥模式。小麦季氮肥底肥∶追肥比例6∶4；追肥在小麦拔节中期（第二节间开始伸长时）进行。施肥量：每亩小麦500kg以上，高产田块亩施纯氮（N）12～16kg，磷肥（P_2O_5）8～10kg，钾肥（K_2O）5～8kg。玉米一般每亩施氮肥（N）12～14kg、磷肥（P_2O_5）3～5kg、钾肥（K_2O）2～5kg，钾肥、锌肥全部底施，氮肥40%底施、60%追施，对缺锌地块每亩基施硫酸锌1～2kg。

小麦播种期要足墒播种，越冬期可不浇水；小麦返青拔节期遇到耕层（0～40cm）土壤相对含水量≤70%时，每亩补充灌水40～50m³。玉米播种前土壤墒情不足时，及时浇"蒙头水"，亩浇水量以40～50m³为宜，使耕层0～20cm土壤含水量达到18%～20%；玉米在拔节到抽雄期间如遇干旱立即浇水，每亩灌水量30～60m³。籽粒灌浆期间，干旱时及时浇水，遇涝时注意排水，确保籽粒顺利灌浆。

（5）病虫害防治。小麦返青拔节期注意及时防治纹枯病、红蜘蛛等病虫害；抽穗扬花期重点防治赤霉病、吸浆虫等病虫害；灌浆期综合用药防治白粉病、锈病、叶枯病、蚜虫等病虫害。

玉米苗期防治黏虫、蓟马、草地贪夜蛾、灰飞虱的危害，穗期防治叶斑类病害和钻蛀类虫害；花粒期防治蚜虫、锈病和茎腐病；灌浆期防治红蜘蛛和锈病。

（6）适时收获。小麦在蜡熟末期适时机械收获，若收获期有降水，应适时抢收，防止穗发芽，天晴时及时晾晒，防止籽粒霉变；玉米苞叶干枯变白、子粒乳线消失、变黑层出现，进入完熟期时，采用玉米收获机进行收获。

三、技术评价

1.创新性 基于适应作物温光等环境因子变化提出了品种优化布局，提高了周年光热利用效率、减轻了灾害性天气危害。采用旋－免－翻/松轮耕制度，解决耕层变浅、水热气不畅障碍，实现疏松耕层、增温保墒；建立播前造墒贮墒和播后镇压抑散、减氮控磷钾肥料综合统筹、重小麦拔节和玉米大喇叭口期水氮优化根域水分结构和养分供应、构建高质量群个体的抗逆延衰关键技术。应用集成的抗逆丰产栽培技术可使灾害损失减少10%左右，较非项目区增产5%～10%，亩节本50元以上，产生了显著的社会、生态和经济效益。

2.实用性 该技术自2018年以来，示范应用面积超过500万亩，分别在豫北的焦作市温县、鹤壁市浚县、许昌市建安区、周口市商水县、驻马店市西平县、南阳市方城县等地建立百、千亩示范方80多个。通过技术体系的示范应用，示范区小麦、玉米亩产较非项目区增产5%～10%。综合技术示范区累计增产小麦玉米33.7万t，增加直接经济效益4.8亿元。技术示范区水资源和化肥利用效率提高12.5%以上，光热利用效率提高17.2%、气象灾害与病虫害损失率降低3.4%，生产效率提升25.5%，节本增效10%左右。

四、技术展示

应用该技术冬小麦灌浆期的生长情况（左图）及玉米北斗导航避茬技术相关机械田间作业（右图）如下。

五、技术来源

项目名称和项目编号： 河南多热少雨区小麦－玉米周年集约化丰产增效技术集成与示范项目（2018YFD0300700）

完成单位： 河南省农业科学院

联系人及联系方式： 李向东、张德奇，0371-65717678，hnlxd@126.com

联系地址： 河南省郑州市金水区花园路116号

江汉平原稻茬小麦抗逆中高产栽培技术

一、技术概述

基于南方稻茬小麦播种后易遭遇持续降雨、秸秆还田量大播种质量难控制、秸秆还田病虫害发生率上升、孕穗开花期阴雨连绵赤霉病加剧等现状，通过田间试验、农户跟踪调查、关键技术示范等集成了该技术。该集成技术依墒调整播种技术和播种方案，能有效提高播种质量，构建良好的苗期群体结构；该技术依草害苗情，优化田间除草方案，能有效防除稻麦轮作条件下特殊害草；该技术依降水量多寡调整防渍技术方案和赤霉病防治方案，能有效缓减渍害和赤霉病导致的产量降低，适宜在江汉平原等稻茬麦区大面积推广。

二、技术要点

（1）播前准备。

适墒耕整：在土壤相对含水量适宜时（田间最大持水量的70%左右）深耕或深旋，秸秆埋深15cm以下，秸秆还田量较大的田块，实行两次旋耕。

品种选择及预处理：应选择通过审定并适宜本地区种植的小麦品种，优先选择耐渍、耐晚播、弱春性或半冬性品种。

（2）播种技术。

播期和播量选择：适宜播种时间为10月25日至11月5日，最迟播期12月15日，应尽早播种。适播期内，用半精量播种技术，保持基本苗每亩15万～20万株；近适播期，播量不变或者略增，基本苗每亩20万～25万株。

播种方式与播种深度：适墒适期能顺利进行土壤耕整的田块宜采用机械条播的播种方式，行距20～25cm，播种深度3～5cm；晚播条件下，可拆除条播机的开沟器和排种管，板茬露田直播，开沟覆盖；对滕茬极晚的田块，可采用稻田套种方式，人工或机械套种套肥套药，水稻收割后立即开沟覆盖，播后镇压。

（3）肥水管理。

①肥料管理。应用平衡施肥技术，在保证100%秸秆还田的前提下，每亩施纯氮10～12kg，P_2O_5 5～6kg，K_2O 5～6kg。

基肥：施纯氮每亩3～4kg，磷肥和钾肥全部基施。

促蘖肥或平衡肥：3～4叶期时，根据田间苗情均匀度，每亩施纯氮3～4kg（尿素6～8kg），促进分蘖发生和早生蘖。

拔节肥：拔节肥一般在倒3叶露尖、基部第一节间定长、叶色转淡、小分蘖开始大量死亡时追施，每亩施纯氮3～4kg（尿素6～8kg）。

②排水沟系管理。播种后应及时完善沟系，保证排水顺畅，达到雨止田干。

（4）病虫草害防治。

草害防治：播后苗前或齐苗后，及时防治杂草。遇暖冬或有旺长趋势田块，可结合化控防旺长。

病虫害防治：返青至拔节期重点防治条锈病；齐穗期至扬花初期重点防治赤霉病，白粉病重发年需兼治白粉病。遇赤霉病重发年，应于花后10d进行二次防治。返青至拔节期防治麦蜘蛛，可结合锈病兼治。

（5）化学调控。化控抗阴雨寡照等非生物胁迫：小麦孕穗期和开花期，对渍害胁迫、高温胁迫、大风胁迫等反应敏感，易导致植株早衰，应及时防控。江汉平原小麦全生育期降水集中在3月下旬孕穗以后，渍害多发。在排渍的同时，结合小麦"一喷三防"技术，叶面喷施杀菌剂、杀虫剂、植物生长调节剂、叶面肥等。

（6）收获与储藏。优质专用小麦收获时应分类收贮，即同一品种、相近田块与管理技术一致的小麦同期收获储藏，禁止混收混贮。

三、技术评价

1. 创新性　稻麦周年复种模式逐年扩大，尤其在水稻采用直播的模式下，水稻、小麦传统栽培技术规程均需调整。该技术解决了传统栽培模式所没有兼顾到的品种衔接、复种和秸秆还田导致的病害草害加剧、稻茬麦的肥料运筹土壤水管理等问题，为现阶段的生产需求提供技术支持。

2. 实用性　自2017年开展示范以来，该技术应用面积实现几何级增长。2021年在湖北省江汉平原建立百亩示范方10个，示范应用面积超过3 000亩。连续5年大田对比试验跟踪调查结果表明，利用该技术有效稳定了湖北省的小麦播种面积，直接和间接增产效果明显，平均每亩节氮率达20%，增产10%，增收100元，减少温室气体排放25%。达到了全省实现水稻–小麦周年丰产、优质、高效、生态、安全的综合目标。

四、技术展示

江汉平原稻茬小麦抗逆中高产栽培技术示意如下。

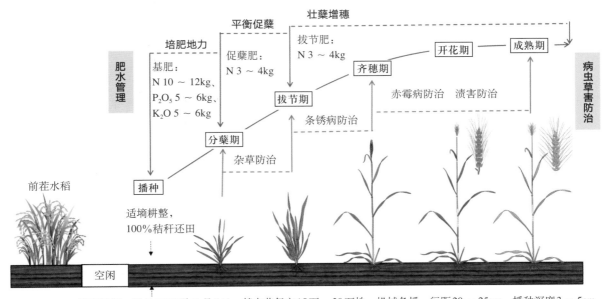

适宜播期：10月25日至11月5日，基本苗每亩15万～20万株；机械条播，行距20～25cm，播种深度3～5cm。

五、技术来源

项目名称和项目编号：小麦生产系统对气候变化的响应机制及其适应性栽培途径（2017YFD0300200）

完成单位：长江大学

联系人及联系方式：王小燕，18986661561，wamail_wang@163.com

联系地址：湖北省荆州市荆秘路88号

太行山山前平原小麦促粒抗逆一喷增效技术

一、技术概述

该技术针对河北太行山山前平原小麦生育期间灾害天气、病虫限制产量问题，利用无人机一喷综防轻简技术，提升小麦抗逆丰产能力。

二、技术要点

（1）选用适宜药剂组合。选用杀虫剂阿立卡、高效内吸性杀菌剂扬彩和生物激活剂益施帮。利用阿立卡防控地下害虫、吸浆虫和蚜虫；利用扬彩防控茎基腐病、赤霉病和白粉病；利用益施帮健根延衰、扩库增源。

（2）技术使用方法。利用阿立卡拌种，用量为种子的0.1%；在拔节期和开花期利用无人机喷施扬彩，每亩每次制剂用量为50～70mL，兑水4～6L均匀喷雾；在开花期和灌浆中期喷施益施帮生物激活剂，每亩每次喷施剂量为25～30mL，兑水5～6L。

三、技术评价

1.创新性　利用新型药剂促粒组合（阿立卡/扬彩/益施帮），全程防控小麦地下害虫，健根促蘖，促进生育中后期源库建成，延缓根叶衰老，增强植株抵御病虫和籽粒灌浆能力。该项技术利用新型高效低毒组合药剂，依托新型经营主体和无人机高效操作平台，实现一喷综防轻简作业和增产增收。

2.实用性　2018—2021年度，在太行山山前平原玉坤家庭农场等新型农业经营主体推广该项小麦促粒抗逆一喷增效技术（阿立卡/扬彩/益施帮），累计示范面积51万亩，技术应用显著改善了生育前期群个体发育和建成能力、生育中期穗花发育能力和生育后期干物质生产和籽粒灌浆能力。与生产大田相比，该项技术病虫发生指数降低36.2%，防控效果提高53.6%，生育期干物质总量提高10.7%，灌浆期延长4.3d，籽粒灌浆速率平均提高18.9%，千粒重提高9.1%，冬小麦产量达到9 740kg/hm² 以上，增产8.9%，水分利用效率提高15.6%，氮素利用效率提高12.3%。

四、技术展示

应用该技术利用无人机进行田间作业（左图）及技术应用田间效果（右图）如下。

五、技术来源

项目名称和项目编号：河北水热资源限制区小麦－玉米两熟节水丰产增效技术集成与示范项目（2018YFD0300500）

完成单位：河北农业大学

联系人及联系方式：肖凯，13784984637，kaixiao1112@163.com

联系地址：河北省保定市莲池区乐凯南大街2596号

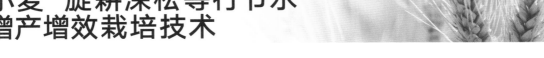

小麦"旋耕深松等行节水"增产增效栽培技术

一、技术概述

该技术是针对华北平原耕层普遍变浅、地下水超采的两大生产问题，集成旋耕灭茬＋深松土壤＋等行播种施肥＋移动节水喷灌精确管理于一体的新型现代节水农业技术。

二、技术要点

（1）旋耕深松整地。利用前旋耕（25cm）灭茬＋后深松（40cm）耕层优化一体机技术，简化耕作次数2次，同时提高整地质量。

（2）等行播种施肥。利用等行（行距7～15cm）施肥播种机或者宽幅（苗带5cm）匀播施肥机精量均匀播种施肥（底肥：复合肥600kg/hm²），提前封行，减少棵间蒸发（占小麦生育期耗水的30%左右），同时提高水、热、光和土壤养分等资源利用效率，还可以大幅度减少杂草危害，降低后期倒伏和因群体密度过大、农田高温高湿引起的病虫害暴发的风险。

（3）春季绿色高效杂草防治。根据麦田杂草类型选用低毒绿色除草剂，利用无人机等机械喷施，除草效果提高20%，节本增效15%。

（4）精确节水灌溉和施肥管理技术。在小麦－玉米一年两熟区，在底墒充足或者灌好底墒水的情况下，减少冬灌1次（每亩40m³），稳定亩穗数，降低苗情冬旺遭受倒春寒的风险；在春季返青拔节期，利用水肥一体化设施，早期灌溉一次（每亩40m³），根据苗情强弱，追加75～150kg/hm²尿素，提高孕穗质量，增加穗粒数。如开花期遇干旱，利用水肥一体化设施，灌溉第二次（每亩40m³），追加75～150kg/hm²尿素，保障花后干物质积累，发挥高产和超高产潜力；开花到灌浆初期，要进行"一喷三防"（旱、病、虫），实现节水高产双赢。

三、技术评价

1.创新性　该技术旋耕灭茬、深松打破犁底层，实现耕层优化，蓄水保水，增加根系深层吸水肥能力；等行播种减少棵间蒸散，减冬灌稳定亩穗数，早春灌增加穗粒数；提高资源利用效率，增加花后干物质积累，挖掘小麦高产高效潜力。该技术实现了小麦简化耕作、节本增效、绿色提质，是华北节水农业地区的一种先进、简化、高效栽培技术。

2.实用性　自2016年开展示范以来，该技术在河北、河南、山东、安徽、新疆、西藏、内蒙古、广西等省（自治区）大面积示范推广，建立百亩示范方50多个，示范应用面积超过100万亩。连续5年大田对比试验跟踪调查结果表明，该技术的旋耕灭茬和深松一体化可以减少耕作次数，提高整地质量、打破犁底层，提高小麦产量20.8%，提高水分利用效率16.7%；提高氮肥利用效率28.2%；提高经济效益24.1%；达到了小麦－玉米周年生产绿色、提质、增产、增效的综合目标。该技术被发布在山东省农业农村厅网站上，2021年1月在山东省电视台新闻联播作为2020年度现代农业成果进行了展示，在黄淮海冬小麦、夏玉米主产区有广阔的应用前景。

四、技术展示

旋耕深松一体机作业（左图）及该技术应用相关电视报道（右图）如下。

五、技术来源

项目名称和项目编号：粮食作物产量与效率层次差异及其丰产增效机理（2016YFD0300100）
完成单位：中国科学院遗传与发育生物学研究所农业资源研究中心
联系人及联系方式：徐萍，13785119806，xuping@sjziam.ac.cn.cn
联系地址：河北省石家庄市裕华区槐中路286

冬小麦节水省肥优质高产技术

一、技术概述

该技术是集冬小麦晚播高产技术、周年水氮高效利用技术和优质品种控水保优技术于一体的绿色栽培新技术。

二、技术要点

（1）贮足底墒。播前浇足底墒水，以底墒水调整土壤储水，使麦田2m土体的储水量达到田间最大持水量的85%～90%。

（2）优选品种。选用节水型优质中筋和强筋品种，要求品种穗容量大、种子根较多、灌浆快、耐寒耐旱能力强。精选种子，使种子大小均匀。

（3）集中施肥。在中上等地力条件下，节水栽培以"适氮稳磷补钾锌，集中基施"为原则，调节施肥结构及施肥量。一般春浇1～2水亩产400～600kg，氮肥（N）亩用量12～14kg，全部基施；或以基肥为主，拔节期少量追施，适宜基追比为7：3。基肥中稳定磷肥用量，亩施磷（P_2O_5）7～9kg，补施钾肥（K_2O）7～9kg，硫酸锌1～2kg。

（4）晚播增苗。越冬苗龄3.5～5.5叶为宜，依此确定具体的适播日期。晚播需增加基本苗，以增苗确保足够穗数，并增加种子根数。在上述适播期范围内，亩基本苗30万～40万株。

（5）窄行匀播。精细整地，精匀播种，行距不大于15cm，做到播深一致（3～5cm），落籽均匀。播后均匀镇压。

（6）限水补灌。一般春浇1～2次水。春浇1水，浇水时期为拔节—孕穗期；春浇2水，以拔节水和开花水为宜。每亩每次浇水量为40～50米³。在地下水严重超采区，可采用"播前贮足底墒，生育期不再灌溉"的贮墒旱作模式，进一步减少灌溉用水。

三、技术评价

1.创新性　该技术基于冬小麦、夏玉米轮作体系，发挥2m土体的水库功能，夏季贮墒，麦季减灌，充分利用土壤水；冬小麦晚播，采用"大群体、小株型、高收获指数"的高产栽培途径，通过增苗扩大种子根群和增穗扩大非叶片光合面积，发挥种子根群深层吸收和非叶器官（穗、茎、鞘）光合耐逆机能，提高后期物质生产；通过集中施肥，培育壮苗；通过拔节前水分调亏，促根控叶，优化群体，减少无效生长和水氮损耗；通过灌浆后期水分调亏，促进籽粒蛋白质和谷蛋白亚基积累，改善籽粒品质。最终实现高产、优质和水肥高效的协调统一。

2.实用性　该项技术适宜在华北平原区推广应用，正常年份足墒播种条件下，春浇2水亩产500～600kg或以上，春浇1水亩产450～500kg，春不浇水亩产400kg左右，并保优增效，比传统高产栽培方式每亩减少灌溉水50～100m³，节省氮素15%～20%，水分利用效率提高15%～20%，降低温室气体N_2O累积排放量20%～32%。"十三五"期间该技术连续被农业农村部推介为全国主推技术，与节水品种配套应用，累计推广面积1.1亿多亩，累计节水30亿m³以上，累计节省氮肥（N）约3亿kg，促进我国小麦绿色增产增效，为华北地区地下水超采治理和农业面源污染防治做出了重要贡献，2020年被农业农村部遴选为"十三五"农业科技十大标志性成果之一。

四、技术展示

小麦节水技术示范田如下。

五、技术来源

项目名称和项目编号：小麦优质高产品种筛选及其配套栽培技术项目（2016YFD0300400）
完成单位：中国农业大学
联系人及联系方式：王志敏，13671185206，cauwzm@qq.com
联系地址：北京市海淀区圆明园西路2号

基于匀播种植的小麦稳氮控水一体化轻简技术

一、技术概述

该技术是集小麦立体匀播、控水稳氮精准管理及无人机防控于一体的综合性新技术。

二、技术要点

（1）立体匀播分层镇压。前茬作物秸秆还田后，采用小麦立体匀播、分层镇压、机械适期适量高质量均匀等深播种，争取一播全苗，保证苗全、苗匀、苗壮。该机械可一次性完成"施肥、旋耕、镇压、播种、覆土、二次镇压"等作业工序。

（2）稳氮控水一体化。一般年份施氮肥240kg/hm²，其中底肥、拔节肥、开花肥分别占50%、35%～40%、10%～15%；春季灌水750～1 050m³/hm²，拔节和开花期分别占

60%和40%；水肥运筹采用微喷灌自动一体化技术，既可以保证较高的产量，又能改善综合品质。

（3）综合飞防调控。采用无人机叶面喷施调控剂或叶面肥，于拔节前喷施化学调控剂壮秆防倒，开花后喷施芸薹素内酯，调节植株光合作用；遇逆境前喷施芸薹素内酯或磷酸二氢钾提高抗逆性，逆境后喷施锌锰肥或氮素缓解逆境负面影响；灌浆期进行"一喷三防"。

三、技术评价

1.创新性　该技术基于立体匀播小麦水氮高效利用规律，匹配出适于强筋小麦优质稳产的无人机群体调控措施与一体化水肥运筹技术。立体匀播小麦充分发挥单株优势，无行无垄，精量播种后配套一体化微喷灌设施精准管理水肥，采用无人机进行化学调控及病虫害防治，优化群体结构，提高抗逆能力，实现匀播小麦全程机械化轻简管理。

2.实用性　该技术自2016年开展强筋小麦试验及示范以来，在石家庄及衡水建立示范田，对照田减损增产3%～10%，每亩减少灌水40～50m³、纯氮2～3kg，降低成本约50元，增收100元以上。经农业农村部谷物品质监督检验测试中心检测，品质达到强筋小麦品质标准。该技术总体上成熟稳定，示范增产增收效果显著，应用前景广阔。其中立体匀播技术已在11个省（市、区）示范推广，2018年被农业农村部列为十大引领性农业技术之一——小麦节水保优生产技术的主要内容。匀播技术经中国农学会评价，整体达到国际领先水平。

四、技术展示

小麦立体匀播分层镇压机械田间作业（左图）及麦田一体化微喷灌设施（右图）如下。

五、技术来源

项目名称和项目编号：小麦优质高产品种筛选及其配套栽培技术项目（2016YFD0300400）
完成单位：中国农业科学院作物科学研究所
联系人及联系方式：常旭虹，13681398615，changxuhong@caas.cn
联系地址：北京市海淀区中关村南大街12号

限水灌溉下适应作物根系和土壤养分分布的高效用水调控理论与技术

一、技术概述

限水灌溉下适应作物根系和土壤养分分布的高效用水调控技术是耦合优化的施肥、耕作、灌溉等调控技术措施，结合配套机具，建立打破根、水、肥异位限制的精简技术体系。

二、技术要点

（1）犁底层与根系表聚机理。随着农业机械化发展和旋耕模式普及，犁底层明显，最大土壤紧实层出现在土壤深度20～40cm处，该层土壤容重35年间从1.47g/cm³增至1.65g/cm³，犁底层上移、紧实度增加、土壤表层养分表聚现象明显。犁底层的存在显著降低了犁底层及犁底层以下根系生长量，导致根系表聚现象。

（2）犁底层容重胁迫的解除技术。干旱胁迫加剧了犁底层容重胁迫对作物根系生长的不利影响。适宜灌溉方法和灌溉制度产生的干湿交替和冻融过程有助于土壤压实的自然恢复。有利于限水灌溉下作物产量和水分利用效率的提升。与传统旋耕模式相比，亏缺灌溉下深松＋旋耕模式作物产量提高8%～10%。

（3）限水灌溉制度。在地下水侧向补给和外来调水的影响下，实现区域地下水采补平衡的小麦、玉米年灌水量为160～180mm、年耗水量650～670mm的限水灌溉制度；限水灌溉下利用小定额灌水制度有助于解决传统限水灌溉模式带来的作物根系分布、养分和土壤水分时空错位，降低作物对土壤水的有效利用率问题，限水灌溉下实施小定额灌溉，促进水肥根在上层土壤耦合，提高作物光合能力，降低根冠比。实现作物产量提高8%～10%，水分利用效率提升12%～15%。

三、技术评价

1.创新性　该技术针对小麦玉米长期浅旋和少免耕作造成的耕层上移现象，通过适宜灌溉方法和灌溉制度产生的干湿交替和冻融过程有助于土壤压实的自然恢复，实现水肥根在土壤表层的耦合。亏缺灌溉下深松＋旋耕模式作物产量提高8%～10%。本成果适应现代农业生产条件的作物根系－土壤水分－土壤养分时空耦合理念，推动了限水灌溉下农田高效用水理论和技术的发展。

2.实用性　自2017年开展示范以来，该技术应用面积实现几何级增长。2021年在石家庄、衡水等市建立百亩示范方3个，累计示范应用面积超过50万亩。连续5年大田对比试验跟踪调查结果表明，山前平原小麦、玉米高产区根水肥协同管理技术，采用深松分层施肥技术冬小麦亩产量达572.8kg、深耕处理冬小麦亩产量达524.1kg，分别比对照增产21.4%和11.1%；夏玉米季示范田比对照田增产近10%。通过示范基地建设，加速了最新科技成果和技术转化应用，既保证了课题任务高质量实施，又使全体课题参加人员在科学研究、技术研发、示范推广等方面得到提升和锻炼。同时，以示范基地为抓手，以技术培训、技术观摩、技术指导为手段，打破科研成果与生产一线对接的"最后一公里"壁垒。

四、技术展示

该技术应用示范田如下。

五、技术来源

项目名称和项目编号： 黄淮海北部小麦－玉米周年控水节肥一体化均衡丰产增效关键技术研究与模式构建（2017YFD0300900）

完成单位： 河北省农林科学院旱作农业研究所、河北农业大学

联系人及联系方式： 甄文超，13730285603，wenchao@hebau.edu.cn；李科江，13932883050，nkylkj@126.com

联系地址： 河北省保定市莲池区乐凯南大街2596号

地下水压采政策实施下河北省农艺节水技术

一、技术概述

该技术是集节水抗旱优质品种筛选、建立充分调动作物自身调节功能的主动调亏灌溉技术和构建冬小麦－夏玉米周年均衡增产提效技术于一体的新技术。

二、技术要点

（1）高产节水品种的筛选。冬小麦品种选择开花较早和根冠比较小的品种，有利于提高产量和水分利用效率。夏玉米选择地上部生物量较高、抽雄较早、穗粒数较高、上部叶片夹角较小的紧凑型玉米品种，有利于提高产量和水分利用效率，并能减轻不利环境条件的影响。

（2）冬小麦调亏灌溉制度。冬小麦足墒播种条件下，结合追肥灌溉在拔节期灌一次水，有条件的地方可适当增加扬花灌浆水。

（3）冠层调控农艺技术。在选用节水抗旱品种和实施冬小麦调亏灌溉制度的基础上，冬小麦实施缩行播种（等行距12～15cm），减少生长早期土壤水分蒸发，利用亏缺灌溉制度控叶控蘖（推迟春季灌溉至拔节期），塑造高效群体结构，春季灌溉后移促进营养期根系深扎，充分利用土壤储水，使开花期提前，灌浆期适度延长，收获指数提高。夏玉米及早播种和浇水、缩行距匀播（株行距38cm×38cm），完熟收获，提高粒重和产量。

三、技术评价

1.创新性　该技术利用现代品种间的产量和水分利用效率的差别，通过筛选开花期早、深根系、高收获指数的冬小麦和夏玉米品种，提高作物产量和水分利用效率；根据冬小麦调亏灌溉原理，制定了实现地下水可持续利用的作物最小灌溉制度和关键期适度补水灌溉制度；亏缺条件下冬小麦生长发育过程提前，灌浆期适度延长，有利于花后干物质积累和向籽粒产量的转移，最终提高作物收获指数和产量，并且为夏玉米提前播种提高周年作物产量提供技术支撑。该技术实现了生物－农艺节水耦合，提升了传统农艺节水技术水平。

2.实用性　2017—2018年在河北省邯郸、邢台、衡水、保定、沧州、廊坊和唐山等市县累计推广900万亩，实现节水4.34亿 m^3 和节支1.35亿元。连续2年大田对比试验跟踪调查结果表明，冬小麦亩产量稳定在400kg，夏玉米亩增产50kg以上，亩节约灌溉水50 m^3。通过提升水分利用效率和生产效益，减少地下水压采对农民收益的负面影响，为河北省地下水压采区实现既保粮食安全又遏制地下水超采提供了有力保障。节水抗旱品种、调亏灌溉制度和良种良法结合的农艺节水技术，入选为河北省地下水压采区3项核心技术。

四、技术展示

节水品种＋调亏灌溉制度的应用示范田如下。

五、技术来源

项目名称和项目编号： 黄淮海北部小麦－玉米周年控水节肥一体化均衡丰产增效关键技术研究与模式创建（2017YFD0300900）

完成单位： 中国科学院遗传与发育生物学研究所农业资源研究中心、河北农业大学

联系人及联系方式： 甄文超，13730285603，wenchao@hebau.edu.cn；张喜英，13833162338，

xyzhang@sjziam.ac.cn

联系地址：河北省保定市莲池区乐凯南大街2596号农学院

冬小麦秸秆还田"两旋一深"增产增效技术

一、技术概述

该技术的核心是通过秸秆还田"两旋一深"结合减氮这一简化轮耕模式，在维持产量潜力不降低的前提下降低整个生产系统的氮肥需求，实现系统固碳减排增产增效。

二、技术要点

（1）秸秆还田"两旋一深"。小麦播种前，土壤含水量适宜时，用秸秆粉碎机将玉米秸秆和根茬切碎成5cm左右的小段并均匀抛撒，再用大型拖拉机进行土壤浅旋耕10～15cm后播种并镇压；第二年小麦播种与第一年相同；在第三年小麦播前将土壤深耕至35cm或深松。"两旋一深"模式下，0～10cm、10～20cm、20～30cm土层碳库年分别增加52.3kg/hm²、203.9kg/hm²、53.8kg/hm²；氮库年分别增加5.9kg/hm²、16.3kg/hm²、0.4kg/hm²，土壤蔗糖酶、蛋白酶、脲酶活性分别提高18.37%、33.48%、23.83%；反硝化过程中硝酸还原酶、亚硝酸还原酶、一氧化氮还原酶等活性分别降低39.24%、28.31%、32.85%；有机质和速效氮、有效磷、速效钾含量分别提高5.2%、6.4%、19.5%和14.6%。

（2）土壤减氮调碳。玉米秸秆本身碳氮比较高（大于50），将小麦季氮肥用量减少为每亩225kg。建议氮肥硝态氮和尿素1∶1混施，改拔节期追施为返青或孕穗期追施。

三、技术评价

1.创新性　一是改常年旋耕模式为"两旋一深"，即每旋耕两年深耕或深松一年，利用耕作环节加快秸秆腐解，改善土壤物理性状、养分分布和提高有机质含量，实现固碳减氮；二是在土体适当深层扰动前提下，建立小麦生产系统合理菌群结构，促进养分循环转化，降低土壤温室气体排放，实现减排；三是通过改善作物根系物理生存空间和养分空间分布来调优小麦根系构型，实现增产增效。

2.实用性　在同等肥料投入的前提下，大种植户和农民从纯氮投入量300～360kg/hm²降至225kg/hm²，小麦季肥料投入降低25%～37.5%，冬小麦"两旋一深"增产增效技术模式5年后可比连续旋耕增加土壤有机碳储量每亩30.7～66.7kg，每年减少碳（CO_2）排放每亩70.7kg，每年每亩增产32.7kg。2012—2019年累计推广3 500万亩，平均亩增小麦31.30kg，亩节本增效66.8～97.5元，经济、社会效益显著。冬小麦秸秆还田"两旋一深"增产增效技术经同行评议具有较高的推广和应用价值，该技术取得相关专利3项，被列为2020年度和2021年度山东省农业主推技术。

四、技术展示

该技术田间应用效果。

五、技术来源

项目名称和项目编号：黄淮海东部小麦－玉米周年光温水肥资源优化配置均衡丰产增效关键技术研究与模式构建（2017YFD0301000）

完成单位：山东农业大学、山东省农业科学院

联系人及联系方式：李勇，13053838880，xmliyong@sdau.edu.cn

联系地址：山东省泰安市泰山区岱宗大街61号

小麦宽幅晚播增密－玉米扩行缩株粒收技术

一、技术概述

黄淮海东部地区是我国粮食主产区，该区域农耕期内≥0℃和≥10℃日积温的倾向率分别为46.3℃（10年）和23.1℃（10年），上升趋势明显。玉米收获早，籽粒水分高、充实度差，产量潜力远未发挥。小麦播种早，冬前多生2～3片叶，多增1～2个分蘖，易造成冬春季冻害；中期群体郁闭，叶片早衰不利于灌浆；后期茎秆细弱易倒伏，导致15%～30%的产量损失。小麦宽幅晚播增密－玉米扩行缩株粒收技术的核心是，在保证400℃冬前积温下，小麦适期晚播（秋分早霜降迟，寒露种麦正当时），给玉米留出充足的生育时间，从而实现黄淮海区域周年光温资源综合利用。

二、技术要点

（1）小麦宽幅晚播增密技术。小麦播种改传统条播为宽幅精播，小麦种植密度增加至每亩

18万～22万株。小麦播种期推迟至10月18～22日，调整鲁东地区小麦生育期为238d，有效积温减少33.5℃，降低1.6%；调整鲁西北地区小麦生育期为243d，有效积温增加179℃，增加8.2%；调整鲁中地区小麦生育期为233d，有效积温降低28.4℃，降低1.20%；调整鲁西南地区小麦生育期为230d，有效积温降低19.2℃，降低0.08%。播前播后镇压，做好返青和起身期田间管理，使小麦冬前不旺长，年后稳健生长，后期延衰不倒伏。

（2）玉米扩行缩株技术。玉米种植密度由传统种植密度（每亩4 200～4 500株）提高至每亩5 500～6 000株，行距由60cm的传统习惯扩大到80cm。在此种植模式基础上，鲁东地区玉米建议生长期为6月17日至10月12日，有效积温增加194.8℃，提升8.0%；鲁西北地区建议生长期为6月18日至10月7日，有效积温增加67.5℃，提升2.6%；鲁中地区建议生长期为6月15日至10月15日，有效积温增加145.6℃，提升6.1%；鲁西南地区建议生长期为6月12日至10月18日，有效积温增加351℃，提升12.9%。玉米籽粒含水率可下降至22.8%，实现玉米机械化粒收。

三、技术评价

1.**创新性**　该技术实现了小麦晚播，给玉米季留出充足的生育时间，每亩增产35～40kg、含水率22.8%，可实现粒收；小麦晚播增密镇压，实现了冬前壮苗、返青旺苗和足群体、壮个体的效果；周年氮肥利用效率提升12%，产量增加6%，光热资源利用效率提高15%，每亩节本增效100元。

2.**实用性**　该技术2018年和2019年连续两年在济宁市兖州区小孟镇河庄村同一地块创出小麦亩产801.9kg和806.3kg，玉米721.73kg和758.77kg周年高产纪录，实现了该区域小麦、玉米周年全程机械化粒收，社会效益显著。

四、技术展示

示范基地应用效果如下。

五、技术来源

项目名称和项目编号：黄淮海东部小麦－玉米周年光温水肥资源优化配置均衡丰产增效关键技术研究与模式构建（2017YFD0301000）

完成单位：山东农业大学、济宁市农业科学研究院

联系人及联系方式：李勇，13053838880，xmliyong@sdau.edu.cn
联系地址：山东省泰安市泰山区岱宗大街61号

冬小麦－夏玉米滴灌水肥一体高效栽培技术

一、技术概述

该技术是集周年田间管网布局、按需供肥因墒补灌和滴灌配套轻简化配套设备于一体的新技术。

二、技术要点

（1）播种铺管作业。小麦播种采用等行距播种，行距为20～23cm，每隔2～4行铺设一条滴灌管，黏土宜稀，沙壤土宜密。滴灌管可随播种时一起入土浅埋，或者返青结合镇压进行铺管。玉米播种采用宽窄行或者等行距模式，宽窄行的窄行行距为40～45cm，滴灌管位于窄行中间；等行距为1管1行，滴灌带距离玉米基部10～15cm。

（2）水分管理。灌水次数与灌水量依据小麦、玉米需水规律、土壤墒情及降水情况确定。在足墒播种的情况下，小麦起身、拔节、抽穗开花和灌浆各阶段田间土壤相对含水量分别保持70%、70%、65%、65%以上；玉米出苗—拔节、拔节—吐丝、吐丝—灌浆中期、灌浆后期各阶段田间土壤相对含水量分别保持60%、75%、75%、60%以上。

（3）肥料管理。肥料施用量根据养分平衡法计算，按照小麦、玉米每生产100kg籽粒分别需氮（N）2.5kg、2.2kg，磷（P_2O_5）1.0kg、1.0kg，钾（K_2O）2.5kg、2.0kg计算。小麦季30%的氮肥基施，70%拔节期和扬花期追施，磷肥全部作为基肥施用，钾肥70%作为基肥施用，30%拔节期追施；玉米播种、大喇叭口期、抽雄吐丝期施肥比例分别为氮肥40%、20%、40%，磷肥35%、25%、40%，钾肥75%、25%、0；大喇叭口期添加镁≥0.5%、硼≥0.1%、锌≥0.1%，追肥肥料应选用水溶性肥料或液体肥料。施肥结束后，滴清水20～30min，将管道中残留的肥液冲净。

三、技术评价

1.创新性　该技术根据小麦、玉米需水需肥规律，建立了滴灌水肥一体化灌溉施肥制度，将水分、养分通过滴灌均匀准确地输送到作物根部附近，提高了水肥利用效率，配套收铺管及施肥设备，实现了大田作物滴灌水肥一体化高效绿色生产。

2.实用性　自2017年开展示范以来，该技术已在山东烟台、潍坊和青岛等地建立百亩示范方6个，示范应用面积超过76万亩。与常规水肥管理方式相比，应用滴灌水肥一体化技术，小麦－玉米周年平均亩增产8.7%，水肥利用效率分别提高27.3%和21.6%，大大缓解了农业水资源短缺，减轻了农田面源污染；该技术减少了灌溉施肥用工，小麦－玉米周年增收336元，总体实现了小麦、玉米节本增效和农业生产的绿色可持续发展目标。该技术入选2019年和2021年山东省农业主推技术。

四、技术展示

滴灌管铺设机械作业（左图）及应用效果（右图）如下。

五、技术来源

项目名称和项目编号： 黄淮海东部小麦－玉米周年光温水肥资源优化配置均衡丰产增效关键技术研究与模式构建（2017YFD0301000）

完成单位： 青岛农业大学、山东省农业科学院

联系人及联系方式： 刘树堂，13791256958，liushutang212@163.com

联系地址： 山东省青岛市城阳区长城路700号

江淮中部地区主要粮食作物水肥一体化高效智能化施肥技术与应用

一、技术概述

该技术是集水肥一体化关键设备、多传感器协同的监测技术、大田轮灌智能水肥一体化控制系统于一体的新技术。

二、技术要点

（1）喷灌式水肥一体化设备。针对现有水肥一体化设备灌溉时间长、用肥用水量大、雾化效果不佳等关键技术问题，研发包括喷头、施肥机及灌溉系统等核心组件的水肥一体化成套设备。开发360°旋转喷头、雾化喷头、增压式广角喷头、玉米专用可拆卸式喷杆等适于粮食作物机械化种植的喷灌式水肥一体化关键设备。同时利用作物边际效应原理等，科学布设田间管网。实现喷雾半径5.8m，支持喷杆间距9.0m，可供幅宽2.2m的农业机械来回4趟作业，实现作物全生育期随时补水补肥。

（2）多传感器协同监测技术。通过多传感器协同的"土壤－作物－大气"连续体水分监测技术和作物营养光谱监测与诊断技术，及时有效地反馈作物对水肥的需求特征。在冠层群体尺度确立以RVI和NDVI光谱参数作为氮素营养、生物量和LAI监测的主要光谱特征参数，分别建立水稻叶片氮营养指数模型和小麦追施氮肥模型。

（3）大田轮灌智能水肥一体化控制系统。该系统由首部系统、田间管网系统、智能化系统组成，结合土壤墒情监测和作物养分亏缺光谱诊断等技术实现高效的水、肥资源调控，同时利用物联网和大数据技术，实现计算机、手机等设备的远程控制、预约、多人操作、轮灌和分区管控。通过水稻、小麦轮作，小麦、玉米轮作下不同生育期氨基酸水溶性肥、大量元素水溶性肥、氮肥减量等技术集成，实现"80%缓控释肥基肥＋叶面肥追施"模式下基肥减量20%，小麦－玉米周年增产16.64%，水稻－小麦周年增产9.32%。

三、技术评价

1. 创新性 该技术创新设计构建了大跨度、管沟一体、排灌结合、不影响耕种管收机械化操作的大田固定管网、特有的喷灌装置和传感器，按照云灌溉平台的配方、灌溉过程参数自动控制灌溉量、吸肥量、肥液浓度、酸碱度等水肥过程重要参数，实现随时、随地和随情灌溉和水肥一体化高效轻简智能化管控。

2. 实用性 安徽省农业科学院土壤肥料研究所与安徽省土壤肥料总站合作，在埇桥、濉溪、蒙城、芜湖、凤台、萧县、泗县、灵璧、明光、颍上等地的粮食作物上开展固定喷雾技术模式示范，为安徽省水肥一体化技术推广提供了操作简便、易接受、可复制、可推广的样板和技术支撑。截至2020年12月底，全省水肥一体化技术推广面积累计达到736万亩次，节约灌溉用水40%以上，减少化肥用量20%以上，在大力推动化肥减量增效的同时，实现了抗旱减灾、节省劳动力资源、保护土壤环境、保障农产品质量安全等多重效应。

四、技术展示

大田轮灌智能水肥一体化控制系统田间布局示意及大田作物固定管网智能水肥一体化系统应用界面如下。

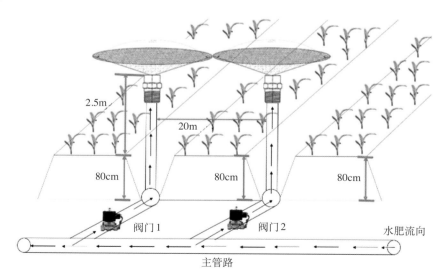

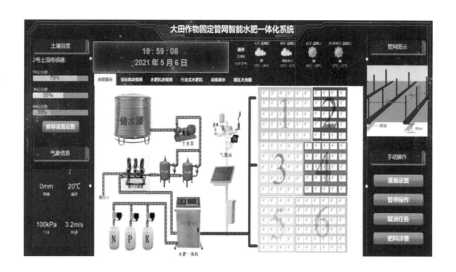

五、技术来源

项目名称和项目编号：江淮中部粮食多元化两熟区周年光热资源高效利用与优化施肥节本丰产增效关键技术研究与模式构建（2017YFD0301300）

完成单位：安徽省农业科学院土壤肥料研究所

联系人及联系方式：朱宏斌，13866734751，13866734751@163.com

联系地址：安徽省合肥市庐阳区农科南路40号

河北小麦－玉米轮作系统减氮增效关键技术

一、技术概述

该技术是集新型控释氮肥、专用无机掺混肥、机械化分层施肥和合理搭配肥料基追比等于一体的新技术。

二、技术要点

（1）玉米季利用"两肥异位分层施肥精播机械"，5～20cm土层施用含5% DCD控释氮肥20kg，20～30cm土层施用提前混配好的复混肥料（5% DCD的控释氮肥16kg，颗粒过磷酸钙38kg，氯化钾12kg）。玉米收获后，秸秆粉碎还田，在中等地力水平下，每亩推荐氮肥（N）、磷肥（P_2O_5）、钾肥（K_2O）用量分别为12kg、8kg、10kg，播种小麦每亩15～17.5kg。基肥每亩施用预先用配肥机混配好的颗粒状肥料，包括含N 50%的上述含DCD控释氮肥、全部磷肥和钾肥，在小麦拔节前后结合浇水追施总纯氮用量50%的含DCD控释氮肥。

（2）冬小麦施肥技术。技术1：以小麦专用配方肥（N：P_2O_5：K_2O为18：16：10）每亩40kg和硫酸锌每亩1～1.5kg作为底肥，拔节期前后结合灌水追施尿素每亩17kg和硫酸钾每亩

12kg。技术2：以小麦专用配方肥（N：P_2O_5：K_2O为18：16：10）与纯氮用量为5%的DCD控释氮肥混合造粒，每亩施用35kg作为底肥，拔节期前后结合灌水追施含5% DCD控释氮肥的尿素13kg和硫酸钾13kg。

（3）夏玉米施肥技术。技术1：每亩施60kg玉米专用配方肥（N：P_2O_5：K_2O为16：12：15）作为底肥，据土壤墒情和玉米长势在小喇叭口—大喇叭口期每亩追施尿素20kg和硫酸钾2kg。技术2：每亩施50kg含N量5%的DCD控释氮肥玉米专用配方肥（N：P_2O_5：K_2O为16：12：15）作为底肥，小喇叭口—大喇叭口期每亩喷涂追施含5% DCD控释氮肥的尿素18kg和硫酸钾5kg。技术3：每亩施50kg含0.011%吡啶的玉米专用配方肥（N：P_2O_5：K_2O为16：12：15）作为底肥，小喇叭口—大喇叭口期每亩追施含0.011%吡啶的尿素18kg和硫酸钾5kg。一般情况下，每亩施硫酸锌1～2kg作为基肥。

三、技术评价

1. 创新性　该技术根据小麦、玉米主要轮作区土壤养分供给特点及作物需肥特征，创建了"氮素上层控释、磷钾下层深施、肥种时空适配、缩氮减损提效"的玉米两肥分层异位精播一体化关键技术，研发了"控总氮、巧分配、降损耗、稳高产、促增效"的专用肥配施氮素增效剂合理基追比关键技术，达到减氮降损增效，减少环境污染的目的。

2. 实用性　自2017年以来，在河北省的邢台市、衡水市、邯郸市、沧州市等示范推广小麦122万亩，玉米188万亩。示范区较农民习惯施肥技术地块玉米增产11.61%，小麦增产6%；较深松全层施肥技术玉米平均增产7%，小麦增产9%。3年新增利润2.21亿元，减少土壤氮素损失6.6万t，减排N_2O 69.6万kg。该技术先进，简便易行，实现了氮素减施增效，减少了环境污染。经同行专家鉴定，该技术达国际先进水平，2019年1月获河北省科技进步二等奖。

四、技术展示

玉米两肥异位分层施肥技术在田间的应用如下。

玉米深松两肥异位精播机

五、技术来源

项目名称和项目编号：黄淮海北部小麦－玉米周年控水节肥一体化均衡丰产增效关键技术研究与模式构建（2017YFD0300900）

完成单位： 河北农业大学

联系人及联系方式： 甄文超，13730285603，wenchao@hebau.edu.cn；彭正萍，13832251169，pengzhengping@sohu.com

联系地址： 河北省保定市莲池区乐凯南大街2596号

华北潮土区小麦玉米磷肥高效利用技术

一、技术概述

磷肥高效利用技术采用三种模型拟合有效磷与作物产量的量化关系，确定有效磷农学阈值、生态阈值，提出"两值三区"磷肥管理策略，研发磷肥管理系统，为磷肥高效利用提供技术支撑。

二、技术要点

（1）华北潮土区域，土壤有效磷含量高于30mg/kg，小麦磷肥（P_2O_5）用量在每亩3～5kg，玉米磷肥（P_2O_5）用量在每亩2～4kg，复合肥选择N：P_2O_5：K_2O为30：8：10左右的；若选择磷酸二铵则每亩用量不超过20kg。

（2）土壤有效磷含量在15～30mg/kg，小麦磷肥（P_2O_5）用量在每亩5～6kg，玉米磷肥（P_2O_5）用量在每亩3～5kg，复合肥选择N：P_2O_5：K_2O为28：10：8左右的最适宜。

（3）土壤有效磷含量低于15mg/kg，小麦磷肥（P_2O_5）用量在每亩6～8kg，玉米磷肥（P_2O_5）用量在每亩5～6kg，复合肥选择N：P_2O_5：K_2O为15：15：15的，并在拔节期追施尿素。

三、技术评价

1.创新性　综合线性＋平台、线性－线性、李切米西指数三种模型拟合，确定潮土有效磷农学阈值为15mg/kg、生态阈值为25mg/kg、适宜范围为15～25mg/kg，提出针对低磷区、适宜区和高磷区磷肥管理策略。依据磷地力产量等4个关键参数，建立变量施磷模型：$I_p = C \times (Y_m - Y_{Olsen-P}) \times (1 + K) \times A$（$I_p$为推荐施磷量；$C$为作物需磷系数；$Y_m$为目标产量；$Y_{Olsen-P}$为磷基础地力产量；$K$为土壤磷当季盈余率；$A$为校正系数）。研发出基于土壤磷素水平的磷肥管理系统和小麦、玉米轮作氮磷肥管理系统，基于此申请2项软件著作权和发明专利2项。同时，针对潮土碳酸钙高，发明了淀粉基磷肥、秸秆磷肥等磷肥增效产品；针对潮土无效态磷含量高，发明4种解磷菌活化土壤磷素；根据作物需磷规律研发平衡肥16个。集成针对高磷农田"减磷增效"、中磷农田"平磷高产"和低磷农田"增磷增产"综合的技术并广泛应用，磷肥利用率提高10.2个百分点。

2.实用性　自2018年开始，河南省农业科学院研发的磷肥高效综合利用技术，3年在河南省推广810万亩，山东省推广500万亩，累计推广1 310万亩。在高磷地区主推"减磷增效综合技术"，小麦、玉米累计推广面积645万亩，在保证丰产稳产的基础上，平均每亩减磷肥（P_2O_5）2.0～2.2kg，减少磷（P_2O_5）1 389万kg，按磷（P_2O_5）市场价5.7元/kg计，减少成本7 858万元；中磷农田每亩增产32kg，低磷农田每亩增产41kg，累计增产粮食21.5万t，增加效益约49 800万元。

本技术适宜华北潮土区小麦、玉米轮作。小麦、玉米季均可机械化种肥同播，选择颗粒肥或复合肥，肥料不能受潮结块；秸秆粉碎，深耕还田，耕耙均匀细致；磷肥、钾肥全部作为基肥施用，氮肥的基追比 7∶3 或 6∶4，兼顾当季作物产量和培肥地力，效果最佳。《黄淮海平原潮土磷素演变及高效利用技术》于 2018 年获得河南省科技进步二等奖。

四、技术展示

应用该技术田块玉米穗展示如下。

五、技术来源

项目名称和项目编号： 旱作区土壤培肥与丰产增效耕作技术（2016YFD0300800）

完成单位： 河南省农业科学院植物营养与资源环境研究所

联系人及联系方式： 黄绍敏、张水清、宋晓，18638257890，hsm503@126.com

联系地址： 河南省郑州市花园路 116 号

黑龙港中南部平原小麦-玉米两熟丰产光温高效轻简技术

一、技术概述

该技术针对河北黑龙港中南部平原光热资源利用效率有待提升，利用新型农机农艺融合技术，实现了小麦-玉米周年两熟丰产、增效、抗逆目标。

二、技术要点

（1）确定适宜品种组合。小麦选用抗逆、高光效品种，主要包括矮抗 58、豫麦 49、济麦 22、石麦15等；夏玉米选用籽粒脱水快，适宜机收优良品种，包括郑单958、先玉335、登海605、豫单9953、京农科728、蠡玉16等。

（2）适宜时期播收。小麦播期为10月中下旬，收获期为6月上中旬；玉米播期为6月中旬，收获期为10月上旬，籽粒灌浆期达到生理成熟时进行机械粒机。

（3）管理技术。小麦基本苗每亩30万～35万株，15cm等行距种植，足墒播种，拔节和开花期均灌水75mm；施纯氮（N）210～240kg/hm²，基追比3：7，追氮结合拔节水实施，底施磷肥（P₂O₅）105～120kg/hm²，钾肥（K₂O）120～150kg/hm²；玉米采用等行距（60cm）或宽窄行80cm＋40cm种植形式，密度为6.5万～7.5万株/hm²，播种时分层立体（5～30cm）一次性施肥，施纯氮（N）180～240kg/hm²，生物有机肥150～300kg/hm²、磷肥（P₂O₅）60～75kg/hm²和钾肥（K₂O）75～90kg/hm²。根据降水在大喇叭口期或灌浆期小定额精准灌溉（60～70mm）。

三、技术评价

1.创新性　该项技术选用小麦、玉米适宜品种组合、优化播/收期，利用全层施肥和宽窄行增密技术，打破犁底层，促进根系发育，改善生育中后期群体光能截获能力，促进植株水分和养分吸收，增强干物质生产能力，协调产量各构成因素，实现高产高效。该技术实现高效利用区域光热资源、水肥和轻简化作物生产。

2.实用性　2018—2021年度，该项技术在黑龙港中南部平原垄上行土地托管协会等不同规模新型农业经营主体中进行了示范辐射，累计示范小麦面积744万亩，玉米面积378万亩，周年产量平均提高13.2%，光热利用效率提高20.8%，氮肥偏生产力提高22.9%，水分利用效率提高21.5%。生产效率提高了26.3%；节本增效12.2%；周年纯收益比农户增加3 930元/hm²。

四、技术展示

玉米粒收机作业如下。

五、技术来源

项目名称和项目编号：河北水热资源限制区小麦－玉米两熟节水丰产增效技术集成与示范项目（2018YFD0300500）

完成单位：河北农业大学

联系人及联系方式：王贵彦，15176216690，wangguiyan71@126.com

联系地址：河北省保定市莲池区乐凯南大街2596号

黑龙港东北部平原小麦－玉米水肥一体化技术

一、技术概述

该技术针对河北黑龙港东北部平原水资源匮乏限制小麦－玉米生产的问题，利用优良抗旱小麦玉米品种、智能设施精准控制灌溉量、水肥一体实施高效生产技术。

二、技术要点

（1）采用先进灌溉方式。利用微喷带、卷盘式、摇臂式喷头喷灌、地埋伸缩式喷灌等多种灌溉方式，智能测墒实现水肥精准实施。

（2）选用品种。小麦采用节水抗旱丰产品种，包括衡4399、济麦22和衡观35等；玉米采用耐密高光效高产品种，包括郑单958、先玉688和先玉1466等。

（3）水肥管理。小麦灌溉底墒水每亩40m³、拔节水每亩30m³、扬花水每亩30m³、灌浆水每亩20m³；施氮量每亩13～14kg，底肥和拔节追施各半。底施磷肥（P_2O_5）每亩8.5～9kg，钾肥（K_2O）每亩4kg。玉米灌溉出苗水每亩30m³和大喇叭口水每亩20m³。总施氮量每亩12～14kg，其中底追各半，追肥在大喇叭口期追施；底施磷肥（P_2O_5）每亩3～3.5kg，钾肥（K_2O）每亩5kg。

三、技术评价

1.创新性 实现缩短小麦传统灌溉轮灌周期，通过测墒和苗情诊断精准控制灌水时期和数量，增强植株控水节肥条件下群个体发育、源流库建成、光合物质生产和产量形成能力，提高水肥光热利用效率，提升该生态区小麦、玉米产量和土地可持续生产能力。该技术水肥实施精准，水肥增效技术效果显著。

2.实用性 2018—2021年，该项技术在黑龙港东北部平原衡水、沧州、廊坊、保定等地示范小麦、玉米合计50多万亩。小麦－玉米周年平均增产7%，减少灌溉水每亩40～50m³，水分生产效率提高14%以上，肥料生产效率提高10%以上，减少用工每亩2～3个。2020年该技术入选河北省农业农村厅主推技术。

四、技术展示

滴灌（左图）及摇臂式喷灌（右图）作业如下。

五、技术来源

项目名称和项目编号： 河北水热资源限制区小麦－玉米两熟节水丰产增效技术集成与示范项目
（2018YFD0300500）

完成单位： 河北省农林科学院旱作农业研究所

联系人及联系方式： 马俊永，13623181166，mjydfi@126.com

联系地址： 河北省衡水市胜利东路1966号

华北井灌区小麦－玉米"一深二浅" 轮耕蓄水改土技术

一、技术概述

华北井灌区小麦、玉米一年两熟制种植体系中，冬小麦播种前采用深耕或深松（第一年）－旋耕（第二年）－旋耕（第三年）（简称：一深二浅）的轮耕技术。

二、技术要点

（1）玉米收获与秸秆机械化粉碎还田。玉米收获后，采用玉米秸秆粉碎还田机，完成秸秆粉碎还田作业，秸秆切碎长度≤100mm，秸秆切碎合格率≥90%，抛撒不均匀率≤20%，漏切率≤1.5%，割茬高度≤80mm，灭茬深度≥50mm，灭茬合格率≥95%。

（2）土壤耕作。小麦播种前采用"一深两浅"即第一年深耕（松）、第二年旋耕、第三年旋耕，依次循环进行。土壤深耕：选用液压翻转犁，并装配合墒器。根据土壤适耕性，确定耕作时间，以田间相对持水量的70%～75%时为宜，深耕时结合施用基肥，耕后用旋耕机进行整平并进行镇压作业。耕深≥25cm，开垄宽度≤35cm，闭垄高度≤1/3耕深。土壤旋耕：旋耕深度以10cm以上为宜，耕深合格率≥85%，耕后秸秆掩埋率≥70%，耕后地表平整度≤5.0cm。土壤深松：选用局部深松机在秸秆粉碎后进行，作业中不重松、不漏松、不拖堆。深松作业深度大于犁底层，要求25～30cm。土壤深松作业参照土壤深松机械作业技术规范。

三、技术评价

1.创新性　该技术根据土壤深耕（松）打破犁底层，降低下层土壤容重和紧实度，提升土壤中大团聚体的含量，增加土壤稳定性，有助于土壤有机质含量的保留，缓解土壤养分的表聚，提高土壤的供水和供肥能力，实现稳定作物产量和土壤质量的提升。

2.实用性　该技术2017—2020年在河北省栾城、藁城、元氏县和南皮县市建立百亩示范方3个，示范应用面积超过66万亩。连续4年大田对比试验跟踪调查结果表明，应用该技术增产幅度为8.9%～11.4%，达到了小麦、玉米套作生产丰产、优质、高效、生态、安全的综合目标。

四、技术展示

应用该技术土壤深松作业如下。

五、技术来源

项目名称和项目编号：旱作区土壤培肥与丰产增效耕作技术（2016YFD0300800）
完成单位：中国科学院遗传与发育生物学研究所农业资源中心
联系人及联系方式：陈素英，13931153665，csy@sjziam.ac.cn
联系地址：河北省石家庄市槐中路286号

玉米－大豆带状复合种植技术

一、技术概述

玉米－大豆带状复合种植技术是充分利用玉米边行优势，实现年际间交替轮作，适应机械化作业、作物间和谐共生的一季双收种植技术。

二、技术要点

（1）选配良种。玉米选用株型紧凑、宜密植和机械化收割的高产品种，如仲玉3、云瑞47、金穗3号、农大372等；大豆选用耐阴、抗倒、高产品种，如南豆25、川豆16、中黄30、石豆936等。

（2）扩间增光。玉米带种2行，行距40cm，相邻玉米带间距离160～290cm，带间种2～6行大豆，大豆行距25～40cm。

（3）缩株保密。玉米与当地净作相当，株距8～15cm，亩播种4 000～6 000粒；大豆为当地净作的70%～100%，株距8～11cm，亩播种9 000～12 000粒。

（4）减量一体化施肥。带状套作按当地净作玉米施肥标准施肥，玉米施攻苞肥时，施在离玉米25cm处，与大豆种肥共用。带状间作通过年际轮作和禾豆间作叠加效应，每亩可减少纯氮施用量4kg。

（5）化控抗倒。大豆在分枝期或初花期根据长势用5%烯效唑可湿性粉剂喷施茎叶实施控旺。

（6）机播机收提效。带状套作玉米选择2BYFSF-2型播种施肥机，于3月下旬至4月上旬播种，大豆选择2BYFSF-3型施肥播种机于6月中旬抢墒播种。带状间作选择2BYFSF-5型、2BYCF-6型密植分控播种施肥机，西北、东北及西南春玉米–春大豆间作区于4月中下旬，黄淮海于6月中下旬实施玉米、大豆同时播种施肥。

选用4YZ-2A型自走式联合收获机或4YZP-2L型履带式联合收获机先收玉米，或选用GY4D-2联合收获机先收大豆，再用当地常规机械收获大豆或者玉米–也可用当地常规机械一前一后同时收获玉米、大豆。

（7）绿色防控。理化诱抗技术与化学防治相结合；玉米大喇叭口或大豆花荚期病虫害发生较集中时，配合植保无人机统一飞防一次，控制病虫害；播后芽前用96%精异丙甲草胺乳油每亩80～100mL，如阔叶草较多可混加草胺磷或乙草胺进行封闭除草；苗后用玉米、大豆专用除草剂茎叶定向除草。

三、技术评价

1.创新性　该技术根据创新构建的"两协同一调控"理论体系，即高位主体、高低协同光能利用和以冠促根、种间协同氮磷利用及低位作物株型调控理论，形成了以"选配良种、扩间增光和缩株保密"为核心，与"减量一体化施肥，化控抗倒、绿色防控"配套的技术体系，研制了种管收系列作业机具，实现了带状复合种植全程机械化，是稳粮增豆、扩大大豆种植面积、提升大豆产能的有效途径，对保障国家粮食安全特别是玉米、大豆安全具有重要战略意义。

2.实用性　2019—2020年该技术推广应用达1821万亩，新增经济效益59.39亿元，新增大豆产量225万t，增加土壤有机质含量19.8%，减少水土流失量10.8%，氮肥利用率增加至67.8%，农药施用量降低25%以上，用药次数减少3～4次，有效控制面源污染，经济、社会和生态效益突出。该技术连续12年入选国家和四川省主推技术，2019年遴选为国家大豆振兴计划重点推广技术，助推四川跃升为全国第四大大豆主产省、西南成为第三大优势产区。为保障我国玉米产能、提高大豆自给率提供了新途径，2020年中央一号文件指出"加大对玉米、大豆间作新农艺推广的支持力度"。

四、技术展示

玉米－大豆带状种植田间配置（左图）及玉米－大豆带状种植机械化作业（右图）如下。

五、技术来源

项目名称和项目编号：粮食作物丰产增效资源配置机理与种植模式优化（2016YFD0300200）

完成单位：四川农业大学

联系人及联系方式：王小春，13882441628，xchwang@sicau.edu.cn

联系地址：四川省成都市温江区惠民路211号

玉米密植高产宜机收品种筛选技术

一、技术概述

近年来，育种界注重选育高产、耐密品种，育成了一批高产、紧凑、耐密品种。然而，生产中农民由于缺少合理的品种筛选技术，难以根据区域生态特点和生产条件选择玉米优良品种，大大限制了玉米的绿色高效生产。

团队解析了高产宜机收玉米品种穗－秆－粒生物学特性及其对增密的响应特征，建立了以

"以熟期换水分，以密度换产量"为核心的品种筛选策略和通用性指标。高产宜机收品种筛选主要从三个方面进行：一是耐密高产性，即在增密的条件下玉米产量形成特性，包括空秆率、果穗的均匀性和穗粒数以及粒重特征等；二是宜机收特性，即在玉米收获时籽粒含水量、立秆特性等，包括在特定区域达到宜机收籽粒水分所需的积温指标等，即品种的熟期与区域资源和种植制度的匹配；三是品种的区域生态适应性，即特定生态环境下玉米品种的丰产性特征。四是与品种相适应的密植高产栽培技术等。热量资源紧张地区：重点考虑早熟性、耐密性、灌浆脱水特性及抗倒性。热量资源充足地区：重点考虑耐密性、灌浆脱水特性和抗倒性，特别是生理成熟后的立秆特性。

二、技术要点

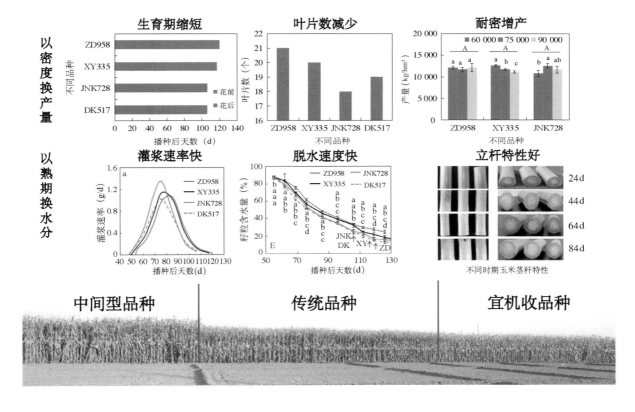

三、技术评价

1.创新性　本技术能在增加玉米产量的前提下做到省工节本、全程机械化、绿色高效，有利于推动玉米生产的轻简、绿色、高效发展。

2.实用性　本技术近几年先后在我国玉米主产区（东北、华北、黄淮海、西南）进行成果观摩和示范，均有良好表现。在玉米主产区16省51个点，开展了玉米高产耐密宜机收品种筛选，形成了玉米主产区品种生态适应性布局。建立了品种生态适应性评价标准与区域布局体系共27套，在各区筛选到耐密高产宜机收玉米品种81个（次）。

四、技术展示

应用该技术后田间玉米生长效果如下。

五、技术来源

项目名称和项目编号： 玉米密植高产宜机收品种筛选技术（2016YFD0300300）
完成单位： 中国农业大学
联系人及联系方式： 王璞，13671185202，wangpu@cau.edu.cn
联系地址： 北京市海淀区圆明园西路2号

玉米机械籽粒收获技术

一、技术概述

该技术以玉米籽粒脱水、低破碎、抗倒伏等机械粒收关键性状发生规律及机制研究为基础，集成宜粒收品种，低破碎、低损失收获机械，高效烘干设备，创新丰产高效协同栽培技术。

二、技术要点

（1）科学选种，合理密植。选择经国家或省级审定、在当地已种植并表现优良的耐密、抗倒伏、适宜籽粒收获机械收获的品种。种植密度比当前大田生产每亩增加500～1 000株。根据收获机具作业方式配置种植模式。

（2）精细管理，提高群体整齐度。采用机械精量单粒播种，保障播种质量；根据田间杂草发生情况，选用苗前或苗后化学除草；根据产量目标和地力水平进行测土配方施肥，提高肥料利用效率；通过精品种子、精细整地、高质量播种和田间管理，提高群体整齐度，为高质量收获奠定基础。

（3）保健栽培，抗逆管理。种子包衣防控苗期病虫害，中后期重点防治茎腐病、玉米螟和穗粒腐以及其他当地主要病虫害；在玉米6～8展叶期，喷施玉米专用化控药剂，控制基部节间长度，增强茎秆强度，预防倒伏。

（4）适时收获，提高收获质量。收获时期一般在生理成熟（籽粒乳线完全消失）后2～4周，春玉米区籽粒水分含量应降至25%以下，夏玉米籽粒水分含量应降至28%以下。根据种植行距及作业质量要求选择合适的收获机械，收获前根据玉米生长情况和籽粒水分状况调整机具工作参数，保障作业质量。田间落粒与落穗合计总损失率不超过5%，籽粒破碎率不高于5%，杂质率不高于3%。收获玉米籽粒及时烘干。

（5）秸秆还田，培肥地力。玉米秸秆可用联合收获机自带的粉碎装置粉碎，或收获后采用秸秆粉碎还田机粉碎还田。玉米茎秆粉碎还田，茎秆长度≤100mm，长度合格率≥85%，抛撒均匀。因地制宜，采用综合整地机械进行秸秆碎粉还田，或用翻转犁将秸秆翻入地下（深度30～40cm），或用秸秆覆盖，下年采取免耕播种。

三、技术评价

1. 创新性 形成了区域机械粒收生产技术规程和标准，推动了我国玉米机械粒收技术由"点"及"面"的迅速发展，为我国玉米生产全程机械化和产业竞争力提升奠定了理论和技术基础。

2. 实用性 核心技术"玉米机械籽粒收获技术"自2013年以来作为核心技术内容，先后7年被遴选为农业农村部主推技术。"玉米籽粒低破碎机械化收获技术"2018—2020年连续3年被列为全国十大引领性农业技术。"玉米机械粒收高效生产技术"被遴选为2020年全国农业农村部新技术。"玉米籽粒机收新品种及配套技术体系集成应用"被评选为"十三五"期间我国农业科技标志性成果。"密植高产机械粒收技术，探明玉米高产高效途径"入选中国农业科学院2019年度十大科技进展。"玉米机械粒收关键技术研究与应用"获中国作物学会2019年度作物科技奖。"西北灌区玉米密植机械粒收关键技术研究与应用"荣获2019年度新疆维吾尔自治区科学技术进步一等奖。"黄淮海夏玉米机械粒收关键技术研究与应用"荣获2020—2021年度神农中华农业科技奖二等奖。2010年以来在黑龙江、吉林、辽宁、内蒙古、新疆、甘肃、宁夏、陕西、山东、河南、河北、安徽等省（自治区）多地进行示范、推广，获得良好效果。2020年通辽市科尔沁区钱家店镇前西艾力村1 000亩示范田最高亩产达到1 234.88kg，亩净利润1 356.4元，创东北春玉米粒收高产纪录，显著提升了东北春玉米生产机械化水平。目前该技术正在全国玉米主产区大面积推广。

四、技术展示

利用该技术收获玉米如下。

五、技术来源

项目名称和项目编号：粮食作物产量与效率层次差异及其丰产增效机理（2016YFD0300100）

完成单位：中国农业科学院作物科学研究所

联系人及联系方式：李少昆，13910325766，lishaokun@caas.cn；侯鹏，18500357703，houpeng@aas.cn

联系地址：北京市海淀区中关村南大街12号

春玉米"两提两早"双低粒收丰产高效技术

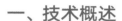

一、技术概述

该技术是以充分利用寒旱区光热资源，实现玉米低水分籽粒直收为目标，集秸秆还田提地力、基于热量提密度、筛选早熟宜粒收品种、早播换脱水积温于一体的春玉米粒收丰产高效技术。

二、技术要点

（1）秸秆还田提地力。玉米机械化收获后，每亩撒施尿素5～10kg，对秸秆进行二次粉碎后深翻30cm还田，并进行机械耙地、轻镇压；第二年秋季秸秆粉碎松耙混拌还田，并轻镇压。

（2）基于热量提密度。基于热量梯度降低定量增密，以3 300℃积温区优化密度8.0万株/hm²为起点，区域≥10℃积温每减少100℃，粒收品种密度增加0.17万株/hm²，单粒精播密植。

（3）早熟宜粒收品种。2 700℃以上积温区，选择较当地主推品种积温短50～100℃的粒收品种，2 700℃以下积温区选择较当地主推品种积温短150～200℃的粒收品种；品种产量超出对照品种3%以上，收获时倒伏倒折率≤5%。

（4）早播换脱水积温。从西辽河至岭东南，播期依次较常规播期提前4～7d，纬度每升高1°播期提前幅度增加1d，可为脱水争取100～120℃的积温。玉米生理成熟后，立秆脱水20d以上，待水分降低至20%以下时，采用籽粒联合收获机收获。

三、技术评价

1.创新性 该技术以秸秆还田培肥地力支撑密植群体为基础，基于热量条件与密度的定量化关系合理增密，通过构建粒收品种评价体系鉴选耐密宜机收品种，通过适期早播4～7d促进玉米阶段发育与热量条件有效匹配，实现了春玉米低水分、低破碎与高产高效协同。

2.实用性 2019年以来，在内蒙古自治区6个盟市16个点次实现粒收实测亩产量1 000kg以上。经全国玉米专家指导组等专家组成的专家组实地粒收测产，最高亩产量达1 252.5kg，300亩连片全程机械化粒收实测亩产量1 234.9kg，创东北规模化粒收高产纪录；700亩连片全程机械化粒收实测亩产量突破1 100kg。土默川平原灌区和岭南雨养区，多个点次收获籽粒含水量低于20%，最低为18.5%，平均损失率＜1%，破碎率1%，实现了低水分、低破碎"双低"高质量直收，资源利用率提高27.9%，亩节本增效120元以上，有效推动了全程机械化粒收技术示范推广。

四、技术展示

低水分机械直收籽粒田间作业如下。

五、技术来源

项目名称和项目编号： 东北西部春玉米抗逆培肥丰产增效关键技术研究与模式构建（2017YFD0300800）

完成单位： 内蒙古农业大学、内蒙古自治区农牧业科学研究院、中国农业科学院作物科学研究所

联系人及联系方式： 王志刚，13734813561，imauwzg@163.com

联系地址： 内蒙古自治区呼和浩特市学苑东街275号农学院

东北春玉米条带耕作密植高产技术

一、技术概述

条带耕作密植高产技术是在玉米非播种带采取秸秆深埋、播种带采取清垄交错方式的条带耕作方法，可一次性完成条带深松、秸秆条还、深层施肥及密植精播等技术环节。

二、技术要点

（1）秸秆条带还田。首先在前茬作物机收后进行秸秆灭茬，其次采用秸秆条带还田机将秸秆集中于非播种带，通过条带深旋刀进行条带混拌，深旋还田、条带镇压一次性完成，改全层作业土壤耕作为平作条带耕作，并使秸秆残茬均匀混拌于0～20cm土层，于播种行免耕播种。

（2）适时播种。根据生产条件，因地制宜选用耐密抗逆品种，播前人工精选种子并进行抗逆种衣剂包衣，以保证种子发芽率及纯度。春播区待温度适宜时抢墒播种，实现一播全苗。

（3）缩行密植栽培。改等行距种植方式为宽窄行种植，播种行采用单行直线或小双行错株方式，构建合理群体结构、优化冠层环境。根据品种特性和地力水平确定适宜留苗密度。通过机械免耕精量播种，保苗密度达到每亩4 500～5 000株。

（4）合理施肥。根据产量指标和地力基础配方施肥，施缓释复混肥，纯氮（N）用量为180～240kg/hm²，纯磷（P₂O₅）用量为80～85kg/hm²，纯钾（K₂O）用量为95～100kg/hm²，结合氮肥机械深施和缓释专用肥一次性施用。

三、技术评价

1.创新性　创造的"虚实相间"耕层构造兼具免耕与深耕的优点，使秸秆残茬均匀混拌于0～20cm土层。可有效解决秸秆还田中最为关键的播种质量问题，显著提高了玉米出苗率和群体质量；同时采用缩行密植栽培改等行距种植方式为宽窄行种植，构建合理群体结构和优化冠层环境，配合一次性机械化深施控释肥明显增加肥效，实现了春玉米群体质量和地力水平协同提升。

2.实用性　自2016年开展示范以来，该技术近5年在辽宁铁岭、沈阳、吉林公主岭及内蒙古通辽等12地进行试验和示范推广，与当地传统种植方式相比，显著提高了玉米出苗率和群体质量，平均增产7.6%～23.5%，肥料利用率提高10%～12%，亩节本增收90～160元，其中2020年在辽宁铁岭张庄合作社示范应用100亩，组织专家实地测产验收平均亩产超过850kg，相比当地农户增产20.5%，带动了我国玉米绿色丰产高效生产的发展。该技术入选2019年农业农村部主推技术。

四、技术展示

玉米秸秆条带还田示意（左图）与田间作业现场（右图）如下。

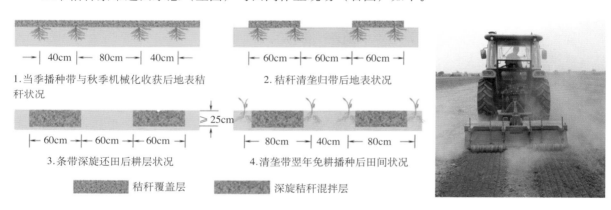

1.当季播种带与秋季机械化收获后地表秸秆状况

2.秸秆清垄归带后地表状况

3.条带深旋还田后耕层状况

4.清垄带翌年免耕播种后田间状况

秸秆覆盖层　　深旋秸秆混拌层

玉米条带耕作密植播种机械（左图）与田间出苗效果（右图）如下。

五、技术来源

项目名称和项目编号： 粮食作物产量与效率层次差异及其丰产增效机理（2016YFD0300100）
完成单位： 中国农业科学院作物科学研究所
联系人及联系方式： 李从锋，13466314951，licongfeng@caas.cn
联系地址： 北京市海淀区中关村南大街12号

夏玉米肥料减量侧位深施增效栽培技术

一、技术概述

玉米肥料减量侧位深施增效栽培技术是集玉米缓释肥料、玉米深松种肥同播侧位深施肥技术，玉米密植增粒、氮密促根于一体的新技术。

二、技术要点

（1）缓混肥的选用。选用由多种缓释肥经过科学组配形成的玉米专用缓混肥，氮、磷、钾比例适宜；要求氮肥缓控期90～110d，且供氮特性与玉米需氮规律同步；肥料颗粒规整，适合机械种肥同播侧位深施肥。

（2）玉米深松种肥同播侧位深施肥。选用具有深松功能的玉米种肥同播精量施肥机，优化深松铲结构，深松深度要达到35cm以上，将缓混肥（按照氮素每亩12.75kg的用量）带状施于距离种子横向10cm，深度为距离土表15cm处的土壤中。

（3）精准田间管理。选用中穗型、抗倒和抗逆性能好的耐密型夏玉米品种，按照每亩5 000～5 500株的种植密度于小麦收获后尽快播种，播前使用包衣剂拌种，以防治病虫害。在小喇叭口期至大喇叭口期采用杀虫剂、杀菌剂混合后喷施，达到降低病原菌数量，预防病虫害的目的。玉米灌浆期至乳熟期无人机喷施高效氯氟氰菊酯、氯虫苯甲酰胺、吡虫啉、苯丙甲环唑、吡唑醚菌酯、磷酸二氢钾、芸薹素内酯用于防治病虫害，并延缓叶片衰老。完熟收获，依据标准为籽粒乳线消失、黑层出现。

三、技术评价

1. 创新性 该技术针对我国玉米种肥同播条件下肥料用量大、配比不当、利用率低等限制高产高效的突出问题，依据玉米需肥规律，采用缓释肥料，以适度降低肥料投入（降低至普通施肥量的85%）、利用玉米深松种肥同播机将肥料集中带状施于种子侧下方（与种子横向距离10cm，深度为距离地表15cm），通过调整施肥方式，促进根系合理分布与组成，实现土壤中根系与养分时空耦合、高效吸收；配合密植晚收技术；实现玉米"节氮侧位深施、氮密促根增粒"的增产增效效果。

2. 实用性 自2017年开展示范以来，该技术取得了广而有效的应用。2017—2021年在山东、河南、河北等地区建立示范方40多个，示范应用面积1 600亩。连续5年试验对比结果表明，该技术减少氮、磷肥料用量15%左右，平均增产5%，氮、磷肥料利用效率分别提高21%和16%，节省用工成本5%，生产效益增加7%，达到了密植高产夏玉米种肥同播条件下产量与资源利用效率协同提升的目的。

四、技术展示

技术应用效果如下。

五、技术来源

项目名称和项目编号： 粮食作物产量与效率层次差异及其丰产增效机理（2016YFD0300100）

完成单位： 山东农业大学

联系人及联系方式： 刘鹏，13583818353，liupengsdau@126.com

联系地址： 山东省泰安市岱宗大街61号

丘陵地区玉米规模化生产丰产增效技术

一、技术概述

丘陵地区玉米规模化生产丰产增效技术是集规模化种植模式、适度增密、精确施肥和机械化生产技术于一体的新技术。

二、技术要点

（1）适度规模化种植模式。根据四川生态特点及生产条件等，选择适宜种植规模，丘陵区30～100亩，山地区30～50亩；根据光热资源条件，选择适宜种植制度和模式，两熟有余三熟不足区域可选择小麦－玉米－大豆、小麦－玉米－甘薯、马铃薯－玉米－大豆等间套作种植模式，其他区域可选择春玉米净作种植模式，或者夏玉米净作种植模式。

（2）耐密品种选择。选用耐密、多抗、丰产、优质、熟期适宜的优良品种。

（3）缩行增密技术。改传统平均行距100cm为60～80cm，较传统亩植株数增加500～1 000

株，其中间套作春玉米和净作春玉米种植密度为每亩3 500～4 500株，净作夏玉米种植密度为每亩4 000～5 000株。播种方法：在坡度5°以上或面积较小、间套作田块可选用小型播种机，间套作时播种机及配套动力的宽度应小于玉米预留行幅宽；坡度5°以下或面积较大、净作田块，并有通行条件的选用以35马力及以上拖拉机为动力的机械式或气力式播种机。

（4）定量高效施肥技术。采用一底一追两次施肥或一次性基施缓释肥等简化施肥方式。一底一追施肥：底肥每亩按照氮（N）8.0～9.0kg、磷（P_2O_5）7.5～9.0kg、钾（K_2O）6.0～9.0kg施用，适当增施有机肥，于播种时行间深施，拔节至小喇叭口期每亩追施氮（N）8.0～9.0kg，株旁深施，禁止抛撒。缓释肥一次性施肥：按照每亩氮（N）16.0～18.0kg、磷（P_2O_5）7.5～9.0kg、钾（K_2O）6.0～9.0kg总用量选择缓释肥，并作为基肥一次性施用。施肥方法：净作地块可采用种肥同播的机械侧向深施，种肥间距10cm，施肥深度5～8cm，且肥条均匀连续。间套作和小地块可采用轻小型自走式施肥机深施基肥和穗肥，追肥机具应具有良好的行间通过性能，追肥作业应无明显伤根，伤苗率≤3%，追肥深度6～10cm，无明显断条，施肥后覆土严密。

（5）机械化收获。玉米生理成熟后7～10d进行收获，间套作、小地块、无干燥储藏条件的可选用单或双行背负式或自走式摘穗收获机收获，净作、大地块、有干燥储藏条件的可选用2～4行联合收获机进行籽粒收获。

三、技术评价

1. 创新性　该技术提出根据丘陵区生态特点和生产条件，适度扩大种植规模，并选择适宜种植制度和模式；选用耐密多抗品种，通过调节玉米行距，增加田间种植密度；施肥时采用一底一追两次施肥或一次性基施缓释肥方式进行定量深施；同时在播种、施肥、收获环节选用适宜农机具进行机械化操作，实现了丘陵山地玉米全程机械化生产发展。

2. 实用性　自2017年开展示范以来，技术应用面积实现逐年增长。2017—2020年在四川简阳、三台、梓潼、西充、宣汉等县（市）累计示范应用面积超过100万亩。示范区较传统小农模式相比，每亩平均减少用工3～5个，氮肥减施15%～20%，平均增产8%以上，每亩节本增收200元以上，达到了丘陵山地玉米生产绿色、丰产、增效、轻简的综合目标。该技术于2017年和2018年入选四川省农业主推技术。

四、技术展示

应用该技术田间玉米生长情况如下。

五、技术来源

项目名称和项目编号： 粮食作物产量与效率层次差异及其丰产增效机理（2016YFD0300100）
完成单位： 四川省农业科学院作物研究所
联系人及联系方式： 岳丽杰，15184435763，yuelijie1732@163.com
联系地址： 四川省成都市锦江区狮子山路4号

"四改一化"轻简高效耕作栽培技术

一、技术概述

在气候暖干化与农田土壤肥力衰退背景下，针对东北传统耕作存在的主要技术问题，以提高水温利用效率，创制了以适温平作、深松调水、留茬固土和秸秆还田保育土壤为核心的"四改一化"轻简高效耕作栽培技术，其原理为改垄作为平作、改灭茬为留茬、改浅中耕为夏深松、改秸秆离田为还田，其中秸秆归行、播种、喷药、深松和收获等关键作业环节均实行机械化操作。

二、技术要点

（1）秸秆覆盖归行。该技术采用宽窄行种植模式，即宽行80～90cm，窄行40～50cm，秋天玉米成熟后，利用多功能收获机直接穗收或者粒收，秸秆粉碎后均匀覆盖于地表。秋收后或者第二年春天播种前，选择无风的天气进行秸秆归行作业，清理出50～60cm宽的播种带，要求玉米待播行（苗带）干净无秸秆无盖，方便进行播种，若秸秆量较大，一次作业不理想可重复作业一次。在西部秸秆较少时，如果不影响播种，可以不进行归行，春季直接免耕播种。

（2）免耕播种与施肥。利用玉米免耕播种机进行免耕播种作业前，需要进行播种机调试，一方面调整好行距、株距。另外，需要调整好肥量和施肥深度，根据土壤墒情调整镇压强度。

（3）化学除草。在播种后出苗前采用以阿特拉津+乙草胺为主的剂草剂进行苗前封闭化学除草，如果除草效果不理想，可以在出苗后采用以莠去津+烟嘧磺隆为主的除剂除进行苗后除草。

（4）深松作业。深松可以在收获后深松和苗期深松。在玉米收获后在当年的宽行也就是秸秆带进行深松，深松宽度50～60cm，根据土壤质量确定深松深度，土层深厚，适当增加深度，土层浅或者是沙性土壤适当减小深松深度，一般深松深度25～35cm。也可以在苗期深松，如果秋季未进行深松，可以在玉米拔节前进行深松，苗期深松不仅起到打破犁底层的作用，还能起到增温散寒作用。

（5）病虫草害与化控防倒。在玉米生长的8～10展叶期，借助可伸缩高地隙喷药机或者无人机叶面喷施防控黏虫、玉米螟、大斑病的药剂，同时添加生物生长调节剂如玉黄金、吨田宝等，实现病虫与倒伏的联防联控。减少农业机械作业进地次数，降低对土壤物理性质的破坏，同时节约成本。

（6）机械收获。收获时用玉米联合收获机一次完成摘穗或脱粒、秸秆粉碎还田，机械收获籽粒损失率<2%，果穗损失率<3%，籽粒破碎率<1%，果穗含杂率<3%；秸秆粉碎长度

≤10cm，秸秆粉碎合格率≥85%，留茬高度10%，覆盖均匀，不成条，不集堆。

三、技术评价

1.**创新性** 该技术有效破解了气候与土壤对玉米生产的双重制约，研制了与之相匹配的农机装备，实现了全程机械化，集成配套栽培技术措施，构建了"四改一化"轻简高效耕作栽培技术体系。

2.**实用性** "四改一化"轻简高效耕作栽培技术体系，在东北地区广泛应用后，土壤环境明显改善，耕层土壤稳定性大团聚体的数量提高34.5%，土壤有机质含量增加7.6%～12.5%，自然降水利用效率提高13.4%，温度利用效率提高7.8%，产量提高9.8%～13.6%，亩节约成本30～50元，实现了粮食增产、农民增收和绿色增效的有机统一。

近几年来，新技术的配套机具完全成熟，形成了技术体系的标准化，技术的适用性强，在东北得以大范围推广应用。2018—2020年，在吉林省累计推广1 610.5万亩，增产玉米123.79万t，亩节本30元，累计新增经济效益247 381.71万元。

四、技术展示

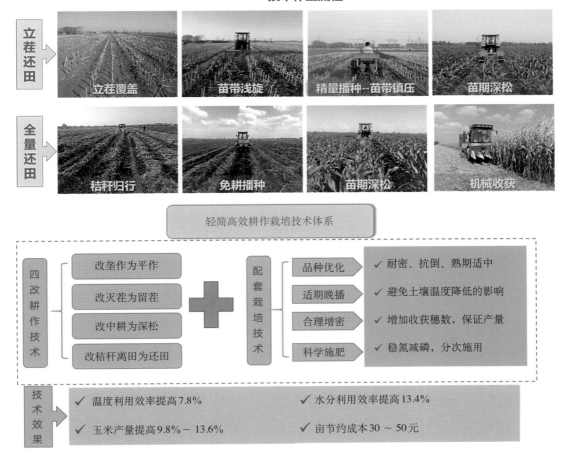

技术作业流程

五、技术来源

项目名称和项目编号：粮食作物丰产增效资源配置机理与种植模式优化（2016YFD0300200）
完成单位：吉林省农业科学院
联系人及联系方式：郑洪兵，13843017976，hongbingzheng@126.com
联系地址：吉林省长春市净月区生态大街1363号

东北秸秆还田带状深松整地关键技术

一、技术概述

秸秆还田带状深松整地关键技术围绕玉米、大豆等作物秸秆还田、带状深松整地等关键环节开展研究，创新研制了垄台深松灭茬成垄整地机，提出了旱田作物秸秆全量还田深松碎土整地与中耕技术规程、秸秆覆盖还田技术规程。

二、技术要点

（1）秸秆粉碎作业。前茬作物采用具有秸秆粉碎装置的联合收获机收获，一次性完成收获和秸秆粉碎作业。高留茬或站秆收获地块以及秸秆粉碎未达标地块，应采用秸秆粉碎还田机进行秸秆粉碎作业。

（2）带状深松整地。前茬垄距为60～70cm的地块，采用深松灭茬整地机沿垄台进行深松、碎土，深松深度30～35cm，碎土宽度30～35cm、深度10～12cm，达到土壤细碎、疏松。前茬垄距为110cm或130cm的地块，采用深松灭茬整地机沿垄台进行深松、碎土，深松间距55cm或65cm、深度30～35cm，每个部位碎土宽度25～30cm或30～35cm、深度10～12cm，达到土壤细碎、疏松。前茬平作地块整地，采用深松灭茬整地机按下茬作物种植的垄向进行深松、碎土，深松碎土间距与下茬作物种植垄距相同；深松深度30～35cm，碎土宽度30～35cm、深度10～12cm，达到土壤细碎、疏松。整地时间以伏秋整地为宜；伏秋未整地的地块，应随整地随播种。

（3）机械精量播种。根据作物品种的特性、地势、土壤肥水条件等确定密度和播种量。垄距为60～70cm的地块，沿深松碎土带精量播种，大豆宜采取垄上10～12cm双行种植。垄距为110cm和130cm的地块，沿深松碎土带精量播种，玉米宜采取大垄双行种植，行距40～50cm；种植大豆时，宜采取垄上种植2个小双行，2个小双行中心距离与整地时中心距离一致，小双行行距10～12cm。播种深度依据具体作物而定，播深一致、均匀无断条。

（4）中耕管理。播种后采用双排V形镇压器及时镇压，镇压使种子和土壤紧密接触，压碎土块，镇压率应≥95%。在作物苗期进行垄沟深松，宜采用双铲深松机分层深松，前铲作业深度10～12cm；垄距为60～70cm和110cm的地块，后铲作业深度25cm；垄距为130cm的地块，后铲作业深度30cm以上。深松后7～10d，在双铲深松机后铲安装分土板进行中耕培土，前铲作业深度10cm；垄距为60～70cm和110cm的地块，后铲培土作业深度10～12cm；垄距为130cm

的地块，后铲培土作业深度12 ～ 15cm；大豆等矮秆作物相隔7 ～ 10d，可再进行一次中耕培土；需要追肥的作物可与追肥作业相结合。

（5）病虫草害防控。坚持"预防为主，综合防治"的植保方针，以农业防治为基础，优先采用物理和生物防治技术，化学防治应使用高效、低毒、低残留农药品种。采取播后封闭和苗期喷施茎叶除草剂2次化学除草。在病情、虫情预测预报的指导下，及时防治病虫害。

（6）机械收获。在作物成熟期采取机械联合收获。

三、技术评价

1.创新性 该技术通过灭茬深松整地在田间形成垄沟秸秆覆盖、垄台深松碎土的虚实相间结构，配合精量播种，实现了秸秆还田后的高效种植，推动了旱田作物轻简化秸秆还田技术的推广和农村生态环境的改善。

2.实用性 该技术通过农机农艺结合实现秸秆还田带状深松整地作业，研制出的垄台深松灭茬成垄整地机、东北区域春玉米轮耕丰产高效生产决策系统和东北区域单季作物轮作丰产高效生产决策系统，在东北多地进行了示范推广和应用。建立了16个示范基地，累计推广面积20余万亩，实现了秸秆全量还田，解决了秸秆焚烧造成的环境污染问题，具有非常好的应用效果。

四、技术展示

垄台深松灭茬成垄整地机操作效果（左图）及机械精量播种作业（右图）如下。

五、技术来源

项目名称和项目编号：旱作区土壤培肥与丰产增效耕作技术（2016YFD0300800）
完成单位：东北农业大学、中国农业科学院作物科学研究所
联系人及联系方式：闫超，13069879581，yanchao504@neau.edu.cn
联系地址：黑龙江省哈尔滨市香坊区长江路600号

秸秆条带覆盖-宽窄行玉米免耕播种技术

一、技术概述

针对传统地表全覆盖免耕播种在我国东北地区应用时，由于秸秆还田量大，容易造成播种困难、春季土壤升温慢、玉米苗期生长缓慢等问题，以松嫩平原区吉林省梨树县为代表性研究区域，对传统免耕技术进行优化，形成了一套全程机械化、秸秆条带覆盖、宽窄行玉米免耕播种技术。

二、技术要点

（1）玉米收获及秸秆处理。玉米收获采用自走式四轮驱动机型，且轮距可以调整。收获时利用玉米收获机的秸秆处理装置将秸秆根部以上留30～50cm的高度切下，上部切下的秸秆切成30cm左右长度均匀集中铺放在窄行内，尽量避免秸秆进入宽行。

（2）播种及施肥。采用奇数行免耕播种机进行播种。第一年，先播种窄行（40cm），隔1个宽行的距离再播种窄行（100cm）。窄行、宽行交替进行。第二年及以后，在上一年宽行中间播种窄行，播种量为6.3万～6.4万株/hm²。肥料为缓释肥，播种时一次施入，施入量为1 600～1 700kg/hm²。播种深度为2～3cm。播种同时完成苗带镇压，强度要达到6.5×10^3Pa以上。根据不同的土壤含水率调整镇压强度。含水率偏低时镇压强度加大，反之则减小。

（3）病虫草防治。使用机械喷洒液体药剂，对症下药。病虫害用药应选择高效、低毒、低残留品种；除草剂应选择长效、可杀灭多种杂草、对玉米生长副作用小的品种。

三、技术评价

1.创新性 该项技术克服了传统免耕播种技术的局限，利用宽行秸秆覆盖带（行距100cm）保水、窄行未覆盖区（行距40cm）提升播种质量，改善土壤温度。实现了水、热条件"双赢"，同时有利于提升土壤有机质含量、有效防止土壤侵蚀；方便机械化作业，降低田间作业成本，实现土地可持续利用，保障粮食持续稳产高产。

2.实用性 实施条带覆盖免耕技术，可以减少灭茬旋耕起垄镇压、铲趟及中耕追肥、清理秸秆等机械操作次数；同时，玉米产量没有降低，农民净收益约1 500元/hm²。目前，在我国东北地区已建立了"黑土地保护与利用试验示范协作网"（约80多家合作社），通过技术培训、田间示范、技术服务等方式，推广免耕农作技术，推广面积约40万亩。

四、技术展示

免耕播种机械作业（左图）及作业效果（右图）如下。

五、技术来源

项目名称和项目编号： 旱作区土壤培肥与丰产增效耕作技术（2016YFD0300800）
完成单位： 中国农业大学
联系人及联系方式： 高伟达、任图生，010-62731812，weida_gao@cau.edu.cn
联系地址： 北京市海淀区圆明园西路2号

东北平原西部旱作农田肥沃耕层构建与水肥高效利用技术

一、技术概述

东北平原西部旱作农田肥沃耕层构建与水肥高效利用技术是以肥沃耕层构建与水肥高效管理技术为核心，集成水分高效玉米品种、增密防倒、病虫草害综合防控技术，优化形成和东北平原西部旱作农田资源禀赋特征和滴灌补水生产方式相匹配的技术。

二、技术要点

（1）肥沃耕层构建。秸秆粉碎翻埋深还，添加秸秆腐解剂、有机肥、调整C/N比。秸秆腐解剂15kg/hm^2、有机肥1 500kg/hm^2、尿素120kg/hm^2。

（2）水肥高效管理。水分管理遵循自然降水为主、补水灌溉为辅。自然降水与滴灌补水相结合，灌水次数与灌水量依据玉米需水规律、土壤墒情及降水情况确定。实行总量控制、分期调控，保证玉米生育期内降水量和补水量总和达到500 ~ 550mm。

化肥采用基施与滴施相结合。磷、钾肥以基施为主，滴施为辅；氮肥滴施为主，基施为辅。中等肥力土壤，亩产玉米800kg，适宜施肥量为氮肥（N）220～240kg/hm²、磷肥（P₂O₅）70～90kg/hm²、钾肥（K₂O）80～100kg/hm²。

（3）水分高效品种。筛选水分高效的玉米品种如迪卡159、福莱77、吉农大889、优迪919等，作为吉林省西部旱作农田滴灌条件下高产高效栽培的推荐品种。

（4）增密防倒。滴灌条件下玉米适宜播种密度为7万～8万株/hm²，地力较高、水肥充足的地块可采用种植密度的上限，地力低的地块可采用种植密度的下限。玉米8～9展叶期，喷施吨田宝、玉黄金等植物生长调节剂，以增加秸秆强度，控制植株高度，预防玉米倒伏。

（5）病虫草害防治。浅埋滴灌玉米田杂草防除采用烟嘧磺隆＋硝磺草酮＋莠去津＋增效剂或苯唑草酮＋莠去津＋增效剂，玉米苗后4～5叶期，杂草2～5叶期茎叶处理。其他病虫害严格按照《玉米主要病虫害防治规程》操作用药防治。

（6）机械收获与秸秆还田。在10月上中旬采用联合收获机收获玉米，运用秸秆还田机把秸秆粉碎至10cm左右；然后，增施秸秆腐解剂15kg/hm²、有机肥1 500kg/hm²、尿素120～180kg/hm²。采用大马力拖拉机（140马力以上）牵引配套栅栏式液压翻转犁进行深翻作业，翻耕深度达到30～35cm，将秸秆深翻至20～25cm的土层中。深翻作业完成后，根据土壤墒情适时耙糖作业，使用镇压器进行重镇压，防止土壤失墒和表土风蚀。

三、技术评价

1.创新性 该技术是基于秸秆深翻还田养分空间均匀分布规律、玉米需水需肥规律，提出的东北平原西部旱作补灌区玉米丰产增效耕作培肥技术，解决了东北平原西部旱作农田土壤瘠薄、土地生产能力低的难题。实现土壤培肥与土地生产能力提升相融合，促进东北黑土地保护和乡村振兴发展。

2.实用性 该技术通过示范推广，实现了土地生产能力提升和粮食增产，在半干旱地区有广阔的应用前景。2016—2020年，已经在松原市乾安县、宁江区、洮南市等地累计推广44万亩，每亩增产玉米180～200kg，每亩纯利润增加245元左右，每亩节水30t，节省人工20元，肥料利用率提高30%，劳动生产率提高20倍，耕层厚度增至30cm，耕地地力等级提高0.5个等级，商品粮等级达国家标准。

该技术核心内容"半干旱区玉米秸秆深翻还田水肥一体化高产高效技术"，2017—2021年连续5年成为吉林省农业主推技术。

四、技术展示

该技术的秸秆粉碎深翻还田作业（左图）及田间应用效果（右图）如下。

五、技术来源

项目名称和项目编号： 旱作区土壤培肥与丰产增效耕作技术（2016YFD0300800）

完成单位： 吉林省农业科学院

联系人及联系方式： 陈宝玉，15904428286；窦金刚，18543126231；刘方明，17084332209；刘慧涛，13634418678

联系地址： 吉林省长春市净月区生态大街1363号

滨海盐碱地雨养旱作冬小麦－夏玉米土下覆膜吨粮丰产增效技术

一、技术概述

该技术内容主要包括薄膜土下覆盖、宽泛播种、一膜两用等。

二、技术要点

（1）小麦播前准备。选用国家或地方审定的适宜晚播且抗逆性强的旱地品种，每亩底施纯氮（N）10 ~ 15kg，磷（P_2O_5）9 ~ 10kg，钾（K_2O）5 ~ 7kg，基施有机肥每亩1 ~ 3m^3，旋耕2遍，深度15cm左右，平整土地。

（2）小麦播种覆膜。选用厚度≥0.01mm的聚乙烯地膜，地膜质量应符合《聚乙烯吹塑农用地面覆盖薄膜》（GB 13735—2017）的规定。冬小麦土下覆膜适宜播期为10月中旬至11月下旬，11月上旬起每延迟1d，亩播量增加0.5kg。选用冬小麦覆膜覆土穴播一体化播种机具进行播种，膜上覆土厚度0.5 ~ 1.0cm，覆土均匀且不留空白。亩用种量12 ~ 15kg，行距15cm，穴距15cm，播种深度3cm左右。

（3）玉米栽培管理。选用国家或地方审定的适应性广、抗逆性强的高产品种。冬小麦收获后，不揭膜，趁墒采用种肥异位同播一体化机具贴茬播种，行距60cm，株距25cm。亩施复合肥30 ~ 40kg（养分含量24-15-6），并于大喇叭口期趁雨每亩追施20 ~ 30kg尿素。

（4）残膜处理。玉米收获后，按照《残地膜回收机 作业质量》（NY/T 1227—2019）标准的要求进行残膜机械化回收，之后按照小麦播前处理，准备下一轮小麦－玉米轮作体系生产。

三、技术评价

1.创新性 该技术解决了区域内产量低下甚至经常绝产、播期缺水无法适期播种、错过播期弃耕弃播等问题，实现了冬小麦－夏玉米一年两熟雨养旱作农田亩产吨粮，大大提高了农业生产效率和土地利用效率。土下覆膜提高地温、保持墒情、抑制杂草、减少病虫害，显著提高了小麦－玉米轮作体系的产量。该技术的保墒提墒效果主要源于阻止土壤地表蒸发、下层（含地下水）水分上升冷凝聚集；提墒保墒的同时，稀释了土壤离子浓度，充分减轻了盐碱危害；一膜两用提高了地膜的使用效率，降低了地膜投入成本。

2.实用性 冬小麦－夏玉米土下覆膜雨养吨粮栽培技术由于区域适应性强，克服了土壤盐碱、干旱缺水、产量低而不稳的问题，2016—2021在环渤海盐碱区连续6年实现了亩产吨粮，小麦季增产幅度＞20%，玉米季增产幅度＞10%。该技术在河北省滨海盐碱区的沧州市海兴县、黄骅市、南皮县等滨海县、市进行了大面积推广示范，相关研究成果发表在 Field Crops Research 等农学类顶级期刊上，并制定了河北省地方标准《滨海平原区冬小麦—夏玉米土下覆膜雨养栽培技术规程》（DB13/T 5228—2020），配套了进行播种作业的覆膜覆土播种一体机（ZL 201920249931.3），使得该技术更加成熟，更便于推广使用。经过多年推广使用，该技术作为"华北地下水超采区雨养旱作耕作制度构建及关键技术创新与应用"的核心技术，获得2021年度河北省科技进步二等奖。

四、技术展示

冬小麦－夏玉米土下覆膜雨养吨粮栽培技术研发的播种机及作物长势如下。

五、技术来源

项目名称和项目编号： 旱作区土壤培肥与丰产增效耕作技术（2016YFD0300800）

完成单位： 中国科学院遗传与发育生物学研究所农业资源研究中心

联系人及联系方式： 刘孟雨，0311-85825949，mengyuliu@sjziam.ac.cn

联系地址： 河北省石家庄市裕华区槐中路286号

华北井灌区玉米免耕播种－肥料分层深施一体化技术

一、技术概述

玉米免耕播种－分层施肥一体化技术是集玉米播种与肥料分层深施于一体的新技术。

二、技术要点

（1）机具选择。玉米直播机械选择一次完成破茬开沟、分草防堵、化肥分层深施、覆土压实等项作业的播种－施肥一体化机具。

（2）适时播种。播种时，田间相对持水量在70%左右。在墒情合适的条件下，玉米直播越早越好，提倡小麦收获当天播种玉米。若墒情不好，可先播种后灌溉，尽可能避免先灌溉造墒，影响播种机组下地，耽误播种时间。

（3）精量播种。玉米种植密度要与品种要求相适应，大田可按照审定品种公告中推荐适宜密度种植，机具行距在60cm，尽量缩小行距，播种量37.5 ～ 45.0kg/hm²。播种深度根据土壤墒情而定，以3 ～ 5cm为宜。

（4）肥料分层深施。玉米施肥采用一次性底肥，不再追肥，氮肥（N）用量200 ～ 220kg/hm²，可选用玉米专用复混肥，依纯氮量确定施肥量。施肥深度5 ～ 25cm，分为5层施入，最上一层位于播种位置的边侧，距离3 ～ 5cm，避免肥料距离种子太近，以免烧苗。

三、技术评价

1.创新性　该技术通过肥料分层深施缓解了长期浅旋耕造成的养分表聚和作物生长期间根水肥异位问题，实现土壤养分供应与作物养分需求在空间上的匹配，促进了作物对养分的吸收利用，提高了作物产量；肥料分层深施施肥器作业过程中兼具深松功效，可以有效打破犁底层，提高土壤蓄水保墒能力；肥料分层深施可以有效降低氨挥发损失，实现肥料的减量控损，降低施肥造成的环境风险。

2.实用性　该技术简化了农事操作，实现了玉米全程肥料全部底施，无需追肥、省工省力，广泛被农民接受。2017—2020年在河北省石家庄市栾城区和藁城区、沧州市南皮县进行了示范应用，累计示范推广面积超过66万亩，玉米增产达8.6% ～ 8.9%；实施肥料分层深施，减少氨挥发损失9.6%，肥料减施15% ～ 20%。通过该技术的示范应用，带动了区域粮食产量的提高和土壤质量的改善，取得了良好的经济、社会和环境效益。

四、技术展示

分层施肥器田间作业（左图）及机构展示（右图）如下。

分层施肥器实
现分5层施肥

五、技术来源

项目名称和项目编号：旱作区土壤培肥与丰产增效耕作技术（2016YFD0300800）

完成单位：中国科学院遗传与发育生物学研究所农业资源中心

联系人及联系方式：张玉铭，0311-85809143，ymzhang@sjziam.ac.cn

联系地址：河北省石家庄市槐中路286号

辽西半干旱区玉米浅埋滴灌水肥一体化栽培技术

一、技术概述

针对半干旱地区水资源匮乏、季节性干旱频发、肥水资源利用率低等影响玉米高效生产的问题，研发了浅埋滴灌带专用铺设机具，筛选出适宜的可溶性肥料，配套了区域性栽培管理等，从而建立了以补充灌溉与分次施肥为核心的浅埋滴灌水肥一体化技术。

二、技术要点

1.关键技术

（1）机械一体化滴灌带浅埋铺设播种。使用研制的专用机具进行滴灌带铺设、播种、施肥、覆土、施药联合作业，滴灌带距地表3～5cm，覆土均匀、平整，宽窄行种植，宽行60cm，窄行40cm，播种密度每亩4 000～4 500株，全部磷肥、钾肥及1/4氮肥作为基肥施用。

（2）灌溉追肥系统铺装与应用。浅埋滴灌系统包括水源、加压设备（水泵等）、过滤设备、施肥设备、田间输水管道等，将主、支管道与水泵、施肥过滤器、控制阀门、压力表等连接好，再与滴灌带连接。水泵抽取的水及施肥罐中的肥液依次流经滴灌主管、支管后流向各浅埋滴灌带，从而实现灌溉追肥。滴灌每次每亩灌水量8～12m³，剩余的3/4氮肥在拔节期、抽雄期和灌浆期结合滴灌追施水溶性肥。

（3）田间管理。浅埋滴灌灌溉施肥系统应合理布设（见下图），并定期进行检查，如有故障，要及时排除；管道安装完毕，进行试水；试水正常以后，放水冲洗管道，排除管中一切遗杂物，然后连接各级管道尾部堵头；进行灌溉施肥作业时，应严格按照制定的制度执行，并派专人负责，防止跑水漏水，造成效率降低。

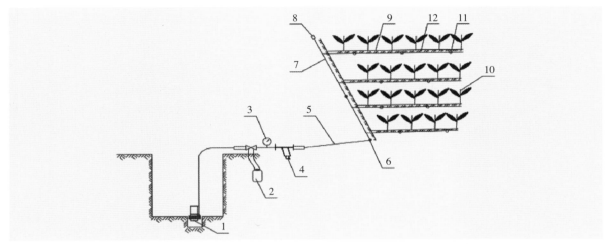

1.水泵　2.施肥罐　3.压力表　4.过滤器　5.滴灌主管　6.连接管件　7.支管
8.堵头　9.土壤表层　10.玉米植株　11.浅埋式滴灌带　12.毛管

2.配套技术

（1）深旋耕精细整地。播种前使用深旋耕机进行深度为18～25cm的旋耕整地，达到土地平整、土壤细碎的水平。

（2）病虫害绿色防控。选用当地生产上大面积应用的密植抗病品种，种衣剂选择福·克种衣剂，玉米播种后3～5d喷施玉米封闭除草剂（莠去津＋乙草胺），结合当地玉米田最后一次封垄作业（6月下旬），采用机械（无人机）喷雾方式每亩喷施40%氯虫·噻虫嗪水分散粒剂10g＋10%苯醚甲环唑水分散粒剂20g防治玉米叶部病害和玉米螟。

（3）机械收获。成熟期用玉米专用收获机收获，粉碎秸秆，并利用秸秆打捆机进行机械打捆回收。

三、技术评价

1.创新性　该技术通过将灌溉水和可溶性肥料快速有效地输送并保留在作物根部土壤，降低蒸发和渗漏损失，提高水肥利用效率。该技术的应用避免了膜下滴灌残膜产生的"白色污染"，同时降低了肥料深层渗漏对地下水的污染，有利于缓解农业面源污染，改善生态环境，实现绿色高效生产。该技术模式的机械化程度高，保证了模式在应用中的作业效率和作业质量。

2.实用性　该技术连续4年在阜新蒙古族自治县的核心区进行示范应用，核心示范区累计示范1000亩。与沟灌对照相比，平均增产15.3%，肥料利用效率提高了35.0%，水分利用效率提高29.2%，光热资源利用效率提高17.8%，生产效率提高47.3%。浅埋滴灌水肥一体化栽培技术模式操作简单、机械化程度高、节肥节水增产效果显著，有利于改善农村生态环境，推动粮食生产向高产、优质、高效、生态安全的可持续方向发展，推广应用前景广阔。技术成果在辽宁西部的阜新、朝阳等地区累计应用推广131.2万亩，玉米增产22.9万t，增收1.30亿元。获得2020年度辽宁省科学技术进步三等奖一项。

四、技术展示

机械一体化滴灌带浅埋铺设播种如下。

灌溉追肥系统如下。

五、技术来源

项目名称和项目编号：辽宁春玉米粳稻密植抗逆丰产增效关键技术研究与示范项目（2017YFD0300704）

完成单位：中国科学院沈阳应用生态研究所

联系人及联系方式：尹光华，13940513969，ygh006@163.com；马宁宁，13840011955，ma_ningning23@163.com

联系地址：辽宁省沈阳市沈河区文化路72号

玉米浅埋滴灌水肥一体化关键技术

一、技术概述

玉米浅埋滴灌水肥一体化技术是以浅埋滴灌为核心，以增密种植、氮磷双移、水肥一体化、秸秆还田地力培肥为配套，形成的集节水、控肥、减膜于一体的玉米高产高效种植新技术。

二、技术要点

（1）秸秆二次粉碎隔年深翻还田技术。收获后秸秆进行二次粉碎，粉碎长度≤5cm，每亩撒施尿素5～10kg和腐熟剂1.5～2kg。首年深翻还田，深度30cm以上，将秸秆充分翻埋，并进行机械耙地、轻镇压；翌年混拌还田，并进行轻镇压。

（2）精量播种及灌溉单元设置。采用浅埋滴灌播种施肥铺带一体机，一次完成施种肥、铺带、覆土、镇压等作业。大小垄种植，小垄宽35～40cm，大垄宽75～80cm，种植密度5 000～5 500株/亩，磷肥深施至10～15cm，滴灌带埋入小垄中间3～5cm深处。选择迷宫式或内镶片式滴灌带，内径16mm，壁厚≥0.18mm，滴头间距20cm，滴头流量≤3L/h，工作压力0.05～0.15MPa。根据出水口孔径选择主管，一般为内径75mm或63mmPE管带，壁厚≥0.8mm，工作压力0.1～0.3MPa，支管选管要求同主管；单元灌溉面积一般20亩左右。

（3）灌溉制度。灌溉遵循少量多次的原则，苗期每亩15～20m³，地表湿润锋超过苗带10cm为宜，其他时期每亩25m³左右。生育期有效降水200mm左右地区，灌溉定额每亩150～200m³，灌溉8～10次；生育期有效降水量为300mm左右地区，灌溉定额每亩130～160m³，灌溉7～8次。

（4）水肥耦合技术。氮肥追施遵循前控、中促、后补的原则，拔节期追施氮肥（N）每亩3～4kg，小喇叭口期4～5kg，大喇叭口期4～5kg，抽雄前7～10d每亩2～3kg，灌浆期每亩2～3kg。施肥前后滴清水30min以上，充分清洗滴灌带。

三、技术评价

1.创新性 该技术以浅埋覆土替代地膜覆盖，有效避免了残膜污染，根据玉米的水肥需求规律，建立磷肥下移、氮肥后移、水氮耦合减肥增效的调控途径和精准灌溉制度，实现了节水节肥；充分发挥浅埋滴灌系统优势，以灌溉水控制氮素的运移和分布，实现氮素分布与根系分布的"时空耦合"，提高了水肥利用效率；研发配套了"玉米大小垄浅埋滴灌播种施肥铺带一体机及农业机械铺带机构""一种超声波辅助混合溶解肥料肥箱及水肥一体化灌溉系统"，提高了技术的实用性和玉米生产效率。该技术有效解决了玉米高产与节水控肥减膜的矛盾，实现了高产高效与绿色生态的协同，2020年该技术成果被第三方评价为国际先进水平。

2.实用性 自项目实施以来，该技术在内蒙古自治区5个盟市、29个旗县累计推广1 500多万亩，辐射带动周边辽宁省、吉林省等地的推广应用。连续4年大田对比试验跟踪调查结果表明，玉米平均增产16.6%，灌溉水利用效率平均提高46.50%，氮肥利用效率平均提高12.22%，生产效率平均提高20.01%，平均节本增效184.67元。该技术2018—2021年连续4年入选内蒙古自治区农业主推技术，2021年入选国家农业主推技术，2020年获全国农牧渔业丰收一等奖。

四、技术展示

玉米浅埋滴灌一体机精量播种作业（左图）及水氮一体精量追肥技术应用田间效果（右图）如下。

五、技术来源

项目名称和项目编号： 东北西部春玉米抗逆培肥丰产增效关键技术研究与模式构建（2017YFD0300800）

完成单位： 内蒙古民族大学、内蒙古自治区农业技术推广站、通辽市农业技术推广站、通辽市科尔沁左翼中旗农业技术推广中心、鄂尔多斯市农业技术推广站、兴安盟农业技术推广站

联系人及联系方式： 张瑞富，13084759790，zhrfyk@126.com

联系地址： 内蒙古自治区通辽市科尔沁区西拉木伦大街（西）996号

北方半干旱区春玉米水肥一体有限灌溉技术

一、技术概述

该项技术集玉米有限灌溉、水肥耦合、密植和全程机械化技术等于一体，提高了肥料、水分、光温等资源的利用效率，是玉米实现精确管理的新技术。

二、技术要点

（1）精细整地，整平细耙。整地的质量是关键，直接影响到播种质量、玉米生长发育。整地要做到上实下虚，无土块，结合整地施足底肥，及时镇压，达到待播状态。

（2）机械选择。使用435型、430型等悬挂双向翻转犁进行深翻整地，也可选用1.6-3.0M深松联合整地机进行深松整地。播种机械选择配置铺带覆膜播种或者浅埋铺带播种装置的一体化精量播种机，如配置专用的滴灌带覆膜铺设或浅埋铺设装置2BQ-2.4型气吸式播种施肥一体机；玉米收获机可选用4YZ-（3-8）自走式玉米收获机。

（3）种植模式和灌溉方式的选择。在垄作区采用大垄双行种植模式，即在宽110～120cm的大垄上，中间种植2行玉米（行距40cm）；在平作区，实施宽窄行种植（宽行距70～80cm、窄行距40cm）；在无霜期短的区域，采用大垄双行膜下滴灌节水技术，无霜期长的区域，采用浅埋滴灌节水技术。

（4）播种和灌溉管带铺设。在土壤耕层5～10cm地温稳定高于8～10℃，土壤含水量达到15%以上时，利用施肥铺管覆膜播种或施肥浅埋播种一体化精量播种机进行精量播种作业。

（5）机械化除草。在玉米播种后3～7d，可选用68%乙草胺·莠去津·2,4-滴丁酯悬乳剂每亩150～180mL兑水，进行地面喷雾封闭除草，也可以在玉米3～5叶期，杂草2～4叶期，选用88%硝磺草酮·莠去津水分散粒剂每亩50～100g进行茎叶除草。

（6）水肥一体化运筹管理。结合灌溉，采用水溶性滴灌专用肥，全部磷肥、钾肥及1/4氮肥在播种期作为基肥施用，3/4氮肥在拔节期、抽雄期、灌浆期随滴灌灌溉追施。

（7）机械化适时晚收。玉米植株苞叶变黄松散，籽粒成熟，籽粒含水量≤25%时，进行机械化收获籽粒。若玉米已达完熟期，但籽粒水分难以降至25%以下时，用玉米收获机直接收获玉米果穗。

（8）秸秆还田。收获机将秸秆粉碎直接撒扬到田间，利用秸秆地面粉碎机械切碎秸秆后进行耙压，将秸秆耙压到耕层，腐烂还田。

三、技术评价

1.创新性　该技术根据玉米养分、水分需求规律，通过有效灌溉制度，实现水肥一体、供需吻合的肥水运筹，满足玉米各时期生长发育的养分和水分需要，达到强单株、健群体的生产目标，结合宽窄行通透栽培、因需肥水管理和全程机械化栽培，光温水资源高效利用的同时，也达到节本增效的生产目标，实现半干旱区玉米全程机械化、资源高效化、管理轻简规范化的增密、高产、稳产、高效的生产目标。

2.实用性　自2015年开展示范以来，该技术应用面积呈现快速增长趋势。2021年在辽宁的朝阳、阜新、锦州等半干旱玉米区建立百亩示范方20多个，示范应用面积超过150万亩。连续6年大田对比试验跟踪调查结果表明，该技术提高氮肥利用率13.6%、水分利用率20%以上，平均增产15%以上，达到了丰产、优质、高效、生态、安全的综合目标。

四、技术展示

平作宽窄行浅埋滴灌节水技术机械（DF304玉米气吸式浅埋管精量播种机）播种作业（左图）及大垄双行膜下滴灌节水技术机械（3MB-1/2铺管铺膜精量播种机）播种作业（右图）如下。

五、技术来源

项目名称和项目编号：辽宁春玉米粳稻密植抗逆丰产增效关键技术研究与示范项目（2017YFD0300700）

完成单位：辽宁省农业科学院

联系人及联系方式：赵海岩、刘晶、王金艳，024-31029918，13840099302@126.com

联系地址：辽宁省沈阳市沈河区东陵路84号

玉米提质增抗分层立体施肥技术

一、技术概述

基于对玉米氮磷钾肥配比以及生物炭、缓释尿素、中微量元素等合理配施的单项技术攻关，结合对基肥－种肥－追肥时空布局的进一步优化，并实施分阶段根际分层与叶面喷施交替、立体的精准定量调控，集成了玉米提质增抗分层立体施肥技术。

二、技术要点

（1）实施高标准整地。根据田块具体生产条件进行田间作业：①可使用160马力以上有导航功能的拖拉机配套大型翻转犁或大犁进行翻耕作业，翻深30cm以上，扣垡严密；随后耙耢联合、对角耙作业，重耙1～2次（耙深16～18cm），轻耙耙碎耢平1次（耙深8～10cm）。②或采用100马力以上拖拉机配重型灭茬耙，耙茬作业2次以上（耙深16～20cm），将秸秆与根茬耙碎并与土壤充分混合；随后轻耙耢平（耙深8～10cm），不漏耙、不拖堆，最后采用具有自动导航功能的拖拉机配套起垄整形机、施肥器及镇压器，夹肥起垄（垄高18～22cm）。③或使用拖拉机配套免耕播种机，在秸秆覆盖的原垄上一次性完成破茬开沟、施肥播种、覆土镇压等作业。

（2）肥料总量中氮、磷、钾的施用比例控制在（1.7～1.9）：1：（0.7～0.9），同时在基肥中科学添加生物炭颗粒，添加量与全生育期根际施用常规化肥用量的比值为（2～3）：（7～8），速效尿素与缓释尿素比例为（3～5）：（5～7），施用深度为15～25cm。

（3）种肥中增施钙、镁、锌肥，施于垄沟侧与种子水平距离5～7cm、深8～10cm处。

（4）在20%～40%叶龄指数时期，结合中耕高培土作业实施根际追肥，控制速效尿素与缓释尿素比例为（5～7）：（3～5），施于垄沟侧与苗带的水平距离10～15cm，深9～15cm处。

（5）分别于30%～50%和50%～80%叶龄指数时期结合病虫害防治作业，喷施速硅肥、硼肥与磷钾肥。

三、技术评价

1.创新性　该项技术充分利用了生物炭发达的孔隙度，与化学肥料复配具有存储、吸附养分离子的特征，有利于土壤质地的改良，缓释尿素与速效尿素在玉米根系活跃生长区氮素动态释放的互补效应，以及中微量元素促抗提质作用，促进高质量玉米群体构建的同时，有效增强茎秆韧性和机械强度，增加气生根层数和数量，有效实现了化肥适度减量与养分资源高效利用，确保了玉米丰产增效、提质增抗生产。

2.实用性　自2018年以来，该技术在云山农场、赵光农场、查哈阳农场、七星泡农场、和平牧场以及黑龙江省玉米主要种植生态区肇东市、肇州县、依安县等开展示范，累计示范推广面积超过500万亩。连续5年大田对比试验结果表明，该技术获得了良好的丰产增效、提质增抗效果，平均增产5%以上，肥料用量减少10%左右，抗倒伏指数增幅6%以上，籽粒容重、粗蛋白、粗淀粉含量分别提高9.7g/L、0.7%和1.5%以上，助力区域玉米产业优质绿色可持续发展。该技术入选2020年和2021年全国基层农技推广体系改革与建设补助项目。

四、技术展示

玉米提质增抗分层立体施肥技术应用如下。

五、技术来源

项目名称和项目编号：黑龙江低温黑土区春玉米、粳稻全程机械化丰产增效技术集成与示范项目（2018YFD0300100）

完成单位：黑龙江省农业科学院

联系人及联系方式：柴永山，15004535999，mdjcys@126.com

联系地址：黑龙江省哈尔滨市南岗区学府路368号

半干旱区玉米机械化抗旱免耕补水保苗播种技术

一、技术概述

针对半干旱地区春季干旱，蒸发强度大，耕层含水量低，免耕播种玉米出苗率低、整齐度差等影响区域性粮食生产的重大问题。开展了免耕补水机械设备、水土调控等关键技术研究，优化集成了农艺、植保、农机等技术，构建了以"免耕补水保苗播种－水、土、肥联合调控"为核心的实用轻简化、全程机械化、集约规模化半干旱区玉米丰产增效生产技术。

二、技术要点

（1）免耕补水播种。采用机械化免耕补水播种方式进行作业，一次性完成播种带清理、种床调控、侧深施底肥、窄沟精播、控量补水、口肥水施、挤压覆土等作业。

播种带清理：利用破茬圆盘刀切断秸秆、残茬和杂草等地表覆盖物，拨草轮拨开切断的秸秆、残茬和杂草，清理出宽度为20cm左右的播种带。

种床调控：中度干旱年份春播，应在免耕播种机主梁上安装深度可调的犁茬分土装置，将根茬和干土层剥离，降低种床，形成土壤墒情较好的凹槽播种带，再开沟补水播种。应根据干旱程度进行种床深度调控，调控深度4.5～6cm为宜，种床调控深度随干旱程度增加逐渐加深。

侧深施底肥：将肥料施入种子侧6～10cm，深度8～12cm处，随着施肥量的增加，与种子的横向距离和施肥深度增加。

窄沟精播：采用滚动式双圆盘开沟器开沟，开沟宽度3～5cm，深度4～6cm，"品"字形错株播种，播种深度3～5cm，株距均匀，漏播率小于3%。

控量补水：调整开沟深度与宽度，确保补水量达到1.5～3.0m³/hm²，保水性能好的壤土用下限，保水性能差的沙土用上限。调控补水流量和流速，防止种子飘移，种子飘移率应小于5%。

口肥水施：将水溶性肥料和作物增效助剂等溶入水箱中，作为口肥随水施入，使口肥、水、种同床。

挤压覆土：采用V形镇压器挤压覆土，覆土要均匀严密，调整挤压强度，适宜挤压强度250～350g/cm²。

（2）平衡施肥。氮（N）总量控制在160～200kg/hm²；磷（P₂O₅）总量控制在70～90kg/hm²；钾（K₂O）总量控制在80～100kg/hm²。氮肥的1/4与全部磷、钾肥作为底肥，3/4的氮肥在玉米拔节期，机械不打苗的情况下追施。

（3）深松蓄水。雨季来临前垄沟深松25～30cm，结合深松垄沟深追肥，入土深度≥10cm。

（4）科学灌溉。根据土壤墒情确定灌溉量。

（5）病虫草害绿色防控。施用烟嘧磺隆45g/hm²（有效成分含量）＋硝磺草酮90g/hm²＋莠去津285g/hm²苗后除草；利用生物与化学药剂防治玉米螟，玉米大斑病防控前移。

（6）秸秆覆盖还田。玉米成熟后机械收获，秸秆全量覆盖还田。实行2年秸秆覆盖还田，1年秸秆深翻还田的"秸秆2＋1还田技术模式"。

三、技术评价

1. 创新性 有效解决了半干旱地区免耕播种玉米出苗率低的重大生产问题，实现了机械化抗旱播种由传统坐水播种向免耕补水播种转变的重大技术变革。

2. 实用性 该技术的应用，大幅度提高了农业生产效率、资源利用效率和粮食产量，受到了广大农民的欢迎。播种用水量仅是传统坐水播种的1/30；生产作业效率大幅度提高，是传统坐水播种的4～5倍；玉米出苗率比免耕播种提高了12.5%以上，玉米单产提高了8.6%以上。配套研发的2BMZFS系列补灌播种设备，填补了北方春玉米免耕补水机械播种的空白；制定了技术标准"半干旱区玉米机械化抗旱补水保苗播种技术规程"（DB XM 022—2020），开发生产指导应用系统"半干旱区玉米水土调控与养分高效利用指导系统V1.0"。技术成果达到国内领先水平。

四、技术展示

补水免耕播种机（左图）及田间作业情况（右图）如下。

五、技术来源

项目名称和项目编号： 吉林半干旱半湿润区雨养玉米、灌溉粳稻集约规模化丰产增效技术集成与示范项目（2018YFD0300200）

完成单位： 吉林省农业科学院

联系人及联系方式： 蔡红光，15584441606，caihongguang1981@163.com

联系地址： 吉林省长春市生态大街1363号

燕山丘陵旱作区玉米秸秆深翻还田减膜沟播集雨技术

一、技术概述

针对燕山丘陵旱作区土壤肥力下降、干旱少雨、还田秸秆腐解难、地膜覆盖增加成本、造成残膜污染且影响秸秆还田质量等问题，集玉米秸秆二次粉碎深翻还田、降解膜半膜双垄沟播、病虫害绿色防控、机械化籽粒直收等技术于一体，形成了燕山丘陵旱作区玉米秸秆深翻还田减膜沟播集雨新技术。

二、技术要点

（1）秸秆二次粉碎深翻还田。前茬作物收获后，如果是玉米茬或高粱茬，且进行秸秆还田的地块，应采用秸秆还田机对秸秆进行二次粉碎，秸秆粉碎长度为≤5cm；秸秆粉碎后均匀抛撒地面。采用栅形翻转犁进行深翻作业，深翻深度40cm以上，将秸秆完全翻入土中，并进行机械耙地、轻镇压。

（2）半膜覆盖播种。选用厚度≥0.010mm的生物降解地膜，膜宽80～90cm。大小垄种植，小垄垄高15～20cm、垄宽40cm，大垄垄高10～15cm、垄宽80cm，地膜覆盖在整个小垄及两侧垄沟处，播种后小垄两侧形成沟深15cm左右的垄沟，以利于集雨。

（3）玉米螟生物防治。在一代螟开始见卵时释放赤眼蜂，人工投放或应用无人机智能化投放，分2次释放赤眼蜂每亩20 000头，2次释放时间相差5～7d。

（4）机械化籽粒直收。玉米籽粒乳线消失、黑层出现即生理成熟后，田间站秆晾晒15d以上，使籽粒充分脱水，直至籽粒含水量小于25%。采用玉米籽粒联合收割机，进行直接脱粒收获。

三、技术评价

1.创新性 该技术通过秸秆二次粉碎深翻还田和覆膜加速秸秆降解（95.0%左右）；半膜覆盖双垄沟播可以收集雨水，提高水分利用效率（吐丝期、成熟期分别提高19.80%和35.74%），且降低残膜污染（地膜降解率较普通全膜提高56.0%），使产量提高18.26%，亩纯收益增加156.84元，实现玉米生产培肥、丰产、增效的目标。

2.实用性 该技术在燕山丘陵旱作区3年累计示范96.73万亩，平均亩产815.79kg，增产15.66%，增收39.93%；技术辐射面积943万亩，平均亩产732.64kg，增产16.84%，增收50.32%。示范区和辐射区平均提高肥料生产效率33.57%，水分生产效率37.95%，光、温生产效率分别提高了15.20%、16.33%。当地经营主体使用技术的满意度达96.36%，78.18%的经营主体认为主推技术易于掌握，预期前景很好。

四、技术展示

燕山丘陵旱作区玉米秸秆深翻还田减膜沟播集雨技术薄膜田间降解情况如下。

五、技术来源

项目名称和项目编号： 内蒙古雨养灌溉混合区春玉米规模化种植丰产增效技术集成与示范项目（2018YFD0300400）

完成单位： 内蒙古农业大学、内蒙古师范大学、赤峰市农业技术推广站、赤峰市农牧科学研究院

联系人及联系方式： 于晓芳，13674827018，yuxiaofang75@163.com

联系地址： 内蒙古自治区呼和浩特市赛罕区学苑东街275号

西辽河温热灌溉区玉米培肥节水技术

一、技术概述

针对西辽河平原灌区土壤肥力下降、秸秆还田腐解难、浅埋滴灌水肥一体化管理粗放、长期浅埋滴灌土壤盐渍化等问题，集成了西辽河平原灌区玉米秸秆二次粉碎深翻还田浅埋滴灌水肥一体化技术。该技术集玉米秸秆深翻还田、浅埋滴灌水肥一体化精量管理、病虫害绿色防控、机械化籽粒直收于一体。

针对西辽河流域山沙区的土壤肥力水平低、风蚀严重，秸秆覆盖腐解难，播种、出苗质量差，水肥管理粗放、利用效率低等问题，集成了西辽河流域山沙区玉米秸秆秋覆春二次粉碎免耕播种技术，该技术集秸秆秋留高茬覆盖越冬（茬高30cm）、春二次粉碎（秸秆长度≤5cm）、免耕播种、浅埋滴灌水肥精准管理、病虫害绿色防控于一体，全程机械化。

二、技术要点

1.西辽河平原灌区玉米秸秆二次粉碎深翻还田浅埋滴灌水肥一体化技术

（1）秸秆二次粉碎。玉米收获后，采用带有秸秆粉碎装置的玉米联合收割机或专用秸秆粉碎还田机将秸秆进行二次粉碎，使玉米秸秆粉碎长度≤5cm，秸秆粉碎后应达到抛撒均匀，不堆积，不漏切。

（2）秸秆深翻还田。采用拖拉机牵引液压式调幅栅形铧式翻转犁进行翻耕作业，翻压深度≥40cm，碎土率≥60%，立垡率和回垡率<5%，翻耕后地表平整度≤6cm。

（3）水肥精准管理。播种结束后及时滴出苗水，每亩用水量20～25m³。6月中旬滴拔节水，每亩用水量25～30m³，以后若田间持水量低于70%时应及时灌水，每次每亩滴灌20m³左右，9月中旬停水。同时，按照玉米需求随水追肥，整个生育期追肥3次。第一次拔节期亩施纯氮（N）4～4.5kg；第二次大口期亩施纯氮（N）6.5～7.5kg；第三次开花期施入剩余氮肥。每次追肥时每亩可额外添加磷酸二氢钾1kg。

施肥前先滴清水30min以上，施肥结束后，再连续滴灌清水30min以上，将管道中残留的肥液冲净。

2.西辽河流域山沙区玉米秸秆秋覆春二次粉碎免耕播种技术

（1）秸秆高留茬覆盖春粉碎。玉米收获时，采用玉米联合收割机收获，留茬高度30～35cm，其余秸秆均匀抛撒覆盖地表，越冬。春季播种前，采用秸秆粉碎还田机对秸秆二次粉碎并灭茬，秸秆长度在3～5cm，均匀抛撒覆盖地表。

（2）免耕播种。选用带有苗带清理装置的免耕精量播种机，在上茬垄帮上播种，苗带清理、化肥深施、单粒播种、覆土镇压等作业一次完成。

（3）水肥精准管理。有效降水量在300mm以上的地区，保水保肥良好的地块，全生育期一般滴灌6～7次，灌溉定额为每亩130～160m³；保水保肥差的地块，全生育期滴灌7～8次，灌溉定额为每亩160～180m³。有效降水量在200mm左右的地区，全生育期滴灌7～8次，灌溉定额为每亩200m³左右。

追肥结合滴水进行，整个生育期追肥4次，亩施纯氮（N）13～15kg，拔节期、大口期、开花期、灌浆期分别按3∶5∶1∶1的比例施入。每次追肥时每亩可额外添加磷酸二氢钾1kg。

三、技术评价

1.创新性

（1）西辽河平原灌区玉米秸秆二次粉碎深翻还田浅埋滴灌水肥一体化技术。利用玉米秸秆还田培肥土壤，防止长期浅埋滴灌造成的土壤盐渍化；秸秆二次粉碎（秸秆长度小于5cm）及栅形铧式翻转犁深翻扣垡（本团队发明）提高了秸秆降解效率；水肥精准管理提高了水肥利用效率，实现了玉米生产培肥节水的目标。

（2）西辽河流域山沙区玉米秸秆秋覆春二次粉碎免耕播种技术。通过秋季秸秆覆盖配合免耕播种提高土壤保水能力，减少土壤风蚀62.61%，秸秆二次粉碎加速秸秆腐解，提高出苗率（达到91.1%），玉米生育期水肥一体化精准管理技术提高水肥利用效率（播前和吐丝期的土壤含水量分别提高6.75%和8.08%），实现了山沙区玉米生产培肥节水的目标。

2.实用性

自2018年开展示范以来，3年累计在西辽河平原示范面积92.1万亩，平均亩产787.60kg，增产16.45%，技术辐射面积950万亩，平均亩产702.34kg，增产16.62%，亩纯增收45.26%，水分生产效率提高34.94%，肥料生产效率提高25.33%，经营主体对技术满意度达到88.89%，94.44%经营主体认为主推技术预期前景很好，并且愿意继续使用。

四、技术展示

西辽河平原灌区玉米秸秆二次粉碎深翻还田浅埋滴灌水肥一体化技术滴水出苗田间效果（左图）及西辽河流域山沙区玉米秸秆秋覆春二次粉碎免耕播种技术秋季秸秆覆盖田间效果（右图）如下。

五、技术来源

项目名称和项目编号： 内蒙古雨养灌溉混合区春玉米规模化种植丰产增效技术集成与示范项目（2018YFD0300400）

完成单位： 内蒙古农业大学、内蒙古民族大学、中国农业科学院作物科学研究所、通辽市农业科学研究院、通辽市农业技术推广站

联系人及联系方式： 于晓芳，13674827018，yuxiaofang75@163.com

联系地址： 内蒙古自治区呼和浩特市赛罕区学苑东街275号

岭南温暖旱作区玉米抗旱播种增密丰产技术

一、技术概述

针对岭南温暖旱作区坡耕地失墒严重，播期延后、保苗差，现有坐水播种技术用水量大、效率低等问题，形成集玉米高留茬、免耕坐水播种、合理增密、病虫害绿色防控、全程机械化于一体的新技术。

二、技术要点

（1）留茬整地。玉米收获后留高茬30cm左右，剩余细碎秸秆覆盖地表越冬；第二年播种前用重拖拖茬，将根茬拖断覆盖于地表。

（2）免耕坐水播种。采用改装后的玉米免耕坐水播种机，在原垄上直接开沟接墒下种、深施底肥、随种补水、合垄覆土、镇压等一次完成。根据土壤墒情，调节用水量在每亩0.15～0.2m³范围内，种植密度在原有播种密度基础上每亩增加500～1 000株。

（3）中耕深松。拔节期选用玉米中耕机进行中耕追肥。沙壤土以垄沟下25cm为宜，黏质土深松到30cm为好，施尿素每亩15～20kg。2～3年进行1次。

三、技术评价

1.创新性 该技术通过留高茬覆盖及免耕可防风蚀和散墒；免耕播种机增加改装的补水装置（本项目发明）可节约用水（亩节水1.5～2t），提早出苗7～10d，提高出苗率（4.8%～23.1%）和整齐度（9.4%～34%），最终产量可提高2.4%～11.8%，收入提高2.3%～8.7%，达到玉米生产丰产、节本、增效的目标。

2.实用性 2018—2020年在岭南温暖旱作区开展示范，3年累计示范63.19万亩，示范区玉米平均亩产706.56kg，增产率为12.93%；新增收益每亩164.73元，增收率为25.61%。辐射带动622.74万亩，平均亩产达到了628.94kg，增产率为11.44%，增收率为20.48%。项目区肥料生产效率提高12.76%，水分生产效率提高18.45%，光、温生产效率分别提高12.39%、12.40%。经营主体使用技术的满意度达到90%，81.67%经营主体认为主推的技术易于掌握，预期前景很好。

四、技术展示

玉米免耕坐水播种机如下。

五、技术来源

项目名称和项目编号： 内蒙古雨养灌溉混合区春玉米规模化种植丰产增效技术集成与示范项目（2018YFD0300400）

完成单位： 内蒙古农业大学、内蒙古自治区农牧业科学院、兴安盟农业技术推广站、内蒙古师范大学

联系人及联系方式：于晓芳，13674827018，yuxiaofang75@163.com
联系地址：内蒙古自治区呼和浩特市赛罕区学苑东街275号

岭东温凉旱作区平川地春玉米培肥增温密植增效技术

一、技术概述

针对岭东温凉旱作区平川地土壤肥力降低、原有秸秆混拌还田技术秸秆腐解难、原有高台大垄的高度偏低、增温效果不理想等问题，将秸秆二次粉碎深翻还田、高台大垄夹肥镇压、适时早播、合理增密、病虫害绿色防控、机械化籽粒直收等技术集为一体，形成温凉旱作区平川地春玉米培肥增温密植增效技术。

二、技术要点

（1）秸秆促腐深翻还田。前茬作物收获后，对秸秆二次粉碎还田，使秸秆长度<5cm；每亩施2t腐熟有机肥或5kg尿素，提高秸秆腐烂程度。施肥后在48h内进行耕翻作业，以防止氮素挥发损失。利用栅形翻转犁翻地，深度达到40cm以上确保粉碎的秸秆翻埋彻底。

（2）高台大垄技术。用重耙平整土地，破碎土垡，无大土块。用高台起垄机起高台大垄夹肥镇压，大垄距110cm，垄高25cm以上，垄面宽70cm，底肥压入配方复合肥，每亩5～8kg。

（3）中耕放寒增温。玉米4～5叶期，采用中耕机进行深松、放寒、灭草，深度25～30cm，不得铲苗、压苗，不得损伤根系，伤苗率小于1%。

（4）籽粒直接收获。玉米籽粒乳线消失、黑层出现即生理成熟后，田间站秆晾晒15d以上，使籽粒充分脱水，直至籽粒含水量小于25%进行机械收获。

三、技术评价

1.创新性 该技术的秸秆降解率较原深松混拌还田提高36.0%；将起高台大垄的垄台高度由15cm提高到25cm，使光、温生产效率分别提高3.71%和4.45%，玉米生育期提前3d；种植密度增加到每亩5 500～6 000株，产量提高13.33%～23.49%。实现了玉米生产培肥、增温、丰产、高效的目标。

2.实用性 在岭东温凉旱作区3年累计技术示范面积60.01万亩，平均亩产量604kg，增产17.90%；技术辐射面积601.1万亩，平均亩产量543.11kg，增产17.18%；示范区和辐射区增收率35.90%，肥料生产效率提高20.99%；水分生产效率提高16.40%；光、温生产效率分别提高17.17%、17.55%。经营主体对使用技术的满意度达到95%，98.33%的经营主体认为主推技术可以掌握，95%的经营主体预期前景很好，愿意继续使用该技术。

四、技术展示

应用岭东温凉旱作区平川地春玉米培肥增温密植增效技术田间苗情如下。

五、技术来源

项目名称和项目编号： 内蒙古雨养灌溉混合区春玉米规模化种植丰产增效技术集成与示范项目（2018YFD0300400）

完成单位： 内蒙古农业大学、呼伦贝尔市农业技术推广中心、呼伦贝尔市农业科学研究所

联系人及联系方式： 于晓芳，13674827018，yuxiaofang75@163.com

联系地址： 内蒙古自治区呼和浩特市赛罕区学苑东街275号

风沙半干旱区玉米、花生间作种植技术

一、技术概述

针对辽宁省风沙半干旱区作物种植结构单一、资源利用效率低、稳产性差等问题，以提高光、水资源利用效率为核心，探明了玉米、花生间作光、水、氮等资源协同增效机理，在此基础上，构建了玉米、花生间作种植模式。

二、技术要点

核心技术包括风沙半干旱区玉米、花生间作种植技术，该技术已制定了辽宁省地方标准，并通过省级审定，标准号为DB21/T 2907—2018。

（1）种植方式和密度。

玉米、花生6∶6间作：间作带宽6m，行距50cm。玉米6行，株距26.68cm，每亩5 000株，花生6行，穴距13～14cm，双粒，每亩20 000株，年际间交替轮作。

玉米、花生8∶8间作：间作带宽8m，行距50cm。玉米8行，株距26.68cm，每亩5 000株，花生8行，穴距13～14cm，双粒，每亩20 000株，年际间交替轮作。

（2）适宜区域。该技术适合东北风沙半干旱区，在东北三省平原区有广阔的推广前景，尤其是辽西地区褐土和风沙土地区，既能增加经济效益，还能改善该区域风蚀严重的农业生态环境，合理地利用和保护土地，实现农业可持续发展。

（3）注意事项。推广风沙半干旱区玉米、花生间作种植技术需注意选择适合间作的高产高效品种（玉米和花生）、间作比例和种植密度，进行机械化精量播种施肥，需要精细的田间管理及病虫害综合防治，进而使该技术达到最好的效果。

三、技术评价

1.创新性 该模式增加了单位面积作物产量，提高了资源利用效率，减少了农田风蚀，控制了病虫害发生，是旱地农业可持续发展的一项重要技术措施。

2.实用性 近3年来，风沙半干旱区玉米、花生间作种植技术在辽宁省阜新市阜蒙县和彰武县累计示范推广面积达到46万亩，该技术和常规种植方式相比，经济和生态效益显著，为辽宁省全面提升了农田生产能力提供了技术支撑，最终提高了作物产量，增加了农民收入。该种植技术光能利用效率提高了8.6%～36.9%，农田风蚀量减少了23.1%～47.4%，粮食产量亩均增产约93kg，亩均增收145元，累计增加经济效益6 670万元，经济和生态效益显著。

四、技术展示

应用该技术田间效果如下。

五、技术来源

项目名称和项目编号：粮食作物丰产增效资源配置机理与种植模式优化（2016YFD0300200）

完成单位：辽宁省农业科学院

联系人及联系方式：郑家明，13889224425，zaipeizjm@126.com

联系地址：辽宁省沈阳市沈河区东陵路84号

旱作土壤秸秆错位轮还全耕层培肥技术

一、技术概述

旱作土壤秸秆错位轮还全耕层培肥技术包括耦合耕作技术、地力培育技术、生物激发剂新产品等，实现了深厚耕层构建和全耕层培肥。

二、技术要点

（1）黄淮海小麦、玉米轮作区以4年8季为周期。

①模式。第一年（麦季，前茬秸秆＋激发剂，还至35cm深；玉米季，前茬秸秆留地表，下同），第二年（麦季，前茬秸秆＋激发剂，还至13～15cm深），第三年（麦季，前茬秸秆＋激发剂，还至20cm深）；第四年（麦季，前茬秸秆还至13～15cm深）。

②激发剂类型与用量。商用有机肥1.5t/hm²，或农家肥用量加倍，或商用黄腐酸75kg/hm²。

③秸秆处理与查墒。前茬作物收获后，立即用秸秆还田粉碎机将秸秆粉碎至10～20cm长，覆盖地表保墒。耕作、还田、播种前查墒，土壤含水量低于田间持水量的70%时需补墒（不超过田间持水量的80%）。

④激发剂和化肥施用。确定足墒后，麦季将激发剂均匀撒施在秸秆上（激发剂施用季），同时根据当地最佳氮磷钾基肥用量，将化肥均匀撒施在秸秆上，采用播种施肥一体机施肥。玉米季根据当地最佳氮磷钾基肥用量，采用免耕播种施肥一体机施肥。

⑤秸秆还田、整地和播种。施肥后按4年8季一个周期秸秆错位轮还模式将秸秆还至设定深度，其中4季玉米前茬秸秆均为免耕覆盖，4季小麦前茬秸秆错位轮还。小麦浅还和中还季采用带有镇压轮的精播机进行浅垄沟均匀条播，深还季采用种肥一体机进行浅垄沟均匀条播。玉米采用免耕播种施肥一体机进行宽窄行匀播。

（2）东北玉米连作或米豆轮作区以3年3季为周期。

①模式。第一年，玉米季，前茬秸秆＋激发剂还至35cm深；第二年，连作玉米或轮作大豆，前茬秸秆粉碎地表覆盖；第三年，连作玉米或轮作大豆，前茬秸秆粉碎还至15cm深。

②激发剂类型与用量。有机肥或鸡粪或猪粪1.5t/hm²。

③秸秆处理。采用机械收获，将前茬玉米秸秆自然抛洒在田块上，留茬高度15cm以下。利用秸秆粉碎机对前茬秸秆进行二次破碎至<20cm长，均匀抛洒在地表。

④激发剂和化肥施用。将激发剂均匀撒施在秸秆上（激发剂施用年），根据当地最佳氮、磷、钾基肥用量，将化肥均匀撒施在秸秆上。免耕秸秆覆盖年份，以种肥一体机施肥。

⑤秸秆还田、整地和播种。第一年秸秆深还，第二年免耕秸秆覆盖，第三年浅还。采用当地常规播种技术播种。

三、技术评价

1. 创新性 该技术通过深耕－浅耕－免耕等轮耕模式，将不同季节的秸秆错位轮还至

0 ~ 35cm耕层深度，构建肥沃深厚耕层；通过秸秆周期性错位还田，将后续季节秸秆分别还田至20cm、13cm及土表，配合施肥措施实现上层贫瘠土壤培肥；轮还过程中添加少量有机肥或激发剂，快速提高微生物丰度、加速秸秆转化为土壤有机质。可解决旱作区土壤耕层浅薄、水养容量小的问题，克服深松或深翻无法全耕层培肥的弊病。同时还可平衡秸秆深还高耗能，实现全程机械化作业。

2.实用性　该技术2007—2021年在黄淮海潮土地力培肥、东北黑土肥沃耕层构建中得到验证示范和大面积应用，累计推广示范面积达1.6亿亩，提质增效效果显著。东北黑土有机质提高1.37g/kg，碱解氮、有效磷和速效钾分别提高20.63%、38.18%和43.17%，玉米增产12.8%以上。黄淮海潮土有机质、全氮、全磷含量分别提高11.0%、11.0%、13.0%以上，小麦和玉米分别增产4.0%和5.6%以上。该技术获2017年黑龙江省科技进步一等奖、2018年国家科技进步二等奖，并入选2021年农业农村部农业主推技术。

四、技术展示

秸秆错位轮还技术示意如下。

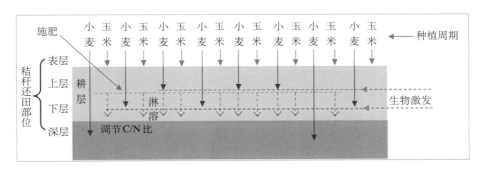

黑土秸秆错位轮还全耕层培肥模式（玉米连作）如下。

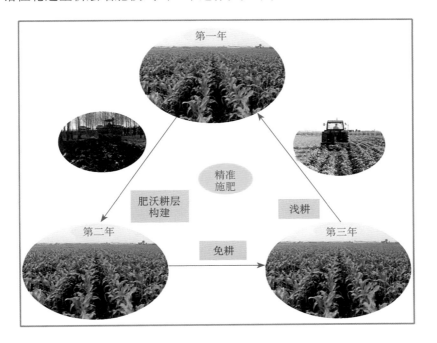

五、技术来源

项目名称和项目编号： 旱作区土壤培肥与丰产增效耕作技术（2016YFD0300800）
完成单位： 中国科学院南京土壤研究所、中国科学院东北地理与农业生态研究所
联系人及联系方式： 张佳宝，025-86881228，jbzhang@issas.ac.cn
联系地址： 江苏省南京市北京东路71号

玉米整株覆盖免耕二比空种植技术

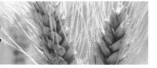

一、技术概述

该技术是集秸秆覆盖还田、免耕种植和二比空技术于一体的轻简化技术。

二、技术要点

（1）秸秆覆盖还田。机械收获时关闭机具还田动力部分，玉米摘穗后在机具的作用下直接覆盖地表。秋收后至翌年播种前保持整株秸秆覆盖地表。免耕播种前秸秆粉碎可采取秸秆全部粉碎还田和留高茬粉碎还田两种方式。秸秆全部粉碎还田：保留根茬，将秸秆全量粉碎均匀覆盖地表。秸秆切碎长度≤10cm，合格率应≥85%，均匀抛洒。秸秆留高茬粉碎还田：保留根茬高度≥25cm，秸秆切碎长度≤10cm，合格率应≥85%，均匀抛洒。

（2）播种施肥。种植方式为二比空。春播前不进行任何整地作业；当5～10cm耕层地温稳定在10℃以上，土壤含水率在10%～25%时播种；播种作业要求种子播深3～5cm，化肥施深8～12cm，种肥分施距离达5cm以上（可根据实际土壤状况进行调节），种植两垄空一垄，播种株距较传统均匀垄种植模式缩小1/3，施肥量较传统均匀垄种植模式增加1/3，做到不漏播、不重播、播深一致，覆土良好，镇压严实。

（3）药剂除草。要根据杂草种类和数量选择除草剂和用量。建议进行苗后除草，晴天喷施除草剂。施药时期宜在玉米苗3～5叶期，避免过早或过晚喷施除草剂，以免产生药害。不重喷、不漏喷。

（4）深松。如需要进行深松整地作业，一般进行秋季深松，隔2～3年深松一次，深度一般应≥25cm，无漏耕和重耕现象。

三、技术评价

1.创新性　该技术在玉米休闲季秸秆覆盖防蚀保墒，种植前不进行任何土壤耕作处理，直接在全量秸秆覆盖还田的条件下，一次性完成苗带秸秆集行、施肥、种床整形、播种、覆土镇压作业。形成玉米生长带无秸秆覆盖、休闲带秸秆全覆盖交替排布，翌年种植带与休闲带轮耕种植，实现土壤局部年际休耕。

2.实用性　自2017年开展示范以来，技术应用面积逐年扩大。2021年在辽宁省西北部地区建立千亩示范方5处，百亩示范方30多个，示范应用面积120多万亩。连续5年大田对比试验跟踪

调查结果表明，减轻土壤风蚀90%以上，耕层土壤含水量提高3%～4%，土体储水量增加26mm以上，减少农机进地作业2～3次，降低农机作业费用600元/hm²以上。实现了玉米生产轻简、丰产、高效、生态、可持续的综合目标。该技术入选2020年和2021年辽宁省黑土地保护性耕作主推技术，同时，2021年入选农业农村部耕地质量提升类农业主推技术。

四、技术展示

玉米秸秆粉碎还田作业（左图）及玉米二比空播种后的出苗情况（右图）如下。

五、技术来源

项目名称和项目编号： 辽宁春玉米粳稻密植抗逆丰产增效关键技术研究与示范（2017YFD0300700）

完成单位： 辽宁省农业科学院

联系人及联系方式： 侯志研，13709824479，houzhiyan@163.com

联系地址： 辽宁省沈阳市沈河区东陵路84号

玉米－大豆轮作秸秆全量还田技术

一、技术概述

玉米－大豆轮作秸秆全量还田技术是以2年玉米1年大豆轮作和3年玉米连作种植结构为基础，集深浅轮耕、保护性耕作、减肥调氮、化学调控于一体的技术。

二、技术要点

（1）深浅轮耕技术。玉米收获时联合收割机将秸秆自然抛撒于地面，留茬高度低于15cm。灭茬机二次灭茬后，五铧翻转犁将秸秆全量深埋至30cm或20cm（第二年）以下土层，圆盘耙耙地1～2次，联合整地机起垄至待播状态。

（2）免耕覆盖技术。玉米收获后秸秆覆盖地表二次灭茬作业后，进行深松或条耕作业，起垄至待播状态。深松作业后起110～130cm高的矮垄（条耕作业起65cm高的垄）。大豆收获同时粉碎秸秆，长度低于5cm，均匀抛洒覆盖地表，第二年免耕播种玉米即可。

（3）减肥调氮技术。采取前氮后移，玉米总施肥量较当地常规施肥量减5%～15%，大豆底肥减氮30%～50%。底肥采取侧深、分层施肥方式，第一层施于种子下方4～5cm处，占施肥总量的30%～40%，第二层施于种子下方8～10cm处，占施肥总量的60%～70%。

（4）化学调控技术。高肥力地块可在玉米抽穗前（6～10片）、大豆初花期喷施多效唑等植物生长调节剂调节株高；低肥力地块可在玉米灌浆期、大豆鼓粒初期进行1～2次叶面喷施海藻酸钠、微生物菌剂等叶面肥，促进后期籽粒饱满。

三、技术评价

1.创新性　通过技术实施，提高了秸秆的资源化利用效率的同时，有效改善了土体结构，增厚了耕层，增强了土壤蓄水保墒能力，为阻控东北黑土退化提供可复制、可推广的技术。

2.实用性　自2016年起，在黑龙江省北部大豆主产区、东部旱作区开展玉米－大豆轮作秸秆全量还田技术的试验、示范及消减大豆连作障碍等问题，推广面积达186万亩。与常规技术相比，玉米－大豆轮作深耕－免耕－免耕和玉米连作深耕－浅耕－免耕模式，玉米、大豆增产5%，玉米减肥5%～15%，大豆减氮肥30%～50%，肥料利用率提高10%，亩增收节支100～150元；秸秆全量还田后0～30cm土层容重下降0.12g/cm³，有机质增加0.53～1.06g/kg，土壤水养库容提高；减轻了秸秆焚烧造成的环境污染，实现了资源的生态化利用和农业的可持续发展。该技术入选2019年全国农业主推技术。

四、技术展示

秸秆翻埋还田作业（左图）及秸秆深松覆盖还田作业（右图）如下。

五、技术来源

项目名称和项目编号：旱作区土壤培肥与丰产增效耕作技术（2016YFD0300800）
完成单位：黑龙江省农业科学院土壤肥料与环境资源研究所
联系人及联系方式：李玉梅，18345091503，liyumeiwxyl@126.com
联系地址：黑龙江省哈尔滨市南岗区学府路368号

玉米秸秆碎混还田节本增效栽培技术

一、技术概述

玉米秸秆碎混还田节本增效栽培技术，是集秸秆碎混还田技术、深松和耙地技术、机械化一次性缓控施肥技术、机收粒技术等于一体的新技术。

二、技术要点

（1）作业流程。秋季机械化收获→地面秸秆粉碎→深松机深松作业35cm以上→圆盘重耙对角线或与垄向呈15°～30°角交叉耙地2遍以上，耙深15～20cm→第二年春季免耕播种机平播→控释肥一次性机械化施用→镇压→苗后3叶期除草→秋季机械化收获。

（2）作业要求。

①玉米收获。用玉米收获机完成摘穗或籽粒直收，同时进行秸秆粉碎抛撒，作业机车要带底刀和抛撒器，作业质量符合《玉米收获机　作业质量》（NY/T 1355—2007）的规定。

②地面秸秆粉碎。应采用90马力以上拖拉机为牵引动力，配套秸秆粉碎还田机。作业时秸秆要经过3～5d晾晒；如果垄沟内有长秸秆，可在车头前加装搂草装置把秸秆清理到垄台上再进行粉碎作业。秸秆粉碎长度≤10cm、切碎长度合格率≥85%，留茬平均高度≤7.5cm，秸秆抛撒不均匀度低于30%，无堆积，无漏切，其他作业质量应符合《秸秆粉碎还田机　作业质量》（NY/T 500—2015）的要求。

③深松。一般要求以260马力以上拖拉机为牵引动力，配套4行或4行以上深松机进行深松作业。深松作业深度35cm以上，具体深度以打破犁底层为准，要求到头到边，其他作业质量符合《深松、耙茬机械作业质量》（NY/T 741—2003）的规定。

④耙地。土壤水分25%左右时，采用180马力以上拖拉机牵引圆盘重耙与垄向呈15°～30°角交叉耙地2遍，耙后不起粘条，土壤散碎，混拌秸秆均匀，耙深15～20cm，作业质量符合《深松、耙茬机械作业质量》（NY/T 741—2003）的规定。

⑤起垄。漫岗地可以不起垄，采用平作，春季直接播种。低洼易涝地应起平头大垄，垄高15cm左右，防止秸秆集堆。

⑥免耕播种及控释肥一次性机械化施肥。采用免耕播种机播种，种肥同播，施肥深度12～15cm，播后及时镇压。如果秸秆在苗带上分布不均或覆盖率超过40%影响作业和地温，可以先进行施肥作业，把苗带上的秸秆推到两侧，减少苗带秸秆量，加深施肥深度，提高肥效，经过镇压后再进行播种，作业质量符合《玉米免耕播种机　作业质量》（NY/T 1628—2008）的规定。

三、技术评价

1. 创新性　该技术在国内率先形成集秸秆碎混还田技术、深松和耙地技术、机械化一次性缓控施肥技术、机收粒技术于一体的技术。

2. 实用性　该技术在双城项目示范区进行了示范，经2019—2020年测产表明，两年平均亩产量为668kg，较传统玉米秸秆全部离田旋耕种植模式（农户种植模式）亩产量提高92.5kg，氮肥利用效率提高16.1%，玉米节本增效每亩107.2元，生产效率提升20.2%。解决了黑龙江省松嫩平原中南部玉米连作体系下耕层浅、实、硬，肥料利用率低和还田生物量大、还田难度大等问题，同时实现节本增效，处于国内先进水平，在生产中具有较好的推广价值。

四、技术展示

秸秆碎混还田作业（左图）及第二遍耙地作业（右图）如下。

五、技术来源

项目名称和项目编号： 东北北部春玉米、粳稻水热优化配置丰产增效关键技术研究与模式构建（2017YFD0300500）

完成单位： 黑龙江省农业科学院

联系人及联系方式： 李文华，13503622052，nkylwh@163.com

联系地址： 黑龙江省哈尔滨市南岗区学府路368号

玉米秸秆全量还田地力提升技术体系

一、技术概述

重新认知了玉米秸秆源有机物料还田对土壤肥力的影响机理，明确了其对土壤健康及肥力因子的影响机制，提出了0～40cm全耕层培肥技术原理与途径，探明了玉米根系对土壤养分的异质性响应特征，揭示了玉米密植群体冠层生产力与根系吸收性能同步增强的生理机制，发展了"耕层－根层－冠层"协同调控理论。提出了以玉米秸秆全量还田为核心的土壤耕作体系，构建了不同玉米秸秆全量直接还田技术模式，研制了寒区秸秆高效腐解菌剂产品。

二、技术要点

（1）秸秆全量直接还田技术。集成创新了以"机收粉碎＋喷施专用腐解剂＋深翻整地＋平播重镇压"为核心的秸秆全量还田技术，在保证95%以上出苗率的前提下，确定了经济实用的玉米秸秆深翻还田技术参数：秸秆粉碎合格长度≤20cm，翻耕深度30～35cm，秸秆分布于20cm土层以下。同时，配施自主研发的专用秸秆腐解剂。

（2）"松紧交替"合理耕层构建技术。构建了"行间松、苗带紧"的松紧交替耕层结构，收获后深翻深度30～35cm，翌年播后采用苗带镇压器进行重镇压（土壤含水量<18%时，强度600～800g/cm²；含水量>22%时，强度300～400g/cm²）。

（3）养分综合管理技术。提出了半湿润区机械化续补式减量施肥技术。利用自主研制的自走式高秆作物施肥机，基施氮、磷、钾分别占总量的30%、70%、50%，大口期续补氮、磷、钾分别占总量的50%、30%、50%，灌浆期续补氮素占总量的20%。该技术实现了玉米生育后期机械化精量追肥，提高了土壤供肥与玉米需肥的匹配度。氮（N）、磷（P_2O_5）、钾（K_2O）投入量分别为170～200kg/hm²、65～90kg/hm²、80～110kg/hm²，比常规施肥量平均减少20.2%，肥料利用率提高11.5%。

三、技术评价

1.创新性 突破了秸秆全量还田耕种质量差、秸秆腐解慢的技术瓶颈，实现了土壤有机质数量与质量快速提升。构建了以秸秆直接还田为主体的减肥增效技术模式，同步实现了培肥地力与节肥增效。

2.实用性 自2018年开展示范以来，有力支撑了黑土地高强度可持续利用，同步实现土壤增碳、粮食增产、农民增收、绿色增效。该成果不断创新，创建了高强度利用黑土地条件下0～40cm全耕层培肥玉米绿色生产技术体系，实现了土壤结构和功能的协同共效。以秸秆全量直接还田、"松紧交替"合理耕层构建、"塑冠强根"根冠合理共建、养分综合管理和秸秆还田条件下玉米中后期病虫害一体化绿色防控技术等为核心技术，与生产常用技术相结合，集成创新了适于不同区域的技术模式13套，广泛应用后，土壤有机质含量进入缓慢提升阶段，生产力提高17.5%～20.0%，水分利用效率提高7.7%～9.8%，增产5.3%～8.4%。近年来在吉林、黑龙江、辽宁等地区推广应用，经济、社会、生态效益显著。秸秆全量还田技术入选2018年吉林省农业主推技术。

四、技术展示

玉米秸秆全量还田地力提升技术体系示意如下。

机收粉碎

秸秆粉碎长度≤20cm

喷施专用秸秆腐解剂

用量：30kg/hm²

深翻整地

液压翻转犁犁幅>40cm

平播重镇压

强度：500～700g/cm²

深翻＋苗带重镇压
➤ 深翻深度30～35cm
➤ 1YM型镇压器

行间深松
➤ 苗期深松25～30cm
➤ 直柱式复层土壤深松机

五、技术来源

项目名称和项目编号： 东北中部春玉米、粳稻改土抗逆丰产增效关键技术研究与模式构建（2017YFD0300600）

完成单位： 吉林省农业科学院

联系人及联系方式： 蔡红光，15584441606，caihongguang1981@163.com

联系地址： 吉林省长春市生态大街1363号

玉米秸秆翻免交替全量还田技术

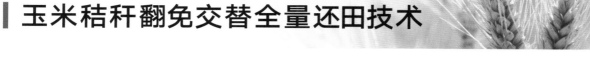

一、技术概述

针对东北南部地区土壤耕层变浅、结构紧实、有效土壤数量少等问题，创建了玉米秸秆翻免交替全量还田技术。

二、技术要点

（1）技术流程。

以3年为一个轮换周期为例。

第一年：玉米收获→秸秆粉碎→翻埋还田→翌年整地播种。

第二年：玉米收获→整秆或粉碎→覆盖还田→翌年免耕播种。

第三年：玉米收获→整秆或粉碎→覆盖还田→翌年免耕播种。

（2）第一年秸秆粉碎翻埋还田。玉米机械收获时或收获后，采用玉米秸秆粉碎机将秸秆粉碎（地表以上的根茬进行二次粉碎，秸秆粉碎长度≤10cm，切碎长度合格率≥85%，留茬平均高度≤8cm），均匀抛撒于地表（秸秆抛撒均匀度＞80%，无堆积，无漏切）。采用拖拉机牵引液压铧式翻转犁进行翻埋作业，将地表秸秆翻埋入土。翻埋深度宜≥25cm，地表无裸露秸秆，前后犁铧深浅一致，不留生格，翻垡一致。翻耕仅限于有效土层（耕层）≥25cm以上的土壤。

秸秆翻埋还田后应及时进行整地作业，翌年可分为平作和垄作两种方式：翌年采用平作的地块，在土壤绝对含水量为15%～25%时，采用动力圆盘耙进行耙地，使土壤散碎，与秸秆混拌均匀，地表平整，碎土率≥70%，耙深为15～20cm。翌年采用垄作的地块，当翻耕后土块较大时，宜先采用动力圆盘耙进行碎土平整作业，再用起垄施肥机或联合整地机进行起垄、镇压作业，使土壤达到待播状态。当翻耕后大土块较少时，可省去耙地步骤，直接选用联合整地机一次性完成碎土、起垄、镇压作业。

（3）第二年秸秆免耕覆盖还田。秋季收获时，可采用自带秸秆粉碎装置的玉米联合收割机将秸秆直接粉碎，或收获后采用秸秆粉碎还田机将秸秆粉碎后均匀覆盖于整个地表还田。对于冬季风大的地区，玉米收获后可选用整秆覆盖，当产量低，覆盖量少，不影响免耕播种时，播种前可不进行粉碎。当覆盖量大，影响免耕播种时，在第二年春季播种前用秸秆粉碎还田机进行粉碎覆盖还田。

三、技术评价

1.创新性　该技术优化了秸秆还田方式、施肥方式、种植模式等技术参数，明确了周期玉米秸秆全量还田技术流程，提出了基于秸秆还田与耕作模式互作的高产耕层构建及地力培育技术。解决了长期连续单一秸秆深翻还田方式造成的生产成本增加、秸秆免耕覆盖还田地温降低和病虫草害加重的问题，可有效改善土壤耕层结构、培肥地力、提高作物产量。

2.实用性　自2017年开展相关研究以来，该技术在项目核心示范区示范效果良好。通过田间实地测产，该技术在核心示范田应用后玉米亩产量达到705kg，常规农户地块每亩586kg，增产16.9%。每亩节本增效55.8元。耕作层达到30cm，耕层容重降低到1.26g/cm^3，田间持水量提高14.2%，水分利用效率提高10.7%，春季全耕层土壤气相>30%，全层土壤紧实度降低20%～40%，既解决了区域土壤耕层结构不合理、功能不协调的问题，又实现了资源利用率和作物产量协同高效的双重目标。

四、技术展示

田间秸秆深翻作业（左图）及靶平旋耕起垄作业（右图）如下。

田间机械收获作业（左图）及免耕播种作业（右图）如下。

五、技术来源

项目名称和项目编号：辽宁春玉米粳稻密植抗逆丰产增效关键技术研究与示范（2017YFD0300700）

完成单位：辽宁省农业科学院

联系人及联系方式：刘艳，15040253667，liuyan1980@163.com

联系地址：辽宁省沈阳市沈河区东陵路84号

玉米秸秆深翻还田技术

一、技术概述

该技术主要针对东北西部灌溉区存在耕地犁底层坚硬，有机质含量降低，秸秆翻埋不彻底，腐解难等问题，将秋季秸秆二次粉碎与深翻相结合。

二、技术要点

（1）秸秆二次粉碎。秋季玉米收获时采用带有秸秆粉碎装置的玉米联合收割机将秸秆粉碎后，再用专用秸秆粉碎还田机进行灭茬和二次秸秆粉碎，根茬高度≤8cm，秸秆粉碎长度≤5cm，粉碎的秸秆应均匀覆盖地表。

（2）深翻秸秆还田。土壤封冻前，土壤含水量为18%左右时，采用拖拉机牵引液压式调幅栅形翻转铧式犁进行翻耕作业，翻压深度≥40cm，碎土率≥60%，立垡率和回垡率均<5%，地表平整度≤6cm，地表无裸露秸秆。有灌溉条件的地区在夜冻昼消时灌冻水。

（3）播前整地。播种前用拖拉机牵引联合整地机进行耙地与镇压作业，使土壤达到播种状态。如无联合整地机，可采用圆盘耙与V形镇压器替代，进行耙地与镇压作业。碎土率≥60%，耙后地表平整度≤4.5cm。

（4）浅埋滴灌技术。采用大小垄种植，小垄35～40cm，大垄根据各地采用的农机具确定为

60～90cm。采用玉米浅埋滴灌铺带播种一体机，一次完成施肥、铺带、播种、镇压、田间地面管网的铺设作业，滴灌带埋于地下1～3cm。

（5）半膜集雨技术。在地表起大小垄，大垄垄高10～15cm，垄宽80cm；小垄垄高15～20cm，垄宽40cm；选用幅宽80～90cm，厚度≥0.010mm的聚乙烯吹塑地膜，或≤0.010mm的全生物降解地膜。用地膜覆盖小垄及大垄垄肩，大垄垄上不覆膜，地膜覆盖后在小垄两边各形成一条垄沟，地膜紧贴地面，垄沟处膜上覆土，在垄沟播种。

三、技术评价

1.创新性　通过秸秆二次粉碎显著提高了秸秆降解效率，有效解决了寒旱区秸秆腐解难的问题；深翻深度达40cm以上，打破了长期浅旋形成的坚硬犁底层的同时，使秸秆翻埋彻底，加速腐解。两项技术结合改善了土壤物理特性（实施3年土壤三相比降低6.61），培肥了土壤（3年土壤肥力指数提高0.42），提高了土壤蓄水保墒能力（实施2年土壤阳离子交换量提高5.19cm/kg），有利于作物根系下扎，提高水肥利用效率。

2.实用性　该技术作为提高灌溉区土壤肥力的有效措施，分别与西辽河平原灌区的浅埋滴灌、燕山丘陵旱作区半膜覆盖相结合，集成秸秆深翻还田浅埋滴灌技术模式和秸秆深翻还田减膜沟播集雨技术模式，并示范200万亩左右，比对照农户模式增产16.0%，亩新增产值191.72元，亩新增收益207.06元；肥料生产效率提高33.57%，水分生产效率提高32.46%。达到了增产增效目标。经营主体使用技术的满意度为88.89%以上，78.18%以上的经营主体认为主推技术预期前景很好，并且愿意继续使用。

四、技术展示

应用该技术的秸秆深翻还田作业如下。

五、技术来源

项目名称和项目编号：东北西部春玉米抗逆培肥丰产增效关键技术研究与模式构建（2017YFD0300800）

完成单位：内蒙古农业大学

联系人及联系方式：于晓芳，13674827018，yuxiaofang75@163.com

联系地址：内蒙古自治区呼和浩特市学苑东街275号农学院

玉米秸秆低温堆腐异位还田技术

一、技术概述

　　针对东北冷凉区秋冬季节秸秆还田不宜腐解，导致春季播种困难、出苗率低等问题，该技术将秸秆原位还田（秋季翻压还田投入大、碎混还田不抗旱、秸秆覆盖免耕还田地温低）改为田间地头异位还田，以秋冬季节低温玉米秸秆堆腐还田为主要核心技术，利用低温高效秸秆降解菌剂，秋冬季节低温堆肥发酵玉米秸秆达到腐解状态，再通过机械撒施地表旋耕还田。

二、技术要点

　　（1）玉米秸秆机械打捆。9～10月，采用玉米联合收获机完成玉米收获和秸秆粉碎作业或人工收获后用秸秆粉碎农机具进行秸秆粉碎作业。粉碎秸秆均匀覆盖于地表，长度小于≤20cm。然后利用打捆机进行打包。

　　（2）秸秆异位堆置腐解。在田间地头，进行秸秆条垛式堆置，堆体控制在1.5m高，2m宽，长度不限。加入低温秸秆发酵微生物菌剂、起爆剂、调节剂、水（质量比为1∶1∶1∶250）。堆垛的时候可以一边堆垛一边泼洒微生物菌剂。

　　接种后第三天开始测量堆体温度。在堆体50cm深处插入温度计进行测量。当温度在55～70℃时，最适宜微生物的分解。同时可杀死病菌、病毒、杂草种子等。当堆体温度高于75℃时要及时翻堆，一般堆腐发酵5d左右翻堆一次。并及时补充水分，保障堆体湿度在50%以上。翻堆是为了让秸秆里水分、微生物分布更均匀。

　　发酵完成后，翻堆时温度不再上升，颜色为褐色、秸秆变得比较柔软，味道为酸性，后期会呈现一种香味或者醇香味。

　　（3）机械还田旋耕起垄镇压。通过机械把腐熟秸秆还田后采用旋耕起垄镇压一体机进行旋耕、起垄、镇压作业，旋耕深度15～20cm。

三、技术评价

　　1.创新性　可有效改善土壤耕层结构、培肥地力、减少化肥投入量、提高作物产量。

　　2.实用性　自2017年开展示范以来，技术应用面积实现几何级增长。2021年在辽宁省铁岭市、阜新市和沈阳市等地进行了多年的试验、示范和推广。连续5年大田对比试验跟踪调查结果表明，该技术在项目核心示范区示范效果良好，田间实测亩产量达到778kg，常规农户地块586kg，增产32.8%，节本增效150.4元。有机质含量从15.8g/kg提高到16.9g/kg，肥料利用率提高10.6%。全面提升了区域耕地质量，生态环境得到明显改善，经济、社会及生态效益显著。

四、技术展示

　　田间堆制过程（左图）及堆制过程中的秸秆分解状态（右图）如下。

五、技术来源

项目名称和项目编号： 辽宁春玉米粳稻密植抗逆丰产增效关键技术研究与示范（2017YFD0300700）
完成单位： 辽宁省农业科学院
联系人及联系方式： 何志刚，13002458404，hezhiganag1227@126.com
联系地址： 辽宁省沈阳市沈河区东陵路84号

三江平原白浆土区玉米大垄秸秆深翻腐殖酸活化技术

一、技术概述

针对三江平原白浆土水分调节能力弱、耕层紧实难于扎根、冷浆导致养分转化迟缓的核心问题，建立了以机械深松为核心，秸秆全量直接还田配以腐殖酸基生物肥的三江平原白浆土区玉米大垄秸秆深翻腐殖酸活化技术。

二、技术要点

该技术的主要环节为上茬作物收获后、封冻前，秸秆粉碎后采用铧式犁直接翻压入土，翻压深度≥25cm，翻压前撒施秸秆发酵菌剂20～30kg/hm²、腐殖酸基生物肥（八一农大研制）或矿质腐殖酸40kg/hm²、尿素110～150kg/hm²。耙茬10～15cm，起垄（垄宽110cm或130cm），镇压。出苗后及时深松放寒，玉米叶龄达到5片可见叶时，再次进行深松。该技术模式改65cm宽的小垄传统模式为110cm或130cm宽垄；改秸秆全量直接翻埋还田为配施腐殖酸基生物肥粉碎翻埋；齐苗深松，且将拔节后深松提前至玉米5叶期深松。

三、技术评价

1.创新性　研究发现并首次报道，玉米秸秆还田腐解条件下当季玉米幼苗氮代谢加强，碳－氮代谢平衡失调，系统抗性降低，致使土壤－作物系统脆弱性增加，而腐殖酸辅助秸秆还田可降低耕层扰动导致的养分损失，增强作物系统抗性。提出的"大垄秸秆深翻腐殖酸活化技术"以作物－土壤的系统视角，较好的缓解了白浆土黏化层造成的容量小、怕旱怕涝的物理性障碍。深松处理显著增加了白浆土地区耕层大于0.25mm水稳性团聚体含量和贡献率；增加了0～30cm耕层团聚体平均重量直径；显著缩小耕层5cm与25cm间的温差；耕层土壤容重平均降低了4.8%，从而协调水、热资源，田间水分利用率增加了8.5%～10.5%。对解决三江平原白浆土的水分调节能力弱、冷浆、养分转化迟缓、"发老苗不发小苗"的突出问题提供有效参考。

2.实用性 自2017年开展技术研究，在实施过程中示范推广10万亩。以该技术成果为主体技术制订的《三江平原白浆土玉米田耕作技术规程》（DB23/T2858—2021）获批2021年黑龙江省地方标准。核心示范区黑龙江省八五二农场连续技术示范显示，氮素平均利用率提高了12.42%，磷素利用率提高了36.51%，钾素利用率提高了35.31%；耕地地力由六等地提升到五等地；玉米年平均增产10.4%。

四、技术展示

苗齐后及时深松放寒作业（左图），处理区植株直立和对照区植株倾斜的田间对比（右图）如下。

五、技术来源

项目名称和项目编号： 东北北部春玉米、粳稻水热优化配置丰产增效关键技术研究与模式构建（2017YFD0300500）

完成单位： 黑龙江省农业科学院

联系人及联系方式： 李文华，13503622052，nkylwh@163.com

联系地址： 黑龙江省哈尔滨市南岗区学府路368号

玉米宽窄行覆秸栽培减施除草剂技术

一、技术概述

前茬作物收获时秸秆粉碎后均匀抛撒地表，伏秋季或播种前采用深松灭茬整地机进行深松碎土作业，形成深松碎土播种带，非深松带秸秆覆盖量加倍的田间状态，春季沿深松碎土带采用宽窄行播种。在玉米播种后沿播种带喷施封闭除草剂，采用非等距方式布置喷头，使两行中间位置有20%的面积不喷施农药。

二、技术要点

（1）秸秆粉碎作业。前茬作物采用具有秸秆粉碎装置的联合收获机收获，一次性完成收获和秸秆粉碎作业。高留茬或站秆收获地块以及秸秆粉碎未达标地块，应采用秸秆粉碎还田机进行秸秆粉碎作业。

（2）深松整地作业。前茬垄作地块，实行秋季深松碎土成垄连续作业，沿原垄深松碎土，深松深度30cm以上，碎土宽度30～35cm、碎土深度10～12cm；前茬平作地块整地，采用深松灭茬整地机按下茬作物种植的垄向，采取深松碎土整地，深松深度30cm以上，深松间距60～65cm，碎土带宽30～35cm，碎土深度10～12cm，达到土壤细碎、疏松。整地时间以伏秋整地为宜，未伏秋整地的地块，应随整地随播种。

（3）机械精量播种。根据玉米品种的特性、地势、土壤肥水条件等确定密度和播种量。沿深松碎土带精量播种，玉米采取宽窄行种植，窄行距45cm、宽行距85cm，两个双行中心线与深松碎土带一致；播深一致、均匀无断条，播种后采用双排V形镇压器及时镇压。

（4）喷施除草剂。在玉米出苗前7～8d，喷施封闭除草剂，采用相邻喷头间距为45cm和85cm的非等距方式布置喷头，喷头距垄台高度为30cm，使相邻45cm的两个喷头喷射出的农药辐射面积恰好完全覆盖相邻45cm的播种带上，相邻85cm的两垄中间位置有20%的面积覆盖前茬作物秸秆，此处不喷施农药，同时减少20%的农药使用量。在作物苗期均匀喷施与65cm垄距等量的茎叶除草剂，同时结合中耕机深松培土作业进行机械除草，农药使用量减少10%以上。

（5）中耕管理。在玉米苗期进行垄沟深松，宜采用双铲深松机分层深松，前铲作业深度10～12cm；后铲作业深度30cm以上，达到深松垄沟、防除杂草的目的。深松后10～15d，在双铲深松机后铲安装分土板进行中耕培土，前铲作业深度10cm；后铲培土作业深度12～15cm，达到培土成垄、防除杂草的目的。

（6）机械收获。在玉米成熟期采取机械联合收获，同时粉碎秸秆。

三、技术评价

1.创新性 秸秆覆盖可以抑制杂草萌发，具有防除杂草的作用；同时可减少20%的农药使用量。

2.实用性 通过连续3年的田间试验发现减施除草剂技术节药效果明显，杂草发生量与正常喷施除草剂相比无明显差别。同时，非深松带秸秆量加倍覆盖保墒抗旱功能显著提升。此项技术得到了广大农业生产者的信赖和支持，在黑龙江省多地进行了示范推广。

四、技术展示

减量喷施封闭除草剂作业（左图）与中耕培土防除杂草作业（右图）如下。

五、技术来源

项目名称和项目编号：粮食作物丰产增效资源配置机理与种植模式优化（2016YFD0300200）
完成单位：东北农业大学
联系人及联系方式：闫超，13069879581，yanchao504@neau.edu.cn
联系地址：黑龙江省哈尔滨市香坊区长江路600号

夏玉米高温热害防控稳产栽培技术

一、技术概述

夏玉米高温热害防控稳产技术是集玉米物理调控、化控抗逆、群体环境调控、播期调整和品种互补于一体的新技术。

二、技术要点

（1）化控剂的选用。选用环保、高效的植物生长调节剂；要求能减少叶绿素降解，具有抑制衰老、保护叶片光合能力的作用，且能促进细胞分裂、提高结实率；化控剂配方简单易行，便于人工或无人机喷施。

（2）化控抗逆。选用6-苄氨基腺嘌呤溶液均匀喷施于叶片表面，要求小喇叭口期至大喇叭口期之前喷施浓度为0.05g/L，大喇叭口期至开花期之前喷施浓度为0.08g/L，开花期至乳熟期喷施浓度为0.1g/L。每升6-苄氨基腺嘌呤溶液中加入0.5g吐温－20。加入吐温－20可以提高液滴表面张力，增加6-苄氨基腺嘌呤溶液与叶片之间的吸附性。

（3）物理降温防控。于高温发生期间的8:00～10:00，采用微喷灌喷水5～10min，以起到降低群体内环境温度的作用。

（4）调控群体环境。地下通过深松（耕）、秸秆还田等改良土壤，调控土壤环境；地上通过合理灌溉、科学施肥等加强田间管理，改善玉米群体生长环境，提高群体耐热性。

（5）调整播期。针对黄淮海地区高温热害发生特点，调整玉米播期，尽量避免6月中旬播种，使玉米开花期与高温易发期错开，进而避开花期高温热害。

（6）品种互补增抗。利用育性和耐热性互补品种间混作，互补增抗，提高结实率。可选择耐高温品种与当地主导品种搭配进行间混作，两品种的开花期应基本一致；也可以选择花粉量大的品种与花粉量小的品种搭配进行间混作。

三、技术评价

1.创新性　该技术针对我国近年来高温天气频发、玉米密植条件下抗逆性差等限制高产高效的突出问题，依据玉米高温热害受损机制，通过地下调控土壤环境，地上加强田间管理，改善生长环境，提高群体耐热性；通过调整播期，避开花期高温热害；并在选用抗（耐）热品种的基础上，采用物理防控与化学防控相结合的方法，于高温易发期（高温发生前）喷施化学调控剂，以保护叶片光合性能，从而提高玉米抗（耐）高温能力；于高温发生当日采取微喷灌溉降低群体内环境温度；配合灾后营养补偿，实现玉米"物化调控抗逆、环保易行稳产"的抗高温、稳产效果。

2.实用性　自2017年开展示范以来，玉米抵御高温胁迫技术应用面积不断增大。2017—2021年在山东、河南、河北等地区建立示范方30多个，示范应用面积900亩。连续5年试验对比结果表明，该技术平均增产6%，生产效益增加7%。提高了密植高产夏玉米高温热害应对能力，达到了抗逆稳产的目的。其中2017年河南省驻马店市西平县二郎乡百亩登海605与登海6702混作示范田表现出显著的抗高温效果，平均增产38.7%。近3年田间试验和大面积示范结果表明，应用互补增抗技术可降低灾害风险50%以上，亩增产5.8%～18.2%，亩增收节支100元左右，实现了玉米生产的良种良法配套、绿色生产和产量品质的协同提升。此外，核心技术"玉米互补增抗生产技术"入选2021年农业农村部主推技术，"玉米互补增抗生产技术规范"作为农业行业标准制定发布。

四、技术展示

应用该技术利用无人机进行田间作业（左图）及田间应用效果（右图）如下。

五、技术来源

项目名称和项目编号：粮食作物产量与效率层次差异及其丰产增效机理（2016YFD0300100）
完成单位：山东农业大学、河南农业大学

联系人及联系方式：刘鹏，13583818353，liupengsdau@126.com；赵亚丽，13333811800，zhaoyali2006@126.com

联系地址：山东省泰安市岱宗大街61号；河南省郑州市郑东新区龙子湖高校园区15号

内蒙古雨养灌溉混合区春玉米规模化种植减损技术

一、技术概述

针对内蒙古地区因机械化粒收损失大而限制该技术大面积应用的瓶颈问题，集成了内蒙古雨养灌溉混合区春玉米规模化种植减损技术，并发布了地方标准。

二、技术要点

（1）品种选择。

①抗倒伏。生理成熟15d后，倒伏倒折率小于5%。

②提早成熟。一般选择生育期积温小于当地积温50～100℃的品种，玉米灌浆期喷施1次磷酸二氢钾，促早熟、强茎秆，亩用量200g，兑水10～12kg。

③穗位一致。穗位高度整齐一致，在80～120cm。

④脱水快。成熟期苞叶枯黄且自动裂开、果穗下垂。

⑤适合内蒙古地区耐密宜机收品种推介。

赤峰：迪卡159、金科玉3308、宏博701、泽亿1号。

通辽：迪卡159、LH501、P6512、金科玉3308、新玉108、天玉108、京科968C、C3288、C2808、巡天608、S8006、SK567。

兴安盟：C1563、A2636、C1220、金科玉3306。

呼伦贝尔：J6518、德美亚1、利合228、仁和319、德美亚3号。

（2）导航精量播种。采用带自动导航的拖拉机，配套气吸式精量播种机精量播种，行距60cm，或宽窄行40cm＋80cm；种植密度5 500～6 500株/亩；种子播深4～5cm，种肥需深施在种子侧下方5～6cm处，种肥分开、覆土严密、镇压保墒。

（3）机械化籽粒直收。籽粒含水量在23%～25%时收获最佳；收获机型推荐约翰迪尔R230、S660、凯斯6130、克拉斯570/560。

①割台行距。原则上割台行距应与所收获玉米的行距一致，即对行收获。对于宽窄行种植，等行距割台采用宽窄分禾器收割也能起到减少落穗损失的目的。割台行距与种植行距相错不能超过5cm；割台的分禾器偏离玉米行低于10cm。

②割台高度。割台底部距离地面不高于40cm；玉米穗位高度在80～120cm，割台高度30～70cm；随着穗位的增高，适当升高割台，减少落穗，割台与果穗高度差不超过50cm。通过降低玉米割台高度和逆玉米倒伏方向进行作业，可降低机械粒收中的落穗损失。

③收获机械作业速度。收获机作业速度应根据玉米种植密度、穗位高度、单产水平、植株田

间的站杆性或倒伏率以及籽粒含水率进行相应调整。籽粒含水量16%～18%，收获速度5～6km/h；籽粒含水量18%～23%，收获速度7～8km/h；籽粒含水量23%～27%，收获速度4～5km/h。有影响籽粒直收的障碍因子时，适度降低机械行走速度。

④收获机械关键参数设定。选择300马力以上纵轴流式收获机。脱粒滚筒转速为400r/min。除杂风机转速在1 000r/min左右（最高不超过1 100r/min，否则跑粮）。清粮下筛角度15°～17°，上筛角度20°～23°。凹板与滚筒的前间隙应该小于玉米果穗直径10mm；后间隙应该等于果穗穗轴直径。

三、技术评价

1.创新性　该技术系统地对机械化粒收过程中涉及的宜机收品种选择、导航播种、合理种植密植、适宜收获时期、收获时机械割台高度、机械行驶速度和收获机械关键参数等做了明确的规定。利用该技术使该区玉米机械化粒收质量达到了国家标准。

2.实用性　该技术在燕山丘陵旱作区、西辽河平原灌区、岭南温暖旱作区和岭东温凉旱作区等地示范推广，2020年示范面积达到104.64万亩。其中，燕山丘陵旱作区籽粒直收示范的平均亩产量806.62kg，平均产量损失率0.84%，杂质率0.85%，破碎率3.19%；西辽河平原灌区籽粒直收示范平均亩产量994.86kg，产量损失率平均为3.39%，杂质率0.19%，破损率0.62%；岭南温暖旱作区籽粒直收示范亩产量761.75kg，产量损失率1.32%，杂质率0.23%，破损率4.3%；岭东温凉旱作区籽粒直收示范平均亩产量612.1kg，产量损失率0.65%，杂质率0.5%，破碎率1.63%。

四、技术展示

玉米机械化籽粒直收现场如下。

五、技术来源

项目名称和项目编号：内蒙古雨养灌溉混合区春玉米规模化种植丰产增效技术集成与示范项目（2018YFD0300400）

完成单位： 内蒙古农业大学、中国农业科学院作物科学研究所、内蒙古自治区农业技术推广站
联系人及联系方式： 于晓芳，13674827018，yuxiaofang75@163.com
联系地址： 内蒙古自治区呼和浩特市赛罕区学苑东街275号

生物法安全低损储粮技术

一、技术概述

　　生物法安全低损储粮技术是将小型储粮装备和生物防虫防霉包结合，杜绝了粮食储藏过程中的霉菌生长和虫害侵扰，从而达到安全低损储粮效果的一种新技术。

二、技术要点

　　（1）小型生物储粮装具技术参数。储粮仓的筒仓采用镀锌量为275g/m^{2}的波纹装配式钢板制造，适宜粮食储藏。主要技术参数：仓直径1.92m，容积约4.61m^3，仓筒高约1.19m，全高约3.8m（不含基础高度）；拉杆式，带外爬梯，仓顶盖板、围板和锥底板厚度为1.0mm；围板尺寸为1 175mm×2 960mm；钢板波纹宽度80mm，波纹深度14mm。

　　（2）小型生物储粮装具安装。室内和室外均可放置；室外放置最好要遮阳，避免太阳直射，通风好，底座水泥硬化且地势较高，便于排水；安装处要方便车辆进出和上粮；储粮仓垂直，避免倾斜。

　　（3）生物储粮技术。

　　①防虫防霉包制作。肉桂精油和牛至精油按照1∶2混合后加入硅藻土中，每500g硅藻土加入混合精油100mL，先以无纺布密封，再用自封袋包装密封，防止精油挥发。

　　②防虫防霉包投放。将防虫防霉包最外层自封袋拆开，每20cm高度悬挂1个，保证在小型生物储粮仓空气中的浓度达到0.21μL/mL。

　　③上粮。首先将粮食水分晾晒到安全储藏水分含量。

　　④进料。从中心进料孔进料，保证物料垂直进入仓内，严禁斜向进料，进料前关闭仓底闸门，上粮时可采用斜绞龙辅助，粮食入仓完成，关闭上粮口，开始粮食储藏，储藏期间注意不定期观察粮食变化。

三、技术评价

　　1.创新性　该技术采用经过优化的小型钢板仓，组配使用复合精油防虫防霉包，避免粮食受到霉菌和虫害侵扰；粮仓设计专用上粮、取粮口，取用方便；采用该技术大大降低了粮食的产后损失，对于保障我国粮食安全具有重要应用价值。

　　2.实用性　2019年该技术开展示范展示和推广应用，2019—2020年在山东省齐河、高青和禹城示范推广储粮6 350余t，在粮食减损和保证粮食质量安全方面效果显著。应用该技术储粮7个月，小麦减损4.83%。小麦储粮24个月后，发芽率保持93%以上。2021年，经专家组综合评价，小型生物储粮仓技术达到国内领先水平。

四、技术展示

小麦软绞龙入仓（左图）及玉米籽粒取样检测（右图）如下。

五、技术来源

项目名称和项目编号： 山东旱作灌溉区小麦－玉米两熟全程机械化丰产增效技术集成与示范（2018YFD0300600）

完成单位： 山东省农业科学院作物研究所

联系人及联系方式： 龚魁杰，18953135526，gongkj@sina.com

联系地址： 山东省济南市历城区工业北路202号

河北平原小麦玉米原粮储藏减损技术

一、技术概述

该项技术是针对河北平原小麦玉米原粮储藏技术有待完善问题，集新型储藏和监测装置、绿色杀虫新产品、粮情检测、环流熏蒸、机械通风、密闭隔热和臭氧协同气调于一体的新型储粮技术。

二、技术要点

（1）仓房和风道改造。仓顶内部喷涂8～11cm厚发泡聚氨酯或10～12cm厚膨胀珍珠岩等隔热材料，仓顶传热系数不大于0.4W/（$m^2 \cdot K$）；风道内环流保温管为管套管结构，内管材为PVC，内径90mm；外管材为不锈钢，内径140mm，其间填充聚氨酯发泡胶保温材料。

（2）绿色杀虫新产品。防治对象主要为储粮害虫玉米象、锈赤扁谷盗和嗜卷书虱。采用惰性粉和植物精油复合杀虫，用量为惰性粉杀虫剂500mg/kg和食品级植物精油缓释杀虫片每50kg用

1～2片，在距离粮面30～50cm粮层拌合施用。

（3）"粮情检测+环流熏蒸+机械通风+密闭隔热"四合一储粮技术。平房仓水平方向测温电缆行列间距5m，垂直方向行列间距2m，距粮面、仓底、仓壁0.3～0.5m。环流熏蒸，膜下熏蒸时压力从−500Pa回升到−250Pa的时间不少于90s；磷化铝片剂用药剂量≥3g/m³；熏蒸总时间大于21d。机械通风，通风量<20m³/（h·t），粮堆温度梯度≤1℃/m，房式仓粮堆上层与下层温度差≤3℃，粮堆每米水分梯度≤0.3%，粮堆上层与下层水分差≤1.5%。密闭隔热，改造仓门、仓窗的气密性，平房仓仓压从500Pa降至250Pa，压力半衰期大于40s；粮面上铺2cm厚的聚乙烯发泡保温材料。

（4）臭氧协同气调技术。平房仓仓压从500Pa降至250Pa压力半衰期大于240s；粮食先用2 400mg/kg臭氧密闭处理75min，然后再分别按15%、85%的体积比充入CO_2和N_2；仓内上述两种气体体积比水平维持时间不少于15d。

三、技术评价

1.创新性　该技术依据调节粮食储库温湿度控制粮食呼吸，利用惰性粉、植物精油和臭氧抑制害虫生存能力，利用储藏和监测装置控制仓房隔热和风道功能。该项储粮技术有效减弱储粮害虫的抗药性和繁殖能力，提升了小麦、玉米生产收获后粮食减损能力。

2.实用性　自2019—2021年度，在河北永生食品有限公司、河北德瑞淀粉有限公司和宁晋县思农伟业有机农业专业合作社建立示范仓10.2万t，目前推广应用仓容超过60万t。粮食储藏损失率平均降低2.73%，储粮品质显著提升，取得显著的经济和社会效益。

四、技术展示

惰性粉杀虫剂复配植物精油缓释杀虫片如下。

 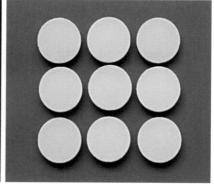

五、技术来源

项目名称和项目编号：河北水热资源限制区小麦-玉米两熟节水丰产增效技术集成与示范项目（2018YFD0300500）

完成单位：河北农业大学

联系人及联系方式：李慧静，13833210749，huijingli2002@163.com

联系地址：河北省保定市莲池区乐凯南大街2596号

粮食机械化预烘临储技术

一、技术概述

粮食机械化预烘临储技术创新研发节能环保型稻麦产地烘储配套工艺，集成机械通风降温、降水和仓储工艺。

二、技术要点

（1）粮食烘前预处理。粮食烘干前应进行除芒及除杂处理，带芒率小于15%，含杂率小于2%，去除粮食中的泥土、沙石、长茎秆、麻袋绳、聚乙烯膜等杂物。

（2）风机要求。风机在环境温度−35℃～−5℃应保证正常使用，风机全压不得低于95Pa，出风口风速不得低于5.47m/s，总风量不得低于2 400m³/h。

（3）通风作业。

①通风洞封堵板。通风洞封堵板采用PEF板，PEF板是以高压聚乙烯、阻燃剂、发泡剂、交联剂等多种原料共混后发泡形成的均衡气泡产品，具有绝热效果好、施工简易快捷、使用寿命长等特点，它的常温导热系数约为0.038W/（m·K），导热系数略高，价格低廉。

②通风管道。烘储仓通风设置为水平通风管道5根，通风管道上设有通风孔，通风孔的孔径应小于粮食粒径。

③静压箱。静压箱提供的风量不得小于2 800m³/h，静压不得低于400Pa。

三、技术评价

1.创新性 实现产地预烘干和储藏功能，延长稻麦收获季节烘干周期，解决了传统烘干技术在收获季潮粮烘干能力不足的问题，确保了稻麦产后节粮减损。该新技术对环境友好，可实现绿色储粮战略，完善我国绿色储粮技术体系，提升绿色储粮技术水平，增强我国绿色储粮科技自主创新能力，提高科技对粮食储藏的贡献率，为保障国家粮食安全提供科技支撑，同时获得显著的社会、生态、环保综合效益。

2.实用性 该技术在泗洪、靖江设立试验点2个，建设多功能烘储仓2台套，基于就仓干燥基础特性，通过应用粮食机械化预烘临储技术，开展稻麦多功能烘储仓试验研究，通过实时监控仓内稻麦温度、水分和品质变化情况，以及微生物、虫害的发生发展规律监控分析与研究，验证了这一新技术的可行性。试验表明，采用多功能烘储仓干燥方式，与室温储藏组相比稻谷和小麦分别减损4.35%和4.24%。

粮食机械化预烘临储技术耗能低，损耗少，无污染，可减少粮食呼吸造成的干物质损失0.1%，减少粮食储存期间的水分减量损耗1%，减少处理粮情作业人工费用0.58元/t。该技术可确保粮食的各项品质指标远远高于同年产利用常规技术储藏的粮食，在轮换时销售价格至少可比市场平均价高出20元/t，实现了粮食的保值增值。

四、技术展示

粮食机械化预烘临储仓如下。

五、技术来源

项目名称和项目编号： 江苏稻-麦精准化优质丰产增效技术集成与示范项目（2018YFD0300800）
完成单位： 江苏省农业机械技术推广站
联系人及联系方式： 陈新华，13814082668，chenxinhua64@vip.sina.com
联系地址： 江苏省南京市建邺区南湖路97号

高塔熔体造粒关键技术的生产体系构建与新型肥料产品创制

一、技术概述

尿基复合肥是我国复合肥产品中的主要类型，但传统团粒法工艺生产的高浓度尿基复合肥尤其是高氮比尿基复合肥，造粒和干燥操作困难、过程能耗高、污染严重。本项目针对传统尿基复合肥生产过程中存在的技术难题和我国农业对肥料品种的需求，发明了高塔熔体造粒工艺和生产技术体系，创制出新型肥料系列产品。

二、技术要点

（1）发明熔融料浆流动控制技术，解决了含固体高黏度料浆流动性差的技术难题，控制熔融过程副反应产物缩二脲含量在1.0%以下，为高塔熔体造粒提供了技术支撑。

（2）发明适合于高黏度含固体物料悬浮料浆的高塔造粒设备，解决了工艺连续性问题；构建了高塔熔体造粒技术体系，实现了技术的工程化。

（3）发明一塔多用高塔熔体造粒技术，解决了新型肥料生产中的相应工艺技术难题，创制出稳定性长效类、脲醛类和腐殖酸类新型肥料。

三、技术评价

1.创新性　该技术在国际上率先实现了工程化与应用，为我国团粒法装置改造与提升产品质量提供了可靠的技术途径，为淘汰落后产能的国家产业政策提供了必要的技术支撑；新型肥料品种的开发适应了我国现代化农业发展的需要，为我国农用肥料功能化与多样化和减量化施肥提供了有力保障。此外，项目技术获得国家技术发明二等奖。

2.实用性　项目技术实施单位已建成11条生产线。国内该技术推广已达110余套，实际年产量超过1 000万t，约占全国复合肥产量的20%，年产值约250亿元。近三年示范推广肥料利用率平均提高10.2%，减少肥料使用量，生态效益显著。与团粒法相比，生产过程能耗降低约50%，三年可节约标煤69万t，年节本增效4.8亿元。无废水废渣排放，尾气排放减少60%，为国家产业政策所倡导的绿色生产工艺。

创制出的三类新型肥料产品，连续两年水稻试验表明，应用本产品平均增产幅度达10.6%，提高肥料利用率5%～10%，累计新增经济效益13 552.5万元。经过活化器活化后的腐殖酸与融熔尿素及磷钾粉末在高塔进行络合反应，形成腐殖酸复合肥的高塔造粒工艺，解决了造粒和烘干的难题，产品外观圆润，具有光泽。

在黄淮海不同地区的小麦、玉米、蔬菜上的田间试验结果表明，高塔腐殖酸复合肥（HCF）与普通复合肥（CF）相比增产8.1%～28.8%，肥料利用率提高15.04%～18.9%。

通过在高塔熔融尿素中添加脲酶抑制剂NBPT和硝化抑制剂DMPP，延缓了尿素水解，抑制了NH_4^+氧化，减少了NO_3^-积累，形成高塔造粒工艺生产的新型稳定性复合肥系列新产品。在全国玉米产区平均每亩增产79.59kg，增产率14.39%，亩增收319.75元。水稻亩增产38.76kg，增产率7.01%，每亩增收110.9元。减少NH_3挥发27%～58%，减少N_2O排放65%。

四、技术展示

高塔熔体造粒（左图）及国家技术发明奖二等奖（右图）如下。

五、技术来源

项目名称和项目编号：稻作区土壤培肥与丰产增效耕作技术项目（2016YFD0300900）
完成单位：史丹利农业集团股份有限公司
联系人及联系方式：王婷婷，15963987298，sdlxmb@126.com
联系地址：山东省临沂市临沭县史丹利路

基于重组酶聚合酶CRISPR-CAS快速检测水稻病原物的技术

一、技术概述

重组酶聚合酶扩增（recombinase polymerase amplification，RPA）技术即是一项由多种酶和蛋白参与，在恒定温度条件下实现核酸指数扩增的新技术。

二、技术要点

基因编辑工具CRISPR-CAS系统开始应用于核酸检测领域。CRISPR-CAS12a能够识别数个核苷酸的特定原型间隔子相邻模体（protospacer adjacent motif，PAM）序列（LbCAS12a能够识别5′-TTTN-3′）；在crRNA的引导下，切割双链靶标DNA；切割dsDNA后，能够激活其切割ssDNA的活性。基于CRISPR-CAS12a的这一切割活性，结合RPA技术建立了SRBSDV的快速可视化核酸检测体系。在该检测体系中，加入带有FAM荧光基团的报告探针ssDNA，CAS12a切割报告探针后产生绿色荧光，在紫外灯下肉眼可见检测结果。

三、技术评价

1.创新性　该技术在核酸扩增过程中可以摆脱对精密温控设备的依赖，仅需在传统PCR反应体系中加入重组酶、单链结合蛋白、BsuDNA聚合酶等组分，在37～42℃的恒温环境中20min内完成靶基因的指数级扩增。近年来，RPA技术已经在医疗诊断、食品致病菌和转基因农作物等检测分析以及生物安全方面得到应用，但用于植物病原物检测较少。南方水稻黑条矮缩病毒（southern rice black-streakeddwarf virus，SRBSDV）和水稻恶苗病菌藤仓镰孢（*Fusarium fujikuroi*）的发生与流行给我国水稻安全生产构成了严重威胁，因此建立快速、简便、高效的早期检测技术迫在眉睫。

2.实用性　该方法无需依赖于精密仪器设备，操作方法简单，引物可有效扩增靶基因，具有高度的特异性，灵敏度更高，可以实现作物病原物的早期快速检测。基于RPA的CRISPR-CAS12a适用于现场快速检测，为基层植保部门进行病害早期诊断与及时防控提供依据。对于及时防控相应病害具有重要意义。

四、技术展示

左图为南方水稻黑条矮缩病毒（SRBSDV）特异性RPA扩增产物。M为DNA分子量标记（marker）dL2000，泳道1～9依次SRBSDV样品、水稻黑条矮缩病毒、玉米褪绿斑驳病毒、甘蔗花叶病毒、黄瓜花叶病毒、雀麦花叶病毒、玉米黄矮病毒、健康叶片及阴性对照的RPA扩增产物。右图为南方水稻黑条矮缩病毒RPA扩增灵敏度确定。M为DNA分子量标记dL2000，泳道1～8依次对应1、10、$1×10^2$、$1×10^3$、$1×10^4$、$1×10^5$、$1×10^6$共7个稀释度的cDNA以及阴性对照的RPA扩增产物。

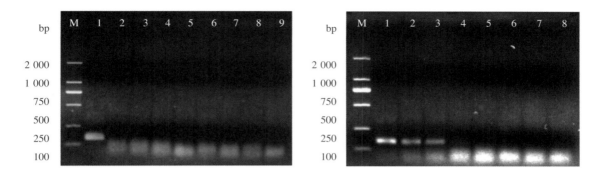

左图为水稻恶苗病菌藤仓镰孢特异性PRA扩增产物。其中M为DNA分子量标记dL2000，泳道1～8依次对应藤仓镰孢样品、立枯丝核菌样品、稻曲菌样品、稻瘟菌样品、健康水稻叶片样品、禾谷镰孢（*F. graminearum*）和木贼镰孢（*F. equiseti*）样品及阴性对照的PRA扩增产物。右图为水稻恶苗病菌藤仓镰孢PRA扩增灵敏度的确定。其中M为DNA分子量标记dL2000，泳道1～7依次对应10、1×10^2、1×10^3、1×10^4、1×10^5、1×10^6共6个稀释度的DNA以及阴性对照的扩增产物。

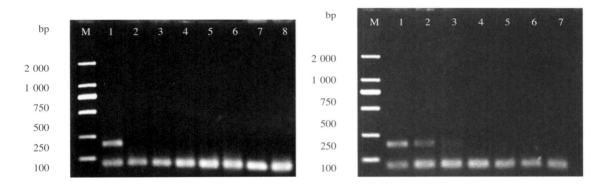

下图为RPA-CRISPR-CAS12a体系检测南方水稻黑条矮缩病毒（SRBSDV）的扩增产物。其中泳道1为SRBSDV样品，泳道2～6依次对应水稻黑条矮缩病毒、雀麦花叶病毒、甘蔗花叶病毒、玉米褪绿斑驳病毒及阴性对照的扩增产物。

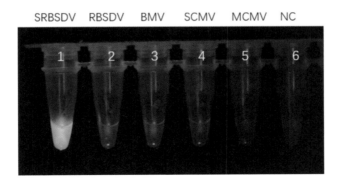

下图为RPA-CRISPR-CAS12a体系检测南方水稻黑条矮缩病毒的灵敏度的扩增产物。其中泳道1～11依次对应1、10、1×10^2、1×10^3、1×10^4、1×10^5、1×10^6、1×10^7、1×10^8、1×10^9共10个稀释度的质粒以及阴性对照的扩增产物。

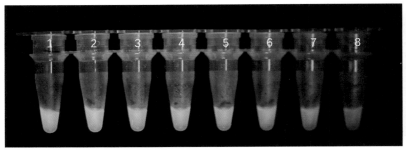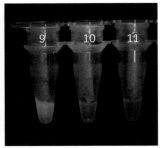

五、技术来源

项目名称和项目编号： 国家重点研发计划（2016YFD0300710）
完成单位： 中国农业大学、全国农业技术推广服务中心、湖南省植保植检站
联系人及联系方式： 范在丰、赵中华、林宇丰，18610019186，fanzf@cau.edu.cn
联系地址： 北京市海淀区圆明园西路2号

水稻病虫害绿色防控技术

一、技术概述

水稻病虫害绿色防控技术是集生物诱抗剂诱导水稻抗病虫性、灯光诱杀害虫和复合诱芯诱杀稻纵卷叶螟、设置天敌庇护所、种植蜜源植物以及施用选择性农药等技术于一体的水稻病虫害绿色防控技术。

二、技术要点

（1）浸种处理。选用62.5g/L 精甲霜灵·咯菌腈悬浮种衣剂16mL、240g/L噻呋酰胺悬浮剂60mL、20%氯虫苯甲酰胺悬浮剂30mL和10%三氟苯嘧啶悬浮剂30mL进行稻种的浸种处理。

（2）秧苗期和分蘖末期诱抗处理。采用生物诱抗剂S-诱抗素1 000倍液、寡聚糖1 000倍液、有机肥3 000倍液或碧护每亩2g提高水稻抗性和生长。

（3）物理防虫技术。于水稻抽穗期至齐穗期，采用灯光诱杀和复合诱芯诱杀技术诱杀稻纵卷叶螟。每30亩安装频振式杀虫灯1个，复合诱芯每亩地设置1个。

（4）促进天敌控害效能。稻田周边种植芝麻、大豆等蜜源植物，并适当保留田埂杂草，为蜘蛛、蜜蜂等稻田有益生物提供栖息地和为蜜蜂等补充蜜源；在稻纵卷叶螟成虫高峰初期，投放稻螟赤眼蜂防治稻纵卷叶螟，投放量为每亩10 000～15 000头；根据害虫发生程度，施用对天敌安全的生物农药或者高选择性化学农药。

三、技术评价

1.创新性　该技术根据水稻整个生育期病虫害发生特点及稻田生态系统生物多样性特点，采用种衣剂浸种防治苗期病虫害，并于苗期和分蘖期施用生物诱抗剂增加水稻的抗病虫性；在水稻抽穗期至齐穗期，采用灯光诱杀害虫和复合诱芯诱杀技术、释放天敌昆虫控制稻纵卷叶螟种群数量，并且保留田埂上杂草和种植蜜源植物为有益生物提供栖息地和为蜜蜂等补充蜜源。同时，根据病虫害发生程度，利用生物农药或者高选择性化学农药有效控制水稻病虫害的发生。

2.**实用性** 自2018年以来，该技术已建立百亩示范点10多个，示范与辐射应用达20余万亩。与常规防治相比，该技术有效控制了稻田病虫害，稻田蜘蛛等天敌数量上升20%以上，化学农药使用量减少50%左右，减轻了化学农药对环境的污染，改善了农田生态环境，并提高了稻米品质，实现了水稻生产丰产、优质、高效、生态、安全的综合目标，社会、生态效益显著。

四、技术展示

稻纵卷叶螟性诱剂与水杨酸甲酯复合物和蜜源植物等防治稻纵卷叶螟技术集成示范如下。

五、技术来源

项目名称和项目编号：江苏稻－麦精准化优质丰产增效技术集成与示范（2018YFD0300800）

完成单位：扬州大学

联系人及联系方式：刘芳，13815802333，liufang@yzu.edu.cn

联系地址：江苏省扬州市大学南路88号

混合赤眼蜂防治水稻二化螟技术

一、技术概述

针对黑龙江省水稻二化螟发生面积和危害程度逐年加重，化学防治农药残留、污染严重等问题，黑龙江省农业科学院齐齐哈尔分院研究团队，在黑龙江稻区采集、遴选出寄生水稻二化螟的稻螟赤眼蜂和松毛虫赤眼蜂为优势赤眼蜂蜂种，并成功保存、人工繁育。综合经济效益、天敌生产中小卵生产繁育工艺、储藏期、产能等，创新性地提出利用"异卵双蜂"混合赤眼蜂防治水稻二化螟的绿色技术途径，并明确了混合赤眼蜂防治的混合比例、释放量和释放时期，研制出配套的水田专用赤眼蜂释放器。

二、技术要点

（1）水稻二化螟二代发生区。水稻二化螟越冬代成虫为始盛期，一般在6月末至7月上旬为放蜂适期；田间释放混合赤眼蜂（松毛虫赤眼蜂：稻螟赤眼蜂为4∶1）总量为每亩30 000头，释放3次，间隔5～7d；每次每亩放蜂10 000头，平均分装在3个球形可漂浮水田专用放蜂器内，直接均匀抛撒释放即可，面积大的稻田也可选用无人机释放。

（2）水稻二化螟不完全二代区或一代发生区。水稻二化螟越冬代成虫始盛期，一般在7月上旬至7月中旬为放蜂适期；放蜂总量每亩20 000头（松毛虫赤眼蜂：稻螟赤眼蜂为4∶1），释放2次，间隔5～7d；每次每亩放蜂10 000头，平均分装在3个球形可漂浮水田专用放蜂器内，直接均匀抛撒释放即可，面积大的稻田也可选用无人机释放。

三、技术评价

1.创新性　提高了水稻二化螟防治效率，显著降低了防治成本，解决了水稻二化螟生物防治技术难题，为黑龙江省水稻二化螟的绿色防控提供了新途径。

2.实用性　2017—2020年，该技术在黑龙江省齐齐哈尔市泰来县、富裕县、龙江县、依安县、查哈阳农场，大庆市林甸县，建三江农场等水稻产区进行示范推广300余万亩，平均防治效果在70%以上，共为农民增加收益2.0亿元以上。该技术解决了水稻二化螟生物防治技术难题，对有效控制水稻二化螟危害，保障水稻生产、国家粮食、农产品质量及农业生态安全，促进农业增产、农民增收具有十分重要的意义，经济、社会、生态效益均显著。该技术在国内处于领先水平，研究成果获得2018年度黑龙江省科技进步二等奖。

四、技术展示

异卵双峰（左图）及无人机投放混合赤眼蜂（右图）如下。

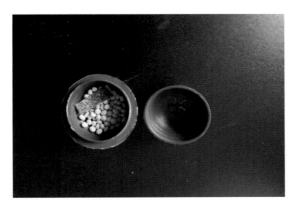

五、技术来源

项目名称和项目编号： 东北北部春玉米、粳稻水热优化配置丰产增效关键技术研究与模式构建（2017YFD0300500）

完成单位： 黑龙江省农业科学院

联系人及联系方式： 李文华，13503622052，nkylwh@163.com

联系地址： 黑龙江省哈尔滨市南岗区学府路368号

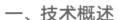

机直播稻田杂草防控技术

一、技术概述

机直播稻田杂草防控技术是针对机械直播水稻田中的杂草防控研发的技术，包括"以密控草、以水控草和以化控草"为主的杂草综合防控技术。

二、技术要点

（1）精选种子和加大播种量。通过对稻种过筛、风扬、水选等措施，汰除杂草种子，防止杂草种子远距离传播与危害；按照常规播种量增加0.3～0.5倍进行播种，提高水稻对生态位的占领。

（2）农业措施。播种前进行大田耕整，田间平整度确保在3cm以内。翻耕除草，播种前10～15d，灌跑马水，待杂草长出后，旋耕除草。

（3）杂草种子拦截。在进水口安置尼龙纱网拦截杂草种子，田间灌水至水层10～15cm，待杂草种子聚集到田角后捞取水面漂浮的种子，减小土壤杂草种子库数量。

（4）化学除草技术。

①除草剂土壤封闭（一封）。播后1～3d、出苗之前，选择雨后土壤湿润情况下进行，如果田间湿度不够，应灌跑马水。施用30%丁·噁草乳油每亩100mL或60%甲戊·丁草胺每亩150mL；杂草特别严重田块用30%丙草胺乳油每亩100mL，兑水30～50kg均匀喷雾。

②苗期除草（二杀）。在播后20～25d，在水稻3～5叶期灭杀杂草，喷施化学除草剂之前，

将田水排干，施药后，保持田间水层 3 ～ 5cm 5 ～ 7d，以不淹没叶心为宜。禾本科杂草用 10% 噁唑酰草胺每亩 160mL 或 17% 稻鸿（7% 氰氟草酯 + 10% 二氯喹啉酸）每亩 250mL 进行茎叶处理；莎草和阔叶杂草用 20% 氯氟吡氧乙酸每亩 100mL 或 48% 苯达松每亩 150 ～ 200mL 防除，兑水 30 ～ 50kg 进行喷雾。

③ 5 叶期至分蘖末期除草（三补）。在 5 叶期至分蘖末期若有少量大龄杂草，进行补杀，可用苄嘧·唑草酮按每亩 10g 兑水 20kg 进行喷雾。将田水排干后进行施药，然后保持田间水层 3 ～ 5cm 5 ～ 7d。

三、技术评价

1. 创新性 "以密控草"即通过增加播种密度，提高水稻生态位的占领，降低杂草生存空间；"以水控草"即在杂草防控的关键时期，应结合田间水分管理，提高杂草防控效果；"以化控草"即通过高效低毒的除草剂，采取"一封、二杀、三补"措施达到防控直播稻田杂草的目的。

2. 实用性 自 2018 年开展示范以来，该技术应用面积实现几何级增长。2019—2020 年在湖北省鄂北岗地稻麦区、鄂中江汉平原一季稻区和鄂东南双季稻区建立示范区 12 个，示范面积 48.6 万亩。连续 2 年大田对比试验跟踪调查结果表明，该技术能够有效控制直播稻田杂草，除草剂用量显著降低 30% ～ 50%，达到了水稻生产生态、安全、高效的目标。

四、技术展示

自走式高秆作物喷杆喷雾机喷施药剂作业（左图）及无人机喷施药剂作业（右图）如下。

五、技术来源

项目名称和项目编号：湖北单双季稻混作区周年机械化丰产增效技术集成与示范（2018YFD0301300）

完成单位：湖北省农业科学院植保土肥研究所

联系人及联系方式：侣国涵，15927167072，siguoh@qq.com

联系地址：湖北省武汉市洪山区南湖大道 18 号

水稻田"两封一补动态精准施药"杂草防控技术

一、技术概述

"两封一补动态精准施药"杂草防控技术，是针对东北稻区水稻生产中除草剂使用次数多、用药量大，部分产生抗性的杂草及难防杂草无法得到有效防控的问题，结合栽培管理提出的杂草精准防控技术。该技术倡导杂草早期治理，采用不同作用机理除草剂多靶标协同控草的组合防控技术，进行移栽前早期施药封闭控草，移栽后根据草情有效选择药剂进行封闭控草（二封）或补防的动态精准施药。

二、技术要点

（1）两封一补减施技术是一个动态的施药过程。两封一补施药技术具依据田间不同杂草群落构成情况、耕作栽培情况、气候条件等因素具体可分解为两次封闭、一封一杀、一次封杀、两封一补四种技术模式，并不是一个固定的模式，而是依据实际情况有效对各施药节点进行合理组合，从杂草有效防控及节本增效的角度考虑，并结合本地区实际特点，经小区试验及示范试验证明两次封闭和一封一杀是行之有效的杂草防控技术模式。

（2）插前、插后两次封闭用药的技术要点。由于东北稻区春季低温及旱育秧秧苗素质差，插前用药以利于秧苗缓青，避免水稻发生药害，对杂草以控为主，兼防为辅，有效控制杂草发生基数及叶龄株高。用药技术上可将磺酰脲类除草剂吡嘧磺隆使用期前移，由常规用药的第二次封控处理移至插前施药处理。可针对杂草发生基数、种类、叶龄等情况有效地选择封控用药，达到有效防控水稻整个生育期杂草的目的。插前、插后两次用药的关键在于时间点的有效衔接，插前用药以安全性为基本出发点，防控结合，为插后第二次封闭控草创造良好的时间与空间，使插后二次封闭控草可有的放矢的选择有效药，并与插前封闭用药持效期实现有效结合延续。

（3）插后一补茎叶喷雾的技术要点。气温、秧苗素质、耕作栽培条件、田间水层管理等，导致的无法进行移栽后有效两次封闭处理的地块，进行茎叶喷雾的技术要点，同样强调杂草防早治小，禾本科杂草防治不要超过4叶期，阔叶杂草、莎草科杂草以低叶龄为主，在水稻秧苗完全缓青允许的前提下，依据田间不同草相选择恰当的复配药剂、适当的用药量、适宜的施药方法施药，在水稻拔节孕穗前有效防除田间杂草。

三、技术评价

1.创新性 对杂草防早控小，封闭除草为先，减少施药次数，降低除草剂使用量，同时优化集成农业、生物等技术措施，实现节本增效、轻简环保、高效安全的防控水稻全生育期杂草，指导稻区杂草综合防控，完善稻区杂草综合治理体系。技术采用农业、生物、化学等措施相互配合，经济、安全、有效的控制杂草发生和危害，其核心为"两封一补动态精准施药"减施增效技术。

2.实用性 "两封一补动态精准施药"减施技术可有效降低农业生产成本，减少水土环境污染源，保护生态环境，该技术可在近6 000万亩移栽稻区广泛采用，实现了寒地稻区水稻生产中水、热资源配置合理化、农机农艺融合轻简化、良种良法配套科学化、生产生态协调持续化的发展策略，实现该区水稻生产的提质、节本、增效，具有显著的经济、生态和社会效益。该技术自2016年以来，单独或作为其他技术的核心组成内容，在黑龙江哈尔滨的五常市、牡丹江、哈尔滨、绥化、佳木斯、农垦牡丹江管理局、农垦建三江管理局及吉林部分地区的寒地稻作区得到大面积的推广示范应用，被当地农技推广部门及农垦列为寒地稻区水稻生产除草剂应用主推技术，并获得良好效果。

四、技术展示

无人机施药田间作业如下。

五、技术来源

项目名称和项目编号： 东北北部春玉米、粳稻水热优化配置丰产增效关键技术研究与模式构建（2017YFD0300500）

完成单位： 黑龙江省农业科学院

联系人及联系方式： 李文华，13503622052，nkylwh@163.com

联系地址： 黑龙江省哈尔滨市南岗区学府路368号

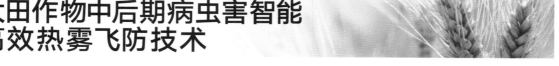

大田作物中后期病虫害智能高效热雾飞防技术

一、技术概述

该技术针对现有大田作物玉米等中后期病虫害防控难，研制出智能热雾植保无人机，将小型热雾机与无人机有机结合起来，实现了雾药融合，飞防雾道和智能化管控等。

二、技术要点

构建的大田作物中后期病虫害智能高效热雾飞防技术集成了热雾无人机、热雾沉降剂和智能化系统。实现手机APP自动控制，药剂采用48%氰烯菌酯·戊唑醇悬浮剂，无人机加沉降剂喷雾雾滴大小更均匀，粒径范围变小，改善雾滴分布，提高防效。具有显著的技术特点：一是热雾施药有效喷幅12～14m（常规无人机3.5m左右），施药速度≥2亩/min，可实施高功效持续作业，每天施药1 000亩以上。二是防效好。热雾施药药滴直径为40～60μm，在玉米冠层内逐渐下沉，穿透性强，玉米植株穗上下部药量有效附着，防效提高5%～8%；土壤农药沉降残留少。三是智能化。嫁接高精度北斗定位导航，实现自主飞行和智能化施药管控。

三、技术评价

1.创新性　针对常规无人机喷雾系统仍存在雾滴粒径小，易于蒸发和飘移，且药滴主要落于上部叶面，难达果穗等中下部位等影响防效的难题，研究团队成功攻克纳米级凝结核技术，创制出适用于无人机用的热雾沉降剂。该产品有效加快雾滴沉降、减少药雾飘逸；突破固体颗粒乳化技术，乳化能力比普通表面活性剂提高3～5倍，药滴叶面附着力强。该技术通过智能化防控设备和飞防助剂结合，成功实现高效、安全、智能化绿色防控。

2.实用性　该技术研发的低容量施药、减量飞防增效剂及其加工工艺，获得国家授权发明专利1项并成功实现专利转化，实现了"飞防功能助剂"企业标准的制定、生产、销售，同时2020年已在埇桥、临泉、濉溪等地玉米作物上示范应用2万余亩。并且在小麦、水稻病虫害防治上也获得优于常规无人机的飞防效果。

四、技术展示

智能高效热雾飞防作业如下。

五、成果来源

项目名称和项目编号： 江淮中部粮食多元化两熟区周年光热资源高效利用与优化施肥节本丰产增效关键技术研究与模式构建（2017YFD0301300）

完成单位： 安徽农业大学

联系人及联系方式： 张友华，13505699137，Zhangyh@ahau.edu.cn

联系地址： 安徽省合肥市蜀山区长江西路130号

以农田生态调控为基础的
二点委夜蛾高效绿色防控技术

一、技术概述

21世纪初以来，我国普遍推行秸秆禁烧、机收还田、免耕播种等，在提高耕作效率、充分利用资源的同时，也带来了一系列病虫害新问题，二点委夜蛾是一个典型代表。近年来该害虫在黄淮海7省市暴发，危害面积占夏玉米播种面积的20%，危害率最高达90%，每年补毁种面积约250万亩，引起国务院、农业农村部等高度重视。在明确了该虫在河北平原1年发生4代及在作物间的周年转移规律的基础上，揭示了该虫虫量大、田间危害速度快、造成缺苗断垄损失大、在麦秸覆盖下危害玉米幼苗防治难度极大的特点，据此创制了破坏幼虫栖息场所的玉米清垄技术、秸秆粉碎技术，开发了"麦茬地清垄施肥免耕精量玉米播种机"和"玉米清垄器"专利装置，研制了高效诱杀灯和高效专用性诱剂，研发了化学应急防治技术，创建了河北平原28个县（市、区）二点委夜蛾监测预警网络，集成了小麦秸秆细粉碎、小麦灭茬、清除玉米播种行麦秸等以农田生态调控为基础的二点委夜蛾高效绿色防控技术。

二、技术要点

（1）高效杀虫灯诱蛾。明确了雌雄成虫对340～360nm和440nm的光趋性最强，据此研发了二点委夜蛾高效杀虫灯，日最高诱蛾量达1 047头，较常规杀虫灯提高73.5%。

（2）特异光谱诱虫灯配施新型高效性诱芯诱虫。该组合诱蛾量高达1 049头（灯管功率15W，整灯功率35W），较常规诱虫灯提高73.5%。单盆日诱蛾量达727头，诱蛾量提高4倍，持效期可达4个月。

（3）规范化种群监测技术。确定了3月中旬至10月底利用虫情测报灯进行全年监测，6月1～20日利用性诱剂对1代成虫进行辅助监测。

（4）开发了量化预测技术。①成虫数量预测指标：每日诱集到10头以下为轻度；每日诱集到11～30头为偏轻；每日诱集到31～50头为中度；每日诱集到51～99头为偏重；每日诱集到100头以上可能大发生。②温、湿度预测指标：高温（日最高气温≥36℃）和干旱（日平均相对湿度≤40%）是影响成虫、低龄幼虫发育的关键限制因素。③秸秆腐熟程度指标：含水量在30%以上的腐熟麦秸可为幼虫提供丰富的食料。

（5）玉米清垄技术。研制了"麦茬地清垄施肥免耕精量玉米播种机"专利机具，可清除玉米播种行15cm内麦秸；研制了"玉米清垄器"专利装置，可一次性完成玉米播种和清垄；开发利用了播种行旋耕玉米播种机、播种机开沟器清垄功能（水平距离由5cm增至10cm）。

（6）秸秆粉碎技术。开发利用小麦收割机低茬收割功能，加装秸秆粉碎装置，使麦秆长度在5cm以下，麦茬高度不超过15cm；开发利用小麦灭茬机麦茬粉碎功能，可将田间麦茬粉碎并压实。

三、技术评价

1.创新性

（1）发现了二点委夜蛾是危害黄淮海地区夏玉米的新害虫，明确了该虫在黄淮海地区一年发生4代的规律及其杂食兼腐生性、避光集聚性、趋光趋化性等生物学特性。揭示了小麦收获后，高麦茬上覆盖麦秸有利于成虫产卵，贴茬播种玉米并灌水造墒可促进第二代幼虫发育与大量取食，引起二点委夜蛾暴发成灾。

（2）优化了信息素成分组配，研发了性诱芯，诱蛾量提高了4倍，持效期达4个月。研制了针对二点委夜蛾的340～440nm特异性光谱杀虫灯，诱虫量提高73.5%，为成虫高效监测和防治提供了关键技术。明确了第一代成虫发生盛期及第二代幼虫低龄期的高温或干旱天数、秸秆处理及腐熟程度等多因子实用预测技术，实现了该虫发生和危害的准确预测。

（3）研发了破坏该虫适生环境的小麦秸秆粉碎技术和玉米清垄技术，研制了玉米清垄机、清垄播种机等专利产品，创建了以生态调控预防措施为主，成虫早期理化诱控和幼虫期化学应急防治为辅助的综合治理技术体系，防效达86%以上，在示范区应用，节省化学农药用量70%以上。

2.实用性

研发的小麦秸秆细粉碎、小麦灭茬、清除玉米播种行麦秸等机械化二点委夜蛾生态防控技术，主要集成了4种技术模式，经在河北省邯郸、邢台、石家庄等15市（县）推广应用后，其防效达86%以上，减药70%，全面实施后可有效减少90%以上虫害发生；制定行业标准2个，出版了《二点委夜蛾》专著1部，获实用新型专利2项，软件著作权1项。2017—2020年累计推广1 000万亩以上，效益显著。2020年被列入河北省农业农村厅主推技术，在河北平原中南部广泛推广应用。

四、技术展示

二点委夜蛾防控专用清垄机展示（左图）及在田间应用效果（右图）如下。

五、技术来源

项目名称和项目编号：黄淮海北部小麦－玉米周年控水节肥一体化均衡丰产增效关键技术研究与模式构建（2017YFD0300900）

完成单位：河北省农林科学院谷子研究所、河北农业大学

联系人及联系方式：甄文超，13730285603，wenchao@hebau.edu.cn；董志平，13932106148，Dzping001@163.com

联系地址：河北省保定市莲池区乐凯南大街2596号农学院

河北平原小麦茎基腐和二点委夜蛾防控技术

一、技术概述

小麦茎基腐病和二点委夜蛾是河北平原小麦-玉米一年两熟生产系统近年来持续高发的典型病虫害，对冬小麦和夏玉米产量提高造成显著影响。本项技术是以小麦茎基腐病和二点委夜蛾为代表，针对本世纪普及推广秸秆还田、免耕播种等保护性耕作制度以来，小麦-玉米病虫害发生规律，贯彻"预防为主、综合防治"的植保方针，在小麦收获至玉米播种、玉米收获至小麦播种期间两个关键时期，利用生态调控技术控制或压低病虫害基数，优先选用农业、物理、生物防控等绿色减药控害技术，将病虫危害造成的损失控制在经济阈值以下。

二、技术要点

1. 小麦茎基腐病防控

（1）玉米收获至小麦播种期间生态调控技术。玉米收获秸秆粉碎后，施入具有拮抗作用、加速秸秆腐解的芽孢杆菌、木霉菌等多功能生防菌剂或生物菌肥，增施有机肥，再旋耕，播种小麦。若上茬小麦茎基腐病白穗率达到1%，玉米收获后需进行不低于25cm的深耕，压低病原基数，减少生长季用药。

（2）种子处理。优选包衣种子；未包衣种子可选用咯菌腈、苯醚甲环唑、戊唑醇等单剂或混配剂进行处理。

2. 玉米二点委夜蛾防控

（1）小麦收获至玉米播种期间生态调控技术。针对二点委夜蛾成虫具有向"麦茬上覆盖麦秸"形成的空隙内集聚的特性，在小麦收获玉米播种期间研发5种生态调控模式，任选其一进行高效预防：

模式1-秸秆细粉碎：小麦收获时，将秸秆粉碎至长度≤5cm的占80%以上，并抛撒均匀。

模式2-灭小麦茬：小麦收获后，随即利用灭茬机将小麦秸秆和麦茬粉碎并压实。

模式3-清除玉米播种行麦秸：利用清垄、深松等各种播种机，在玉米播种时清除玉米播种行麦秸。

模式4-清除田间麦秸：小麦收获后，将麦秸打捆运出田块并加以利用。

模式5-秸秆粉碎+清垄：对秸秆长度≥5cm的地块，叠加清除玉米播种行麦秸技术。

（2）成虫控制—改良高效杀虫灯诱杀：采用（340～360nm）+440nm波长灯管，灯杆4m可上下调节，可自动清网和灯管自动报警。30～50亩/盏，3月中旬至9月底，防二点委夜蛾的同时，兼防玉米螟、棉铃虫、黏虫、金龟子等害虫。

（3）幼虫应急防治—毒饵诱杀：田间百株虫量达到7头、危害率达3%，在有麦秸围棵的玉米苗旁撒3～5g毒饵。毒饵制作：用杀虫剂拌炒香的麦麸，适当加菜叶效果更佳。

三、技术评价

1.创新性　根据秸秆还田、免耕播种等保护性耕作条件下河北省小麦－玉米病虫害发生规律，以区域性生态治理为重点，综合协调农业、物理、生物防控技术，实现将上述病虫害造成的减产损失降至经济阈值之下，显著提升河北平原小麦－玉米周年两熟作物产量和品质，经济效益和生态效益显著。

2.实用性　2018—2021年度，以上技术在河北平原中南部分新型农业经营主体进行示范，小麦茎基腐病防控示范面积320万亩，夏玉米二点委夜蛾防控示范面积650万亩。其中二点委夜蛾绿色防控技术2020年获批河北省主推技术，2021年获批农业农村部和河北省农业主推技术。以该技术为依托，河北省平乡县和栾城区两个技术示范区分别获得农业农村部玉米、小麦病虫害绿色防控示范县的荣誉称号。

四、技术展示

河北平原以小麦茎基腐病和玉米二点委夜蛾为主的小麦－玉米病虫害一体化绿色防控技术体系如下。

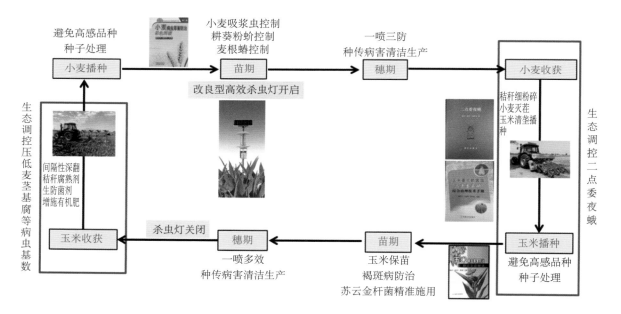

五、技术来源

项目名称和项目编号：河北水热资源限制区小麦－玉米两熟节水丰产增效技术集成与示范项目（2018YFD0300500）

完成单位：河北省农林科学院谷子研究所

联系人及联系方式：董志平，13932106148，dzping001@163.com

联系地址：河北省石家庄市高新区恒山街162号

双斑长跗萤叶甲绿色防控技术

一、技术概述

双斑长跗萤叶甲 [*Monolepta hieroglyphica* (Motschulsky)]，属于鞘翅目、叶甲科、长跗萤叶甲属，又称双斑萤叶甲。该虫是一种寄主范围很广的多食性害虫，可危害11科33种作物，具有危害作物种类多、群集危害、危害期长、繁殖能力强、短距离飞跳等特点。该技术根据双斑长跗萤叶甲发生、危害规律，坚持"预防为主，综合防治"的植保方针，贯彻"公共植保、绿色植保"的防治理念，采取农业防治、物理防治、生物防治及低毒、低残留化学药剂防治相结合的绿色防控技术，有防制了控双斑长跗萤叶甲在田间危害。

二、技术要点

（1）农业防治。

①压低越冬虫源基数。秋季玉米收获后及时进行深翻或旋耕，破坏双斑长跗萤叶甲卵的越冬场所，恶化卵的生存环境，可有效降低虫源基数，减轻翌年危害。

②清除中间寄主植物。及时铲除田间、田埂及周围杂草，尤其是豆科、十字花科、菊科杂草，消灭双斑长跗萤叶甲中间寄主植物，改变栖息场所环境，减轻其发生与危害。加强田间肥水管理，增强玉米的抗虫能力，减轻双斑长跗萤叶甲的危害。

（2）化学防治。

①种子包衣防治幼虫。玉米播种前，可选用噻虫胺悬浮种衣剂，按每100kg玉米种子有效成分用量150～200g，进行种子包衣，防治双斑长跗萤叶甲幼虫，有效降低成虫基数。

②推迟成虫羽化高峰，使成虫羽化高峰与玉米吐丝期敏感期错开，减轻危害。

③施用高效、低毒化学药剂防治成虫。双斑长跗萤叶甲成虫危害初盛期，可选用氯虫苯甲酰胺有效成分用量20～40g/hm²进行喷雾防治，视发生危害情况用药1～2次，间隔时间为7～10d。喷施药剂时要做好二次稀释，即先配成母液再进一步稀释，选用自走式高秆作物喷秆喷雾机或无人机进行均匀喷施。自走式高秆作物喷秆喷雾机喷液量为100～150L/hm²，无人机每公顷喷液量为12～15L。防治时要注重发挥统防统治优势，集中连片施药，喷施重点为受害叶片背面和雌穗周围，喷药时间最好选择10:00时前和17:00时后，避开中午高温时间，玉米的扬花期要避开药剂防治，以免影响正常授粉。

三、技术评价

1.创新性　根据双斑长跗萤叶甲发生、危害规律，综合多项绿色防控技术，有效减轻其危害。

2.实用性　自2019年在东北春玉米区开展示范推广以来，在黑龙江省富裕县、依安县、讷河市、克山县、梅里斯区、昂昂溪累计示范推广面积50万亩，防治效果达到75%以上，减少农药使用30%以上，减少产量损失5%以上，有效挽回了玉米产量损失，同时减少了农药用量，确保了农业生态环境和农产品质量安全，实现了农业绿色增效，农民增产、增收。

四、技术展示

利用施药机械（左图）及小型无人机施药（右图）作业如下。

五、技术来源

项目名称和项目编号：东北春玉米害虫发生与绿色防控关键技术（2016YFD0300704）

完成单位：中国农业科学院植物保护研究所

联系人及联系方式：王振营，13311139861，zywang@ippcaas.cn

联系地址：北京市海淀区圆明园西路2号

吉林省玉米病虫草害综合防控技术

一、技术概述

吉林省素有黄金玉米带之称，是我国玉米种植面积第二大省，占全国玉米种植面积的10.22%。玉米大斑病、茎腐病、穗腐病和玉米螟等玉米病虫害在吉林省普遍发生，是影响玉米产量和品质的重要因素。农民随意加大杀菌剂、杀虫剂和除草剂应用剂量，造成病原、杂草抗药性增加，环境污染加重。因此，在吉林省建立一套玉米一体化绿色防控技术并进行大面积推广，对减少防治成本，提高防治效果，降低玉米产量的损失有十分积极的作用。

二、技术要点

（1）不同品种定性包衣。对吉林省主推品种富民985、优迪919、富民108和吉单56等采用8%丁香菌酯＋4%甲霜灵＋2%咯菌腈和18%吡唑醚菌酯＋4%甲霜灵＋2%咯菌腈种衣剂进行包衣，可有效防治玉米根部病害发生，提高出苗率，具有明显的保苗壮苗作用。

（2）玉米大斑病与玉米螟的一体防控。

①玉米大斑病的防控监测。随时监测玉米大斑病发生情况，当玉米大斑病零星发生，叶片病级在0～1级间，病情指数小于经济阈值31.37时，暂时不需要进行药剂防治；当叶片病级达到3级，病情指数超过经济阈值时必须立刻进行药剂防治。

②玉米大斑病与玉米螟的防控技术。在玉米拔节期且大斑病发生达到经济阈值时，可喷施高效内吸性杀菌剂丙环·嘧菌酯＋5%氨基寡糖素组合，减少丙环·嘧菌酯30%的用量后对玉米大斑病可起到防控作用。在玉米吐丝初期喷施丁香戊唑醇＋20%氯虫苯甲酰胺悬浮剂对玉米大斑病和玉米螟具有较好的防治效果。

（3）玉米田高效减药除草。

①26.7%噻隆·异噁酮悬浮剂防治春玉米田杂草。26.7%噻隆·异噁酮悬浮剂可在播后苗前进行土壤喷雾，每公顷兑水量为750L，采用扇形喷头。在推荐剂量下，可有效防除稗草、狗尾草、藜、反枝苋、苘麻、小蓟等单双子叶杂草，同时对蓼、地肤、龙葵、铁苋菜等阔叶杂草也有较好防效。适宜用量：一般田块为141.75g/hm^2（有效成分用量），杂草基数大的田块可适当增加用量至165.375g/hm^2（有效成分用量）。

②25%环磺酮可分散油悬浮剂防治春玉米田杂草。环磺酮对春玉米田的一年生杂草有较好防效，对阔叶杂草防效优于禾本科杂草，推荐剂量为90～120g/hm^2（有效成分用量），施用时期为玉米3～5叶期，杂草2～5叶期。在安全性方面，施药后，玉米叶片、叶鞘紫色随剂量加大呈加重的趋势，后期恢复，正常剂量下，对玉米生长、产量未见不良影响。

③25%苯唑氟草酮·莠去津可分散油悬浮剂防治春玉米田杂草。25%苯唑氟草酮·莠去津可分散油悬浮剂对玉米田多种一年生杂草有较好防效，适宜剂量为937.5～1 125.0g/hm^2（有效成分用量），正常剂量范围内施药，未见对玉米叶色、生长、结实、产量有不良影响。

三、技术评价

1.创新性 建立一套玉米一体化绿色防控技术并进行大面积推广,可减少防治成本,提高防治效果,降低玉米产量的损失。

2.实用性 自2018年在东北春玉米区开展示范推广以来,在吉林省公主岭市的黑林子镇、陶家屯和范家屯以及双辽、通榆等累计示范推广面积120万亩。玉米病虫草害综合防治技术对玉米茎腐病的防治效果为75.7%~83.8%,使玉米大斑病的病情指数下降39,对玉米螟的防治效果为78.0%,挽回产量损失为2.27%~22.75%。表明该项技术在吉林省推广具有明显的抗病增产效果。新型除草技术减少用药量30%以上,除草效果90%以上,具有非常好的应用价值,可以在田间大面积推广,为提高吉林省玉米的产量和品质提供技术保证。

四、技术展示

该技术应用防治效果如下。

五、技术来源

项目名称和项目编号: 东北春玉米害虫发生与绿色防控关键技术(2016YFD0300704)
完成单位: 吉林省农业科学院植物保护研究所

联系人及联系方式：晋齐鸣，13311139861，zywang@ippcaas.cn

联系地址：吉林省公主岭市科贸西大街303

玉米螟全程绿色防控技术

一、技术概述

亚洲玉米螟［*Ostrinia furnacalis*（Guenée）］是黑龙江省玉米生产上发生最重、危害最大的常发性害虫。一般发生年份产量损失率在5%～10%，严重发生年份达20%～30%，并且玉米螟在穗期危害还诱发或加重玉米穗腐病的发生，不仅直接影响玉米的产量，还严重影响品质，降低玉米商品等级。黑龙江省玉米螟已经连续5年严重发生，每年发生面积都在5 000万亩以上，目前呈现出发生面积增加、发生区域广、防控难度大、危害损失重的特点。通过利用多项技术组合，并对玉米螟发生动态进行全程监测及关键时期防控，高效控制了玉米螟的危害。

二、技术要点

（1）秸秆处理减少越冬虫源基数。秋季玉米收获后及时进行秸秆处理，粉碎深还田或破坏玉米螟幼虫的越冬场所，恶化生存环境，可有效降低虫源基数，减轻翌年危害。

（2）监测玉米螟发生动态。对玉米螟虫源基数进行系统调查，在每个试验年度，在每个试验点村屯周边随机选择3点玉米秸秆垛剖秆调查，每点剖秆调查100株。调查玉米螟越冬基数平均百秆活虫，冬后基数平均百秆活虫，平均越冬存活率。在示范点附近安装一台佳多频振式测报灯，并于玉米螟幼虫化蛹始期开始，每晚开灯诱测成虫，监测成虫消长动态。

（3）全程防控。在玉米螟发生期开始采用投射式杀虫灯加挂性诱剂，进行成虫发生动态监测及防治。成虫发生高峰期、产卵高峰期田间释放松毛虫赤眼蜂防治玉米螟卵，幼虫期喷施药剂防治玉米螟幼虫，采用4项生防技术，分别在亚洲玉米螟的越冬成虫羽化期、产卵期和初孵幼虫期设置三道防线，大面积示范全程绿色防控亚洲玉米螟技术。每公顷放蜂27万头，分2次放蜂，每次放蜂13.5万头/hm²。玉米螟田间卵孵化率达到30%以上时，低龄幼虫蛀茎危害以前，使用高秆机喷施50 000IU/mg可湿性粉剂375g/hm²。

三、技术评价

1.创新性　玉米螟全程绿色防控技术符合"公共植保、绿色植保、科学植保"新理念及低碳、环保、可持续发展新模式，对有效控制玉米螟危害，保护农业生态环境，保障粮食生产及农产品质量安全，实现农业可持续发展具有重要意义。

2.实用性　该技术充分利用了各项技术的优点及技术之间的优势互补，比各单项技术应用的防治效果有较大幅度的提升，一般可提高20%，平均防治效果达到了92%以上，玉米螟全程绿色防控区的产量损失率控制在2%以内，百秆幼虫存活数在14头以下，达到了经济、实用、简便、高效的标准。应用玉米螟全程绿色防控技术减少了农田化学农药的使用量，高效控制了玉米螟的危害，同时保护有益天敌生物及生态环境，能保障食品的品质和安全，促进了玉米相关产业的健康发展，实现农业增产、农民增收。

2017—2020年在黑龙江省龙江、甘南推广应用45万亩，增加效益8 000多万元。玉米螟三道防线全程防控的防治效果达到92.3%～93.5%，投入产出比高，取得了较大的经济效益。

四、技术展示

无人机施药防治玉米螟作业（左图）及高杆喷雾机喷施苏云金芽孢杆菌可湿性粉剂作业（右图）如下。

五、技术来源

项目名称和项目编号：东北春玉米害虫发生与绿色防控关键技术（2016YFD0300704）

完成单位：黑龙江省农业科学院植物保护研究所

联系人及联系方式：王克勤，18646356437，13244664780@163.com

联系地址：黑龙江省哈尔滨市南岗区学府路368号

图书在版编目（CIP）数据

粮食丰产增效技术创新与应用／农业农村部科技发
展中心组编. —北京：中国农业出版社，2022.12
ISBN 978-7-109-30051-4

Ⅰ.①粮…　Ⅱ.①农…　Ⅲ.①粮食作物－高产栽培
Ⅳ.①S51

中国版本图书馆CIP数据核字（2022）第175299号

中国农业出版社出版

地址：北京市朝阳区麦子店街18号楼

邮编：100125

责任编辑：郭晨茜　谢志新

版式设计：杜　然　　责任校对：周丽芳　　责任印制：王　宏

印刷：北京通州皇家印刷厂

版次：2022年12月第1版

印次：2022年12月北京第1次印刷

发行：新华书店北京发行所

开本：787mm×1092mm　1/16

印张：18

字数：600千字

定价：300.00元